벌의 사생활

Buzz

벌의 사생활

벌, 꽃, 인간이 만든
경이로운 생명의 드라마

BUZZ

소어 핸슨 지음 | 하윤숙 옮김

에이도스

• 차례 •

지은이 메모

꿀벌이 많이 등장하기는 해도 이 책이 특별히 꿀벌을 다루는 책은 아니라고 분명하게 밝혀두고 싶다. 꽃의 방향과 거리를 알리는 꿀벌의 춤이나 무리 짓는 방식에 대해 상세하게 묘사하는 내용이 등장하지도 않을 것이며, 다른 곳에서 잘 다루어져 왔다는 단순한 이유만으로 흥미를 끄는 여타 독특한 많은 행위에 대해서도 상세한 설명은 없을 것이다.

최소한 두 명의 노벨상 수상자를 비롯하여 저 멀리 베르길리우스까지 거슬러 올라가는 많은 작가가 전적으로 꿀벌에 초점을 맞춘 탁월한 저서를 수백 권이나 내놓은 바 있다. 이와 달리 이 책에서는 가위벌과 뒤영벌에서부터 뿔가위벌, 애꽃벌, 청줄벌, 어리호박벌, 알락가위벌 등 전반적으로 벌을 찬양한다. 꿀벌이 벌 집단의 한 부분으로 등장하기는 하지만 자연에서와 마찬가지로 이 책에서도 꿀벌은 다른 벌과 무대를 함께 나누어야 한다.

또 동료 곤충학자들이 질색할 것이라는 위험을 감수하면서도 나는 이 책에서 몇 가지 단어를 격식에 얽매이지 않고 사용하기로 했다. 예를 들어 어떤 곤충이든 그냥 '벌레'라고 일컬을 것이며 반시류 목에 속한 곤충 같은 표현은 쓰지 않을 것이다. 어쩔 수 없는 전문 용어는 책 끝에 있는 용어 해설에 정리해 놓았으며 이밖에도 다양한 벌 과에 대한 구체적인 안내, 도움이 될 만한 참고문헌, 각 장의 주가 정리되어 있다. 이 주들도 읽기를 진심으로 추천한다. 책 내용의 흐름을 벗어나는 탓에 별도로 정리한 흥미로운 토막 내용이 풍부하게 실려 있다. 꽃꿀 도둑이나 대추야자 벌꿀에 관한 이야기, 솜털뿔뒤영벌이라는 이름을 얻게 된 과정 등이 들어 있다.

들어가며

손안의 벌 한 마리

뒤영벌은 충만한 기쁨으로 노래한다,
그의 꿀과 침을 잃어버릴 때까지.

윌리엄 셰익스피어, 『트로일러스와 크레시다』(1602년경)

툭 하는 둔탁한 소리와 함께 석궁이 발사되었다. 화살에 길게 매달린 모노필라멘트 낚싯줄이 부서지는 햇살에 반짝거리면서 저 위 나뭇잎과 가지 사이로 사라지는 것을 우리는 지켜보았다. 현장 조수가 활 조준기에서 고개를 들더니 만족스럽게 고개를 끄덕이며 앞쪽 손잡이에 강력 접착테이프로 붙여놓은 스피닝릴에서 줄을 더 길게 풀었다. 그는 이것으로 하루의 모든 일을 마쳤다. 생물학자가 코스타리카의 우거진 우림 저 높은 위쪽에 로프와 연구 장비를 갖다 놓을 수 있게 도와주는 일반적인 작업 절차였다. 내 일은 이제부터가 시작이었다. 몇 분 후 나는 동료 한 명과 함께 곤충 덫을 제 위치까지 끌어올려 놓고 바야흐로 내 활동 경력에서 최초로 공식적인 벌 연구를 시작했다. 적어도 연구하려는 시도는 시작했다.

프로젝트는 계획한 대로 진행되지 않았다. 며칠 동안 숲에 화살을 쏘아 다양한 장치를 위에 올려놓았지만 겨우 한 줌 정도의 표본 밖에 얻지 못했고 그나마도 대개는 대롱대롱 매달린 덫이 둥지에 부딪혀 벌통 전체를 맞혔던 어느 짜릿한 한순간에 얻은 것이었다. 이런 상황에 화가 났다. 헛되이 낭비한 그 모든 시간과 노력이 짜증스럽기도 했지만 거기 벌이 있다는 걸 내가 '알고 있었기' 때문이기도 하다.

우리가 덫을 놓고 있던 바로 그 숲에서 나는 많은 유전자 자료를 수집한 바 있고 이 자료에서 분명히 벌의 존재를 알 수 있었다. 다 자란 나무의 DNA와 씨앗의 DNA를 비교한 결과 꽃가루가 이 지역 전체로 퍼져 나가고 있다는 생각이 들었다. 부근의 개별 나무들뿐만 아니라 2.3킬로미터 가까이 떨어진 숲에까지 퍼져 있었다. 또 이 나무들이 콩과에 속하기 때문에 저 멀리 내가 사는 지역의 살갈퀴나 클로버, 스위트피, 그 밖의 흔한 콩과 식물과 마찬가지로 이곳 나무의 자주색 꽃송이들도 벌이 꽃가루받이를 할 수 있도록 만들어진 것임을 알 수 있었다.

결국 나는 패배를 인정해야 했지만 이 일은 결코 수그러들지 않는 매혹을 불러일으켰다. 이후 나는 곧바로 분류학과 벌 행동에 관한 강의를 찾아보았고 연구 작업과 일상생활 속에서 벌을 추적할 방법을 알아보았다. 이따금 몇 마리를 잡기도 했다.

벌에 관심을 가진 사람이라면 누구든 마찬가지겠지만 나 역시 최근의 추세를 추적하면서 점점 우려가 커져 갔다. 2006년 양봉가들이 '벌집군집붕괴현상'의 징후를 최초로 알린 뒤 양봉용 꿀벌 벌집 수백만 개가 사라졌다. 조사 결과 살충제에서 기생충에 이르는 다양한 원인이 지목되었고 수많은 야생종이 급격하게 감소하고 있다는 사실도 밝혀졌다. 새로운 보도와 다큐멘터리, 심지어는 대통령 직속 특별조사단이 경종을 울리는 가운데 상황의 심각성에 대한 대중의 각성도 그 어느 때보다 높아졌다.

그런데 우리는 벌에 대해 실제로 무엇을 알고 있을까? 심지어 전문가조차 세부 사항에 들어가면 더듬거리기 일쑤다. 일전에 차를 타고 가면서 라디오를 듣는데 어느 유명한 과학사학자가 출연해 제임스타운과 플리머스에 도착한 초기 식민지 개척자가 유럽에서 꿀벌을 들여왔다고 설명하는 것을 들었다. 만일 이들이 꿀벌을 들여오지 않았다면 농작물의 꽃가루받이가 이루어지지 못했을 거라고 그는 설명했다. 하마터면 차가 도로 밖으로 빠질 뻔했다! 그전에 이미 북미 대륙 전역에서 활기차고 즐겁게 윙윙거리며 날고 있던 '4000종'의 토종벌은 무엇이란 말인가? 그러나 이것이 최악은 아니었다. 연구실 책꽂이에는 『세계의 벌』이라는 양장본 책 한 권이 꽂혀 있다. 명망 있는 곤충학자들이 쓰고 괜찮은 논픽션 출판사에서 발간한 책으로 표지에는 사랑스러운 확대 사진이 실려 있는데… 사진의 주인공이 파리다.

인간이 음식을 먹을 때 세 입에 한 입꼴로 벌이 제공한 것이 들어 있다고들 한다. 그러나 우리가 의존하고 있는, 자연의 놀라운 경이 중 아주 많은 것이 그렇듯이 이제 벌도 우리 눈에 잘 띄지 않는다. 1912년에 영국 곤충학자 프레더릭 윌리엄 램버트 슬레이든은 "온화한 성질을 지닌 튼실한 뒤영벌을 다들 알고 있다"고 언급한 바 있다. 슬레이든이 살던 시절의 영국 시골에서는 이 말이 사실이었을지 몰라도 그 후 한 세기가 지난 지금 우리는 벌을 익숙하게 알기보다는 벌이 처한 곤경을 더 익숙하게 알고 있다.

한때 나는 집에서 도로를 따라 조금 내려간 곳에 군데군데 흩어진 바닷가 초원 지대에서 연구를 진행한 적 있다. 소액의 연구기금을 받아 생물학의 가장 기본적 물음 가운데 하나라고 할 수 있는, 저기 무엇이 있는가라는 물음에 답을 찾고 있었다. 내가 사는 곳에서 하루 여정이면 닿을 수 있는 곳에 두 개 국가의 연구 대학 여섯 곳이 있음에도 지역의 벌에 대한 제대로 된 목록조차 없었다. 당시 내가 수집한 45종은 단지 시작일 뿐이었다. 우리가 사는 곳이 어디든 어느 여름날 현관문 밖으로 걸어 나가기만 해도 쉽게 벌과 다시 연결될 수 있다는 것은 우리 모두에게 행운이었다.

현대 생활의 모든 소란을 걷어내면 아직도 벌이 윙윙 날아다니는 소리를 들을 수 있다. 과수원, 농장, 숲, 도시공원, 빈 주차장, 고속도로 중앙 분리지대, 뒷마당 정원 등 어느 구역이든 찾아가는 이 방문객이 곳곳에 퍼져 있는데도 우리는 못 보고 지나친다. 우리가 벌에 대해 아는 사실이 매혹적인 이야기로 다가온다는 점도 다행스러운 일이다. 이 이야기는 호박 속에 갇힌 고대의 표본에서 시작해서 꿀을 좋아하는 새, 꽃의 기원, 흉내, 뻐꾸기, 향기가 피어오르는 양초, 불가사의한 공기역학으로 이어지며, 상당히 개연성 높은 이야기이지만 인간 진화의 주요 단계로도 이어진다.

오늘날 벌이 우리의 도움을 필요로 하는 것은 분명하지만 그 못지않게 중요한 것은 우리의 호기심이 요구된다는 점이다. 이 필수적인 생명체의 역사와 생물학을 탐구하는 사람이라면 누구나 열광적인 팬으로 바뀔 수 있으며 이 점이 바로 이 책을 쓰는 목적이다. 그러나 나는 독자가 이 책을 읽는 것 이상의 뭔가를 하게 되기를 희망한다. 곧 찾아올 어느 화창한 날 당신이 밖으로 나가 꽃에 앉은 벌을 발견하고 그 앞에 앉아 지켜보게 되기를 희망한다. 그런 날이 왔을 때 아마 당신은 과감하게 손을 뻗어 내 어린 아들이 세 살 때부터 해오던 대로—맨손으로—벌을 잡는 자신을 발견하게 될지도 모른다. 한번 해보면 작은 다리들이 당신의 손바닥을 간질이고 날개가 소곤대듯 바스락거리는 것을 느낄 수 있을 것이고 그러고 나면 당신은 손가락을 천천히 벌려 벌을 높이 들어 올린 뒤 자유롭게 날아가도록 놓아주게 될 것이다.

서론

벌에 관해 웅성거리는 소리

누워서 귀 기울여보라—가물가물 졸린 느낌이 내려앉아,
영향을 거의 의식하지 못할 때까지—
방랑자 벌의 부드러운 속삭임을.

윌리엄 워즈워스, 〈봄의 찬가〉(1817년)

딱딱한 외골격으로 둘러싸인 동물에 신뢰감을 갖는 사람은 없다. 곤충이나 절지동물을 보기만 해도 인간 뇌 속에 확연한 공포 반응이 일어날 수 있다. 혐오감과 관련 있는 시냅스가 빛나는 일도 자주 있다. 심리학자들은 이러한 느낌이 본래부터 타고난 것이며 물거나, 쏘거나 병을 옮길지 모르는 것들에 대한 진화적 반응이라고 믿는다. 그러나 다른 한편으로는 마디가 있고 잘 부러지는 몸통 때문에 우리와 다른 존재라고 여기는 깊은 의식도 있다. 안전한 거리를 두고 있을 때조차 우리는 그런 생물체가 발에 밟힐 때 으드득 하는 역겨움을 안겨줄 거라고 여긴다.

우리와 같은 포유류는 척추동물에 속하며 이들은 몸의 구조적 부위가 외부에서 보이지 않도록 뼈의 형태로 몸 안에 감추어 놓는 순결한 특성을 공통으로 지닌다. 하지만 엄밀히 말하면 딱딱한 부위를 바깥쪽에 두는 것이 더 나은 진화적 전략일 수도 있다.

절지동물은 척추동물과 비교할 때 20대 1의 비율로 종이 더 많다. 그러나 외골격을 지닌 생물체들은, 특히 다면체의 겹눈에다가 흔들거리는 더듬이, 게다가 여러 개의 허우적거리는 다리로 다니는 일이 많기 때문에 사람들은 이 생물체를 보면 소름 끼치는 느낌을 갖는다. 영화제작자들은 익히 알고 있는 사실이다. 리들리 스콧이 강아지 대신 곤충과 해양 무척추동물을 기반으로 〈에일리언〉의 가공할 괴물을 만든 것도 이 때문이며 〈반지의 제왕〉에서 가장 무서운 생명체가 돼지 닮은 오크나 동굴 트롤이 아니라 거대한 거미 셸롭인 이유도 이 때문이다.

숙련된 전문가조차 이따금 비위가 상해서 견디지 못하는 경우도 있다. 전문 곤충학자 제프리 록우드는 저서 『들끓는 마음』에서 자신이 연구 중이던 메뚜기가 갑자기 바글바글 떼를 지어 자신을 뒤덮은 일을 겪은 뒤 연구를 포기하고 철학과로 옮겼다고 털어놓았다.

절지동물과 우리의 만남은 찰싹 때리는 동작으로 결말을 맺거나 심지어는 지역 해충구제업자에게 전화를 거는 결말로 끝나는 경우가 너무도 많다. 몇 가지 예외를 꼽는다면 대개는 벌레처럼 생기지 않은 벌레이다. 형형색색의 화려한 날개로 우리를 황홀하게 하는 나비, 혹은 털로 덮인 호랑이 줄무늬 몸체로 즐겁게 느릿느릿 걷는 모충 애벌레, 혹은 완전 귀엽다고 묘사할 수밖에 없는 모습으로 사랑받는 무당벌레가 여기에 해당한다.

사람들은 귀뚜라미도 좋아하긴 하지만, 이는 아마 여름 저녁이

그림 1.1. 성경에 나오는 메뚜기에서부터 카프카 소설의 딱정벌레, 그리고 1920년대 이후 발간된 위와 같은 대중잡지 표지의 무서운 그림에 이르기까지 절지동물에 대한 인간의 두려움은 우리의 이야기 전달과정 속에 짙게 배어 있다. 위키미디어 공용.

면 눈으로 실제 모습을 보지 않으면서도 멀리서 이 벌레의 듣기 좋은 울음소리만 즐길 수 있기 때문일 것이다. 경제적 관점에서는 누에나방이 값비싼 실을 생산하는 것으로 평가받으며, 전 세계 셸락(천연수지의 일종_옮긴이) 생산에서는 아시아의 작은 깍지벌레에게 많은 빚을 지고 있다. 그럼에도 곤충에 대한 우리의 태도는 현재 전 세계적으로 매년 650억 달러에 달하는 돈을 살충제 비용에 쓰고 있다는 사실에서 가장 잘 드러난다.

이처럼 절지동물에 대해 전반적으로 느끼는 불편함을 생각할 때 인간과 벌의 관계는 확실히 색다르다. 툭 튀어나온 커다란 눈, 막으로 이루어진 두 쌍의 날개, 두드러진 더듬이를 지닌 벌은 다른 존재라는 걸 숨기지 않는다. 어린 벌은 구더기처럼 온몸을 비틀고, 다 자라고 나면 어떤 종들의 경우 저마다 독성이 있는 침으로 아프게 찌를 수 있는 능력을 지닌 채 수만 마리씩 떼를 지어 다니기도 한다. 한 마디로 벌은 우리가 본래부터 두려워할 만한 곤충을 정확히 빼닮았다.

그런데도 역사를 통틀어 전 세계 여러 문화의 사람들은 벌과 연계되는 두려움을 극복했거나 아니면 한쪽에 밀쳐둔 채로 벌을 관찰하고, 쫓고, 길들이고, 연구하고, 벌에 관한 시나 이야기를 지으며, 심지어는 벌을 숭배하기도 한다. 곤충 가운데 다른 어떤 집단도 이만큼 우리와 가까운 것이 없었고, 이만큼 없어서는 안 될 존재가 된 적이 없으며, 이만큼 숭배받은 것은 없다.

초기 인류가 기회 될 때마다 꿀의 달콤한 쾌감을 추구했던 선사시대부터 인간에게는 벌에 대한 매혹이 확고하게 자리를 잡고 있었다. 고대인들이 지구 전체로 이동하는 동안에도 꿀벌을 비롯하여 덜 알려진 수십 개 종에게서 꿀을 빼앗으며 계속 달콤함을 추구했다. 아프리카에서 유럽과 호주에 이르는 동굴 벽화 속에는 석기시대 화가들이 포착하여 묘사해놓은 채집 장면이 있는데, 더러는 기다란 사다리나 불이 붙은 나무막대가 등장하고 위험한 곳에 올라가는 장면도 있다. 우리 조상에게 꿀의 가치는 몇 차례 벌에 쏘이는 성가신 불편함을 넘어 노력과 위험을 감수할 만큼의 충분한 이유가 되었다.

사람들이 정착하여 농사를 짓는 거의 모든 지역에서는 이제 야생 벌집이 모여 있는 곳에 가서 훔쳐 오는 대신 논리적인 다음 단계로서 조직적인 양봉을 시작하게 되었다. 유럽, 근동, 북아프리카 곳곳에 퍼져 있는 수십 곳의 신석기 시대 농경 유적지에서 밀랍을 섞어

그림 1.2. 남아프리카공화국 이스턴케이프 주의 부시먼 족은 이렇게 무리 지어 황홀경의 춤을 이어가는 모습을 보이는데 이와 마찬가지로 지난 수천 년 동안에 벌과 벌집과 사람이 암벽 벽화에 때로는 사실 그대로 벌을 채집하는 모습으로 등장했으며 아울러 상징적인 형태로도 함께 등장했다.

만든 질그릇이 발견되었는데, 8,500년 전 이상으로 거슬러 올라가는 것도 있었다. 정확히 언제 어디에서 최초의 양봉가가 벌통 속에서 벌 떼를 치게 되었는지는 여전히 불확실하지만 분명 이집트인은 기원전 3세기경에 양봉 기술을 완성하여 기다란 점토 통에 벌을 길렀고 종국에는 계절별 작물과 야생화에 맞춰 벌을 배에 싣고 나일강을 오르내렸다.

사람들은 사과, 귀리, 배, 복숭아, 완두콩, 오이, 수박, 셀러리, 양파, 커피콩 등의 친숙한 작물은 말할 것도 없고 말, 낙타, 오리, 칠면조를 길들이기 오래전부터 벌을 길렀다. 인도, 인도네시아, 유카탄반도 등 서로 멀리 떨어진 지역에서 제각기 독립적으로 양봉을 했는데, 색다르게도 유카탄반도의 마야인 양봉가들은 침이 없는 온화한 특성의 우림 벌 '로열 레이디' 종을 기르는 탁월한 감각을 보여주었다. 히타이트족이 서아시아를 지배했을 무렵에는 양봉이 법에 명시되어 있었고 벌통을 훔치다가 붙잡히면 누구든 셰켈(과거 유대인들이 쓰던 은화_옮긴이) 6개의 가혹한 벌금을 물 수도 있었다. 그리스인은 꿀세를 시행했으며 경쟁 양봉장 사이에 90미터 거리의 완충지대를 두도록 했다.

또 양봉 사업의 수익성이 아주 좋다는 것이 확인되면서 정교한 위조품 생산을 부추겼다. 헤로도토스는 "위성류 열매와 밀"로 만들어진 그럴듯한 시럽 대체재에 대해 설명해 놓았다. 수 세기를 거치는 동안 대추야자, 무화과, 포도, 다양한 나무 수액을 졸여 만든 끈적끈적한 액체가 더 값싼 대체재로 등장하기도 했지만, 그런데도 꿀은 정제 설탕이 등장하기 전까지 전 세계 최고 수준의 달콤함이라는 지위를 유지했다.

우리가 원시 시대부터 단것을 좋아한 결과 시작된 일이지만 이후 벌집 생산물의 다른 용도까지 발견함으로써 꿀을 즐기는 성향은 더욱더 강해지기만 했다. 이에 덧붙여 꿀에 물을 섞어 발효시킨 꿀은 머지않아 맛있으면서도 확실한 취기의 유혹까지 제공했다.

학자들은 가장 오래된 알코올음료의 하나로 벌꿀 술을 꼽는다. 최소한 9000년 전, 아마도 그보다 훨씬 오래전부터 다양한 방법으로 벌꿀 술을 만들어 소비했다. 고대 중국의 술꾼들은 쌀과 산사나무 열매가 들어간 벌꿀 술을 벌컥벌컥 들이켠 반면 켈트 족은 헤이즐넛이 들어간 벌꿀 술을 즐겼고 핀란드 사람은 레몬 껍질이 들어간 벌꿀 술을 좋아했다. 에티오피아에서는 갈매나무의 씁쓸한 잎이 들어간 벌꿀 술을 즐기기도 했다. 그러나 그 어느 것보다 독한 종류는 아마도 중남미 우림지역에서 생긴 벌꿀 술이며 이곳의 마야인과 여러 부족의 주술사는 마약 성분이 있는 식물 뿌리와 나무껍질을 넣어 다양한 환각성 벌꿀 술을 개발했다.

실제로 각양각색의 치료사들은 오래전부터 벌의 효용성을 인식해왔으며 꿀, 벌꿀 술, 밀랍 연고, 밀랍('봉교', 벌이 벌집을 지을 때 사용하기 위해 식물 싹에서 수집한 수지), 심지어는 벌침의 독까지도 여러 질병의 치료제로 추천했다. 고대 세계의 치료법을 요약해놓은 12세기의 시리아어 책 『의술의 책』에는 1000가지 처방 가운데 벌 생산물이 반드시 들어가는 처방이 350가지가 넘었다. 이름을 알 수 없는 이 저자는 더 나아가 꿀물을 일상적인 필수 강장제라고 일컫기도 한다(아니스 씨와 으깬 후추를 각각 소량 넣어 포도주를 적당히 섞어 마시는 경우). 역사가 힐다 랜섬은 "벌이 과거 인간에게 지녔던 가치에 대해서는 아무리 강조해도 과대평가라고 할 수 없다"고 지적한 바 있는데, 이는 결코 과장이 아니었다.

달콤함, 취기, 치료 효과만으로는 충분치 않았던 듯 벌은 다름 아닌 조명까지도 제공했다. 선사시대부터 산업 시대가 막 열리기 시작하던 무렵까지 어둠을 물리치는 방법은 대부분 적지 않은 양의 연기와 캑캑거리는 기침을 동반했다. 모닥불, 횃불, 단순한 등, 혹은 생선 기름과 동물 지방 냄새가 나는 골풀 등이 그러했다. 이 시기를 통틀어 깨끗하고 안정적으로, 게다가 기분 좋은 냄새까지 풍기면서 타오르는 것은 오직 밀랍뿐이었다. 수천 년 동안 신전, 교회, 부유한 가정에서는 매일 밤 밀랍으로 불을 밝혔다.

방수 및 방부에서 야금에 이르기까지 밀랍의 다른 많은 용도 외에 초 제작을 위한 결코 채워지지 않는 수요까지 창출됨으로써 밀랍은 양봉 생산물 가운데 가장 가치 있는 물품으로 꼽히는 일이 많았다. 기원전 2세기에 코르시카 정복을 마무리 지은 로마인은 이 섬의 유명한 꿀을 거절하고 그 대신 밀랍을 공납으로 받았는데, 그 양이 엄청나서 매년 9만 킬로그램에 이르렀다.

세금 부가 업무를 감독했던 관리와 필경사도 벌과 관련된 또 다른 혁신에 그들의 이름을 적절하게 올렸다. 벌은 세계 최초로 편리하게 지울 수 있는 기록판을 제공했다. 칠판이 발명되기 오래전 표면에

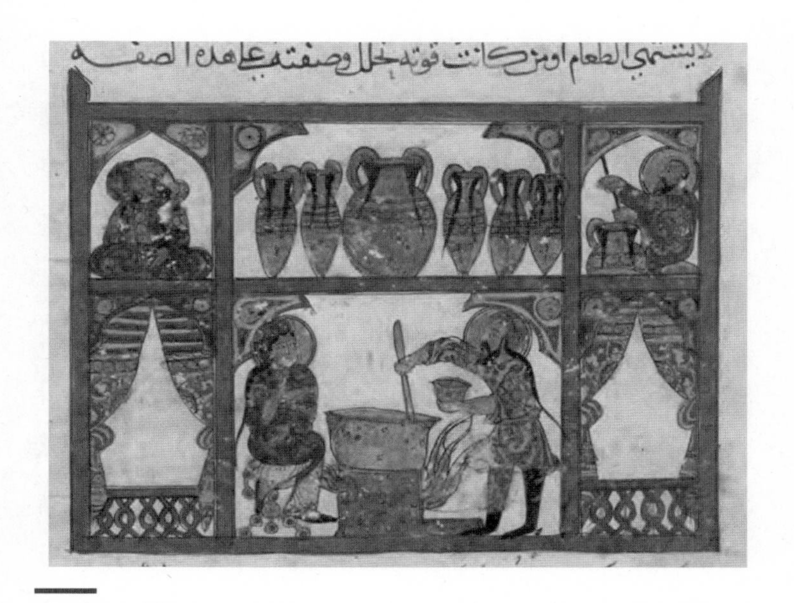

그림 Ⅰ.3. 13세기 아랍 문서에 그려진 제약사가 꿀, 밀랍, 인간의 눈물을 섞는 조제법에 기초하여 허약체질과 식욕부진을 위한 대표적인 만병통치약을 만들고 있다. 압둘라 이븐 알파들, 『꿀로 약을 짓다』(1224년). 이미지 출처, 메트로폴리탄 미술관.

밀랍을 씌운 작은 판에 철필로 글씨를 새기면 쉽게 보관하거나 옮길 수 있었고 그런 다음에는 열을 가해 표면을 매끄럽게 만든 후 다시 사용할 수 있었다.

벌은 처음부터 인간과 함께 했다. 멋진 사치품을 비롯한 아주 많은 물품의 자원이 되었던 이 곤충이 전설과 신화, 심지어는 종교에까지 등장한 것은 전혀 이상한 일이 아니다. 전설에서 벌은 흔히 신의 전령 역할을 했으며 벌이 인간에게 가져다준 선물은 신성한 것에 대한 찰나의 경험으로 여겨졌다. 이집트인은 벌이 태양신 라의 눈물이라고 여긴 반면 어느 프랑스 옛날이야기에서는 예수가 요르단 강에서 목욕할 때 그의 손에서 산산이 흩어지는 물방울이 벌이 되었다고 전하면서 예수 덕분에 벌이 생겼다고 말한다. 디오니소스에서 성 밸런타인에 이르는 여러 신과 성인이 벌과 양봉가의 수호자로 등장한 반면 인도에서는 벌이 사랑의 신 카마의 윙윙거리는 활시위를 만들어냈다.

고대 세계 곳곳에서 벌떼는 흔히 전쟁, 가뭄, 홍수, 그 밖의 커다란 사건을 알리는 전조 징후였으며 중국에서는 행운을, 인도와 로마에서는 불운을 상징했다. 키케로에 따르면 플라톤이 품 안의 아기였을 때 벌떼가 몰려와 이 철학자의 입술에 내려앉음으로써 그의 지혜와 유창한 수사법을 예견했다. 또 그리스어로 '꿀벌'을 뜻하는 멜리사라는 이름의 벌 여사제가 아르테미스, 아프로디테, 데메테르 신전을 지켰으며 벌은 델포이에서도 일정한 역할을 담당하여 이곳의 유명한 신탁이 이따금 '델포이 벌'이라고 일컬어지기도 했다.

벌이 선사하는 시럽 형태의 음식은 지상의 맛 같지 않은 달콤함을 지니고 있어서 이 역시 신성한 것으로 여겨지며 벌만큼이나 자주 전설에 등장한다. 예를 들어 제우스의 어머니는 어린 아들을 동굴에 숨겼다고 전해지는데 이 동굴에서 야생 벌이 달콤한 꽃꿀과 꿀을 벌의 입에서 아기 입으로 직접 전해주며 어른이 될 때까지 아이를 키웠다고 한다.

힌두교의 신인 비슈누, 크리슈나, 인드라가 비슷한 음식을 먹고 자라는 까닭에 이들을 통틀어 '꽃꿀에서 태어난 신'이라고 부르며, 다른 한편 스칸디나비아에서도 아기 오딘이 신성한 염소의 젖을 섞은 꿀을 좋아했다. 신의 유아용 컵에서 발견되든 아니면 천상의 케이크로 구워진 형태로든 꿀은 발할라(오딘 신이 사는 곳_옮긴이)에서부터 올림포스산과 그 너머 지역까지 지배적인 메뉴로 자리 잡았다. 신앙심 깊은 사람에게 꿀은 정의로운 보상의 기대감으로 나타난다. 코란, 성경, 켈트족 전설, 콥트 고문서 등 다양한 원전에서는 천국을 꿀이 강물처럼 흐르는 곳이라고 묘사했다.

상징에서든 일상생활에서든 인간에게 벌이 지니는 가치는 벌의 생물학에 뿌리를 두고 있다. 현대의 벌은 넓은 시야각에 자외선까지 볼 수 있는 시각, 서로 맞물려 있는 유연한 날개, 그리고 장미꽃에서부터 폭탄과 암에 이르기까지 모든 것의 냄새를 맡을 수 있는 예민한 더듬이로 인해 공학의 경이로운 대상이 되고 있다.

벌은 꽃식물과 함께 진화해왔으며 벌의 가장 놀라운 특징은 모두 꽃과의 관계 속에서 발달했다. 꽃은 벌에게 꿀과 밀랍의 성분을 제공할 뿐 아니라 비행, 소통, 협력의 동기가 되고 더러는 윙윙거리는 소리를 내야 하는 동기도 된다. 이에 대한 보답으로 벌은 가장 기본적이며 필수적인 기능을 수행한다. 그러나 기이하게도 17세기까지 사람들은 이 기능에 대해 제대로 인식하기는커녕 전혀 이해하지도 못했다.

독일 식물학자 루돌프 야코프 카메라리우스가 1694년 처음으로 꽃가루받이에 관한 관찰 내용을 발표했을 때 대다수 과학자는 식물의 성이라는 개념 전체가 터무니없거나 외설적이라고, 혹은 두 가지 다 해당된다고 보았다. 그로부터 몇십 년 뒤 필립 밀러가 튤립 꽃

그림 1.4. 어느 그리스 로마 신화에 따르면 디오니소스(바쿠스)가 속이 비어 있는 나무에서 최초의 벌떼를 포획하면서 모든 것이 시작되었다고 한다. 피에로 디 코시모, 〈꿀을 발견하는 바쿠스〉(1499년경). 위키미디어 공용.

을 찾아온 벌에 대해 묘사한 것도 여전히 그의 베스트셀러 저서 『원예사 사전』의 내용으로는 지나치게 도발적이라고 여겨졌다. 수많은 불평이 뒤따르자 출판사도 3판, 4판, 5판에서 이 내용을 완전히 삭제했다. 그러나 꽃가루받이라는 개념은 농장, 정원, 심지어 화분을 가까이에서 볼 수 있는 사람이라면 누구나 검증할 수 있었다. 결국 벌과 꽃이 함께 추는 춤은 찰스 다윈과 그레고어 멘델 같은 전문가(와 양봉가)를 비롯하여 생물학의 몇몇 위대한 사상가를 매료시키기에 이르렀다.

오늘날 꽃가루받이는 필수 연구 분야로 자리 잡고 있다. 이 연구 분야가 단순히 우리의 이해를 돕는 차원을 넘어서서 다른 어떤 것으로도 대신할 수 없다는 걸 알기 때문이다. 21세기에는 달콤함을 정제 설탕에서 얻고 석유의 부산물로 양초를 얻으며 스위치를 딸각 누르면 빛을 얻는다. 그러나 바람에 의한 번식을 제외하고 거의 모든 작물과 야생식물의 번식에서 벌에 대한 의존은 여전히 절대적이다. 벌이 불안정해지면 그로 인한 영향이 뉴스의 헤드라인으로 나온다.

최근 들어 벌에 관해 수군거리는 소리가 종종 진짜 벌보다 더 크게 윙윙거리고 있다. 우리가 오래전부터 당연하게 여겼던 꽃가루와 꽃의 대단히 중요한 관계가 야생 벌집과 양봉 벌집의 떼죽음으로 위협받고 있기 때문이다. 그러나 벌에 관한 이야기는 단지 곤경이나 위기에 관한 이야기 그 이상의 의미가 있다. 이 이야기는 공룡 시대부터 시작해서 다윈이 '가공할 의문'이라고 일컬었던, 생물 다양성의 폭발적 증가 시기 전체로까지 우리를 안내한다. 벌은 우리 종이 진화해온 자연 세계를 형성하는 데 도움을 주었으며 이들의 이야기는 종종 우리 자신의 이야기와 뒤섞인다.

이 책의 부제가 내용을 소개해주듯이 이 책은 벌의 특성 자체로 인해 벌이 완전히 필수적인 존재로 자리 잡는 과정을 탐구한다. 벌을 이해하고 궁극적으로 벌을 돕기 위해 우리는 벌이 어디서 와서 어떻게 작용하는지 제대로 알아야 할 뿐 아니라 벌이 두려움보다는 호감을 불러일으키는 유일한 벌레가 된 이유도 인식해야 한다.

벌 이야기는 생물학으로 시작되지만 나아가 우리 자신에 관해서도 알려준다. 이를 통해 우리가 왜 그토록 오랫동안 벌을 가까이했는지, 왜 광고제작자는 맥주에서 아침 식사용 시리얼에 이르는 모든 광고 제작에서 벌을 이용하는지, 그리고 왜 훌륭한 시인들이 꽃을 "온통 벌이 날아와 앉아 있다"고, 입술을 "벌에 쏘였다"고, 빈터를 "윙윙거리는 벌 소리로 가득하다"고 즐겨 묘사하는지 이유를 알 수 있다. 사람들은 집단적인 의사결정에서부터 중독, 건축, 효율적인 대중 운송에 이르는 모든 것을 더욱 잘 이해하기 위해 벌을 연구한다. 사회성 동물들이 최근 대규모 집단을 이루어 사는 데 적응하면서 우리는 수백만 년 동안 적어도 부분적으로는 이에 성공적으로 적응해온 생물 집단으로부터 배울 것이 많이 있다.

과거에 전 세계 사람들은 벌이 윙윙거리는 소리를 죽은 자의 목소리라고, 영혼 세계에서 전해오는 속삭임으로 생각했다. 이러한 믿음은 특히 이집트 문화와 그리스 문화까지 거슬러 올라가며 이들 문화의 전통에서는 사람의 영혼이 육체를 떠나 내세로 가는 동안 잠깐 모습을 드러낼(그리고 소리를 낼) 때 벌의 형태로 나타난다고 전해진다. 현대인들은 벌들의 강렬한 비브라토를 전보다는 평범하게 느끼지만 그래도 여전히 강력한 힘으로 남아 있으며, 오래전부터 끈끈하게 연결된 벌과의 유대에서 생기는 무의식적 요구로 한층 증폭되고 있다.

그러나 벌에 관해 웅성거리는 이야기가 살충제나 서식지 손실, 그리고 우리가 벌에게 떠안긴 그 밖의 문제들로 시작되지는 않는다. 이 이야기는 벌이 지닌 지배적 영향력, 즉 배고픔과 혁신에 대한 고대의 교훈으로 시작된다. 정확히 어떠한 일련의 사건이 벌의 시작으로 이어지게 되었는지는 아무도 알지 못하지만 적어도 한 가지 점은 모두가 동의할 것이다. 우리는 벌의 소리가 어떠한지 알고 있다는 점이다.

벌이 되다

진화는 아무 사전 준비 없이 새로운 것을 내놓지 않는다.
진화는 기존에 존재하는 것을 바탕으로 이루어진다….

프랑수아 자코브, "진화와 수선"(1977년)

제1장

채식주의자가 된 말벌

너희, 수다스럽고
벨벳같이 부드러우며
맹렬한 자들,
비행과
듣기 좋은 첼로로 연주하는…

나오라
나의 디기탈리스에서, 나오라
나의 장미에게서
너희 벌들,
호화롭고
그럴 듯해 보이는 코를 지닌!

노먼 롤런드 게일, 〈벌들〉(1895년)

윙윙거리는 소리를 그냥 지나칠 수 없었다. 목적지는 널따란 자갈 채취장 너머이고 거기에 가면 내가 고용된 목적대로 희귀 나비의 흰 날개가 파닥이는 것을 볼 수 있다. 나는 준비해온 곤충채집망과 공책을 챙겨들고 그곳으로 달려갔어야 했다. 그러나 발아래 바닥이 지상의 트레몰로(음이나 화음을 규칙적으로 떨리듯 반복하는 연주 주법_옮긴이)를 흥얼거리고 있었고 웅웅거리는 이 소리가 당장 주목해 달라고 손짓하고 있었다. 자연사를 연구하는 데에는 이런 고충이 있다. 세상에 온갖 경이로운 것들이 가득한데 어떻게 특정 과제에 집중할 것인가 하는 문제이다.

'목표를 벗어나면 안 돼.' 나 자신에게 말했다. 이 말은 루크 스카이워커가 〈스타워즈〉의 혼란스런 최후 결전을 벌이면서 데스스타(〈스타워즈〉에 나오는 거대 전투용 인공위성_옮긴이)를 날려버릴 작은 배기구 하나에 자신의 목표를 집중하려고 고군분투하던 자신에게 한 말이었다. 나를 고용한 고객에게는 불행한 일이지만 제다이 기사가 보여준 집중력이 내게는 부족했다. 나비는 다음을 기약해야 할 것이다.

웅크리고 앉아 바라본 주변은 온통 말벌(영어에서는 벌을 뜻하는 단어가 bee와 wasp, 두 가지가 있으며 이를 각각 구분하여 사용한다. 분류학상으로 보면 bee는 꿀벌류라고 할 수 있으며 벌아목 중에서 이 꿀벌류와 개미를 제외한 그 밖의 벌을 모두 wasp라고 하는데 우리 말에는 wasp에 해당하는 별도 이름이 없으며 더러 말벌류라고 옮기기는 한다. wasp의 대표적인 벌이 말벌과의 벌이므로 이 책에서는 wasp를 '말벌'이라고 옮기며 wasp의 하위 분류에 속하는 말벌과나 말벌속의 벌이 나올 때에는 wasp와 구분하기 위해 '말벌과의 말벌', '말벌속의 말벌'이라고 옮긴다. 또 bee는 꿀벌류라고 옮기지 않고 그냥 일반적으로 쓰이는 대로 '벌'이라고 옮긴다_옮긴이 주) 천지였다. 수천 마리는 되었다. 검은색과 황금색이 섞인 날렵한 몸통이 마치 장작불 위로 흩날리는 불꽃처럼 사방으로 튀고 이리저리 방향을 틀었다. 그러나 불꽃과 달리 목적을 지닌 말벌은 결국 땅으로 내려와 작은 둥지 구멍 옆에 앉았다. 이 구멍들은 이제껏 본 것 중에서 가장 큰 군집을 이루고 있었다. 아드레날린이 솟구치는 것 같았다. 벌에 쏘일까 봐 두려워서가 아니라 발견의 황홀한 흥분 탓이었다.

벌에 관심 있는 사람으로서 진짜 말벌을 발견하는 일은 시간을 거슬러 올라가는 것과 같다. 내가 옳다면 지금 발아래 땅에 나 있는 작은 굴들은 왜 벌이 진화했는지, 어떻게 진화했는지 알려주는 결정적 단서를 품고 있다. 곤충채집망이며, 공책이며, 나비 생각은 모두 옆으로 밀쳐놓고 지면 가까이에 얼굴을 대고 관찰하기 시작했다.

곧바로 말벌 한 마리가 눈으로도 좇기 힘들 만큼 빠르게 휙휙 앞뒤로 움직이면서 10센티미터 조금 못 미치는 지점의 자갈투성이 땅으로 내려왔다. 벌은 특정 모래땅으로 향하더니 갑자기 멈춰서 앞발을 쑥 내밀고는 개처럼, 혹은 샷건 대형을 실행하는 미식축구 선수처럼 모래흙을 뒷발 쪽으로 내던지면서 땅을 파기 시작했다. 주위를 돌아보니 다른 말벌들도 이런 일련의 행동을 반복하고 있었고, 이렇게 끝없이 모래를 내던지는 한바탕 소란 때문에 땅이 흔들리는 것처럼 보였다.

오래된 굴을 손보는 말벌도 있고 새로운 굴을 파기 시작하는 말벌도 있었지만 모두 각자 자신의 작업을 진행했다. 말벌속의 말벌, 땅벌, 그밖에 친숙한 다른 말벌류와 달리 맹렬하게 땅을 파는 이 작은 벌들은 공들여 종이 벌집을 짓지도 않고, 성가시게 도시락을 만들지도 않는다. 게다가 여왕벌을 필두로 하는 커다란 조직적 군집을 이루어 살지도 않는다. 이 말벌들은 혼자 사는 습성을 가지고 있으며, 오로지 좋은 서식지 구역의 혜택을 이용하기 위해 함께 모여 있는 것뿐이다.

살펴보니 이 말벌은 다른 과에 속한 벌이었다. 1802년에 이름붙인 구멍벌[1]로 지금까지 널리 알려진 벌이었다. 이 이름은 그리스어

---

1 최근에 분류학자들은 구멍벌을 세 개 과로 나누고 이 가운데 벌과 가장 가까운 친척종을 은주둥이벌과로 나눈다. 앞으로도 수정작업이 더 이루어지리라고 예상되는데 일반적으로는 이 책에 사용된 전통적 포괄적 명칭이 여전히 널리 쓰이고 있다.

로 말벌을 뜻하는 스픽스sphix(구멍벌과의 학명이 Sphecidae이다_옮긴이)에서 유래했는데, 이는 곧 초기 곤충학자들에게도 '말벌다운 말벌'이라는 공식적 설명을 얻을 정도로 아주 완벽하게 말벌 생활 형태를 보였다는 의미였다. 그러나 나로 하여금 모랫바닥에 얼굴을 대고 관찰하게 만들었던 구멍벌의 양상은 린네식 분류학보다 훨씬 오래전으로 거슬러 올라간다. 공룡의 전성기 무렵이던 백악기 중기 어느 시기쯤 구멍벌 가운데 대담한 한 집단이 가장 말벌다운 습성의 하나를 포기했다. 얼마 지나지 않아 이들은 벌로 진화했다.

내가 지켜보던 말벌이 갑자기 땅 파는 일을 멈추고 날아가 버렸다. 자세히 살펴보니 그 말벌의 굴인지 아니면 내가 알지 못하는 다른 누군가의 굴인지는 모르지만 날아간 말벌이 굴의 일부를 발견한 것이었다. 잠시 기다려 보았지만 말벌은 돌아오지 않았다. 손으로 직접 모래를 걷어냈더니 살짝 내리막 경사를 이룬 연필 두께의 터널이 드러났다.

흙을 파다 보니 터널 벽이 무너지기 시작해서 기다란 마른 풀줄기를 터널 안으로 밀어 넣었다. 지면 아래 10센티미터가 안 되는 깊이에서 풀줄기와 터널이 끝나더니 작은 공간이 나왔다. 거기에는 내가 찾고 있었던 바로 그것, 파리 사체가 있었다. 어느 여름날 당신이 창턱에서 쫓아버렸을지도 모르는 그런 특별할 것 없는 검은색 파리였다. 그러나 이 죽은 파리는 말벌다운 말벌이 무엇인지 규정하는 특별한 사실을 보여준다.

말벌다운 말벌이란 어린 새끼의 먹이를 찾기 위해 늘 지형을 살

그림 1.1. 흔히 나나니라고 알려져 있고 코벌속에 속하는 구멍벌 군집. 개별 암벌이 자기 둥지를 판 다음 그 안에서 자라는 새끼를 먹이기 위해 먹이를 둥지 속으로 가져간다. 출처 조지 페컴, 엘리자베스 페컴 공저 『말벌: 단독성 말벌과 군집성 말벌』(1905년), 제임스 H. 에머튼 그림.

샅이 뒤지고 다니는 사냥꾼이다. 나나니라고 불리는 구멍벌의 한 종류는 파리에 주로 집중하지만 다른 종은 진딧물에서 나비와 거미에 이르는 모든 것을 잡아 침으로 죽이거나 마비시킨 다음 굴속에 넣어두고 유충이 이 벌레들을—산 채로든 죽은 상태로든—잡아먹도록 해준다. 매우 섬뜩한 방식이지만 효율적이며 1억 5,000만 년도 넘는 시간 전부터 내려온 말벌의 기본 전략이다. 그러나 이 전략을 바꾸는 것이 훨씬 성공적이라는 사실이 입증되었다.

레프 톨스토이에서 폴 매카트니에 이르기까지 유명한 채식주의

자들은 도축장을 비난해왔으며 고기를 먹지 않는 생활방식이 건강과 환경 측면에서 다양한 이점이 있다고 홍보해왔다. 그러나 채식주의 운동가들이 벌 이야기를 빼놓는다면 중요한 사항을 계속 놓치는 것이다. 벌의 경우 채식주의는 단지 생활방식을 바꾸는 데 그치지 않고 새로운 종을 탄생시켰기 때문이다. 동물의 부위를 먹다가 꽃이 제공하는 자양분으로 식생활을 바꿈으로써 벌의 최초 조상들은 새로운 식량 자원을 발견했다. 이 자원은 대체로 이용되지 않은 채 계속 확장되고 있을 뿐 아니라 아주 편리하기까지 했다.

말벌의 경우 일반적으로 자신이 먹을 음식을 찾고 나서 새끼를 위해 별도로 전혀 다른 음식을 찾아 나서야 한다. 그러나 벌은 원스톱 쇼핑의 혜택을 누렸다. 좋은 꽃은 벌 자신이 먹을 달콤한 꽃꿀을 제공하는 한편 집으로 가져가서 어린 새끼에게 먹일 수 있는 풍부한 단백질의 꽃가루까지 함께 제공한다. 게다가 파리, 거미, 그 밖의 약삭빠른 먹이들은 잡기도 어려울 뿐 아니라 심지어는 위험하기까지 하다. 그에 비해 꽃은 그 자리에 가만히 있고 종국에는 유혹적인 색과 향으로 꽃의 위치를 광고하기 시작한다.

말벌에서 벌로 이행하는 과정과 관련해서 정확한 세부 사항과 시기는 여전히 논의할 부분이 남아 있지만 이 이행과정이 얼마나 효과적이었는가에 대해서는 아무도 이의를 제기하지 않는다. 이제 벌은 거의 세 개 종 중 하나의 비율을 차지할 정도로 구멍벌의 다른 친척종보다 수가 많다.

조심조심 굴을 덮어놓은 후 나는 말벌을 뒤로하고 본 임무인 나비 조사 활동으로 다시 돌아가 나머지 오후 시간을 꽃이 찬란하게 빛나는 비탈면에서 보냈다. 황금빛 들갓과 붉은토끼풀, 자줏빛의 가는잎미선콩과 자주개자리가 피어 있었다. 그렇게 꽃들이 풍성한 곳 한복판에 있으니 꽃에서 자양분을 찾는다는 발상이 너무 쉬운 결정으로 보였다. 그러나 벌이 진화하던 세계에서는 이런 발상이 그야말로 운에 모든 것을 맡기는 개척자적 적응으로 여겨졌다.

우리는 백악기 하면 공룡을 떠올리지만 파충류가 많다는 사실만이 그 시대와 우리 시대의 유일한 차이점은 아닐 것이다. 어린 새끼에게 꽃가루를 공급한 최초의 벌은 지금의 우리가 알고 있는 것과 같은 야생화 초원이 없었던 지형에서, 게다가 꽃 자체도 꽃잎이나 색, 그 밖의 특징적 성질을 막 개발하고 있던 시기에 이 활동을 했다.

화석이 우리에게 알려주는 바에 따르면 초기의 꽃은 아주 작고 눈길을 끌지 못하는 존재였으며 침엽수와 양치종자식물과 소철류들이 지배하던 식물군의 아주 미미한 참여자일 뿐이었다. 벌의 진화를 파악하기 위해서는 이 세계에 대한 명확한 그림이 필요한데 이 시기를 재현한 대다수 장면에서는 초목이 아니라 커다란 도마뱀에만 초점을 맞춘다. 공룡 책에서 으르렁거리는 짐승들을 떠올릴 때 벌은 말할 것도 없고 꽃 비슷하게 생긴 것은 거의 찾을 수 없다.

'어느 지점에서' 벌의 진화가 이루어졌는지 상상으로 그려보려고 분투하는 동안 나는 그것이 '어떻게' 이루어졌는가 하는 물음으로 빠르게 옮겨와 있었다. 그 세계에서 꽃이 정말 작고 희귀하다면 왜 벌의 조상은 꽃을 찾아다니려 했을까? 생명 유지와 관련하여 조

그림 1.2. 서로 싸우는 공룡 너머를 보라. 이 장면은 백악기 중기의 풍경에 대한 전형적인 인상을 보여준다. 이끼로 뒤덮여 있고 양치식물이 가득한 숲에는 꽃도, 벌도 보이지 않는다. 『대홍수 이전의 세계』(1865년)에 실린 에두아르 리우 그림.

상 말벌이 채식주의로 변화하게 촉발한 것은 무엇이었을까? 최초의 벌은 어떻게 생겼을까? 말벌에서 벌로 변화하는 데 어느 정도의 시간이 걸렸을까? 곤충의 진화와 관련된 의문이 떠오를 때마다 느끼는 것이지만 이럴 때 가장 좋은 방법은 말 그대로 그와 관련된 책을 쓴 사람을 찾아가는 것이다.

"말로 다 할 수 없을 정도로 놀라운 이야기이지만 자료가 많지 않아요." 내가 벌의 진화에 관해 물었을 때 마이클 엥겔이 말했다. 그러고는 이렇게 덧붙였다. "툭 까놓고 말하자면 화석 기록이 형편없어요."

통화 당시 마이클은 캔자스 대학 소유의 한 창고에 위치한 사무실에 있었다. 500만 개의 곤충 표본이 대학 캠퍼스의 오래된 큰 건물 중 한 곳에 너무 많은 공간을 차지한다고 판단한 대학 당국은

2006년에 대학 곤충관(그리고 이를 관리하는 수석 큐레이터)을 이곳으로 옮겼다.

"엥겔입니다." 퉁명스러운 목소리가 전화에서 들려왔다. 방해받는 것에 지칠 대로 지쳐 익숙해진 사람의 목소리처럼 들렸다. 이상한 일도 아니었다. 곤충관 큐레이터의 업무 외에도 두 곳의 대학교수직, 미국 자연사 박물관과의 제휴 연구, 아홉 개나 되는 전문학술지의 편집 관련 직책을 맡고 있던 그였다. 발표한 과학 연구 목록에는 동료 심사를 거친 650개 이상의 논문이 있었으며 나아가 나를 그에게로 이끈 명성, 즉 『곤충의 진화』라는 최고 저서의 공동 저자가 그였다. 이런 광범위한 주제 가운데 벌은 특히 그의 전문 분야이다. 내가 전화를 건 이유를 말하자 엥겔의 목소리가 밝아졌고 다른 모든 업무 부담을 잊은 것 같았다. 우리는 거의 두 시간 가까이 통화했다.

"아주 초기에 등장한 최초의 벌을 찾으려면 대략 1억 2,500만 년 전으로 돌아가야 해요." 마이클이 설명했다. 애석하게도 '가장 오래된 확실한 벌'은 5,500만 년 전 이후가 되어야 화석 기록에 나타나며 그 중간에 커다란 공백이 남아 있다. 긍정적인 점은 그렇게 두드러질 정도로 증거가 부족하다는 점 자체가 적어도 벌이 어느 지점에서 진화했는가 하는 물음에 관해 뭔가 말해줄 수도 있다는 점이다. 화석이 특히 드문 경우에는 흔히 그럴 만한 타당한 이유가 있기 때문이다.

"아주 초기의 벌을 찾을 만한 최적의 장소는 아마 화석이 형성되기 힘든 최악의 장소일 거예요." 마이클이 말했다. 몇 가지 일련의 증거로 미루어보건대 많은 초기 꽃뿐 아니라 벌은 건조하고 더운 환경에서 진화했다. 심지어 오늘날에도 벌이 가장 풍부한 지역은 생물다양성이 아주 풍부한 습한 열대지방이 아니라 지중해 지역과 미국 남서지방 같은 건조한 지역이다.

백악기 지형 중에도 이와 비슷해 보이는 곳이 많지만 우리는 그곳에 대해 아는 것이 거의 없으며 그곳에 무엇이 살았는지도 거의 알지 못한다. 다름 아니라 그곳에는 화석 형성에 필요한 물이 부족하기 때문이다. 화석이 되려면 생물체나 식물이 순식간에 퇴적물로 덮여야 하며, 가능한 한 부패하지 않도록 산소가 부족한 곳에서 이러한 과정이 이루어져야 한다. 이러한 조건은 주로 늪이나 호수, 강, 얕은 바다의 밑바닥 같은 물밑에서 이루어진다. 이는 곧 먼 과거에 대한 우리의 인상이나 연구 능력이 고생물학자들이 말하는 이른바 '보존의 편향성'으로 어려움을 겪는다는 의미다.

대체로 아주 습한 서식지의 동식물상이 화석이 되기 때문에 우리는 이러한 동물상에 지배당하고 있다. 갑작스러운 홍수나 화산활동으로 건조 지역에 화석이 형성되는 일도 있어서 몇몇 예외가 있기는 하다. 그러나 이러한 예외조차도 벌이 어떻게 처음 등장하게 되었는가 하는 문제를 해결하는 데 별다른 도움을 주지 못한다.

"난제이지요." 마이클이 내게 말했다. "꽉 막힌 상태에서 벌의 특징이 나타난 화석을 찾으려고 애쓰고 있어요. 그런데 막상 찾으면 그건 이미 벌이지요! 말벌에서 어떻게 변해왔는지 여전히 아무것도 알지 못해요. 이쪽저쪽 모두 막혀 있어요."

이러한 고충은 벌을 규정하는 본성 자체, 즉 채식에 있다. 꽃가루를 먹는 것은 하나의 행위이지 물리적 특징이 아니며 행위는 특별히 유효한 화석이 되지 못한다. 벌의 새로운 식생활과 관련한 눈에 보이는 증거는 꽃가루를 채집하고 운반하는 데 도움이 되는 독특한 털과 다른 특징들이 진화하면서 사후에 나타난다. (꽃을 좋아하는 긴 털의 채식주의 벌을 가리켜 농담조로 '히피 말벌"(말벌에 해당하는 영어 wasp는 앵글로색슨계 미국 신교도를 줄여서 부르는 WASP White Anglo-Saxon Protestant로도 읽힌다_옮긴이)이라고 부르기도 하며 실제로 벌의 진화적 특징 가운데 핵심이 되는 것을 기억하기에 나쁜 방법도 아니다!)

그러나 아주 초기의 벌은 자신들의 말벌 친척종과 생김새가 똑같았을 것이고 한동안은 그런 모습을 유지하면서 아마 현재까지도 몇몇 벌이 그러듯이 꽃가루를 위장에 담아 둥지로 가져가 다시 뱉어냈을 것이다. 그렇다면 실제 '최초의 벌'을 언젠가라도 찾게 될 가능성은 아주 희박할 것이다.

"분명 화석 벌 둥지가 있어야 할 겁니다." 마이클이 곰곰이 생각하며 말했다. 둥지 안에 꽃가루가 들어 있어야 할 것이며 가급적이면 어미 벌도 꽃가루를 먹이는 동작으로 화석이 되어 있어야 할 것이다. "누군가 그걸 발견하게 된다면," 그가 웃으면서 덧붙였다. "통장에서 현금을 꺼내어 거기가 어디든 간에 화석을 보기 위해 비행기 표를 사서 날아갈 겁니다!"

이야기를 나누는 동안 당연히 마이클은 자료에 대한 과학자의 열정, 즉 증거로 뒷받침되는 견해와 단순히 추정에 근거한 견해를 확실하게 구분하고자 하는 과학자의 열정을 보였다. 벌은 백악기 중기 구멍벌 조상에게서 나온 채식주의자 후손이며 거기까지 알려져 있다. 그러나 우리가 이 선을 명확히 하자 그는 기꺼이 그 선을 넘어 '어쩌면'이라든가, '그렇다면 어떻게 되었을까'라든가 '아마도' 같은 추측의 세계로 기분 좋게 들어와 내게 도움을 주었다. 초기 벌의 진화와 관련된 여러 가능성을 탐구하고자 하는 한 그보다 더 자격을 갖춘 안내자를 찾지는 못할 것이다.

"나는 그 문제에 정말로 많은 시간을 허비한 몇 사람 중 한 명으로 꼽히지요." 마이클이 삐딱하게 말했지만 사실 그가 내놓은 수많은 연구 성과를 시간 낭비라고 하기는 힘들었다. 2009년 린네 협회에서는 그에게 200주년 훈장을 수여한 바 있으며, 이는 40세 이하의 과학자들에게는 생물학 분야에서 가장 명예로운 상이었다. 그러나 대학교 4학년 때 우연히 내린 결정이 아니었다면 마이클 엥겔은 그의 생애에서 어쩌면 두 번 다시 벌을 쳐다보지 않았을지도 모른다.

"곤충을 좋아하는 아이는 아니었어요." 마이클이 회상했다. 그러나 그는 언제나 미세한 것을 알아보는 눈을 갖고 있었다. 아주 작은 것을 그림으로 그리는 것을 좋아했던 마이클이 모든 특징을 정확한 비율로 그릴 수 있는 고가의 극세 펜을 사달라고 조르는 바람에 그의 엄마는 돌아버릴 지경이었다. 이후 캔자스에서 의과 대학 예과 과정을 착실히 밟고 있을 때 화학과 교수가 그에게 명예 논문으로 뭔가 색다른 것을 써보라고 제안했다. "그러면 의대 지원서가 남들보다 돋보이는 데 도움이 될 거라고 교수님이 말했지요." 마이클이 설명했다.

조언자의 충고를 따르기 위해 이리저리 돌아다니던 그는 전설적인 벌 전문가 찰스 미치너[2]의 실험실을 찾게 되었고 어떤 의미에서는 그 후 영영 그곳을 떠나지 않았다. 작은 것을 정확하게 이해하기를 좋아했던 마이클에게 벌 분류학의 세계는 꼭 맞는 일이었고 그는 까다로운 진화의 수수께끼를 풀어야 하는 도전을 즐겼다. 내가 연구 접근법에 대해 묻자 이렇게 설명했다. "아무도 연구하지 않은 주제가 있다면 그것을 연구하고 싶은 마음이 들어요." 이렇게 엇나가는 기질 때문인지 어느 명망 있는 곤충학자가 곤충 화석 기록 전체를 '쓸모없는 것'이라고 일축했다는 소리를 듣자마자 그는 초기 벌과 일반적인 곤충의 진화를 연구하기 시작했다.

코넬에서 석사 과정을 마치고 미국자연사박물관에서 잠시 일했던 그는 다시 캔자스로 돌아와 미치너의 수제자가 되어 1940년대까지 거슬러 올라가는 벌 과학의 연구 전통을 이어받았다. 물론 톡토기와 개미에서부터 흰개미, 거미, 다듬이벌레에 이르기까지 온갖 것에 대해 논문을 썼지만 벌과 그 진화는 늘 주된 관심으로 남아 있었다. 마이클 엥겔은 누구보다도 벌 화석을 많이 살펴보고 또 많은 생각을 했다고 말해도 무방할 것이다.

"내가 특별히 애정을 갖는 가설은" 그가 여전히 추정의 형태로 말했다. "말벌이 꽃꿀로 양분을 얻기 시작하면서 우연히 몸에 꽃가

---

2 찰스 던컨 미치너의 이름과 연구는 이 이야기를 이어가는 동안 여러 차례 반복적으로 튀어나올 것이다. 친근하게 "미치"라고 불리는 그는 80년에 이르는 과학 연구 경력에서 벌 연구의 원조로 자리 잡았다. 그의 저서 『세계의 벌』과 『벌의 사회적 행동』은 지금도 핵심 교재로 남아 있으며 마이클 엥겔을 비롯한 수많은 벌 전문가에서부터 유명한 인구 생태학자 폴 에얼릭에 이르기까지 그가 길러낸 뛰어난 과학자가 수십 명에 이른다.

루를 묻혀 둥지로 운반하게 되었다는 주장이에요." 아울러 말벌이 꽃에 앉아 있던 먹이, 다시 말해 몸에 꽃가루가 묻어 있거나 직접 꽃가루를 먹었을지도 모르는 파리나 다른 곤충을 잡기 시작했을 가능성도 있다. 어느 쪽이든 일단 꽃가루가 일상적으로 둥지까지 옮겨오기 시작하면 말벌 유충의 먹이에 고기와 함께 이 꽃가루도 들어갈 기회가 생긴다. 또 이렇게 우연히 생겨난 배달 체계가 이후 계획적으로 이루어지게 되면 마이클의 표현대로 "내리막길을 치닫듯" 걷잡을 수 없이 빠르게 오로지 꽃가루만을 이용하는 단계로 나아갔을 것이다.

"꽃 위에서 더 많은 시간을 보내게 된 모든 암컷은 이제 순식간에 커다란 위험을 피하게 된 겁니다." 사냥의 위험에 비해 꽃가루 채집이 상대적으로 안전하다는 사실을 언급하며 그가 지적했다. "포식은 위험한 게임이에요. 먹이는 스스로 보호할 것이고 만일 날개가 찢어지거나 입틀이 손상되기라도 하면 심각한 곤란에 처하지요." 자연선택에서는 곧바로 꽃가루 채집자가 선호되었고 이들의 평화적인 생활방식 덕분에 더 오래 살고 새끼도 더 많이 낳을 수 있었다. "그러고 나서 어느 틈엔가 정신 차려 보니 당신 앞에 벌이 있는 거지요." 그가 결론을 맺었다.

마이클의 시나리오는 말벌에서 벌로 이행하는 과정을 매우 확실하게 직관적으로 설명하지만 그 다음에 무슨 일이 일어났는가에 대해서는 보다 신중한 태도를 취했다. 현대의 벌을 규정하는 해부학적 특징에 대해서는 전문가들 사이에 합의가 이루어져 있다. 분류하기가 애매한 종조차도 날개 시맥의 중요 세부 요소에서 공통점을 보이고 꽃가루를 운반하기에 유용한 여러 갈래의 털을 적어도 몇 개는 지니고 있다.

그러나 가장 오래된 것으로 알려진 벌 화석에도 이미 이런 특징이 나타나 있고 그보다 앞선 초기의 특징은 찾아볼 수 없어서, 벌이 언제 진화했는지, 그리고 그 경우에 왜 진화했는지 정확히 아는 것이 불가능하다. 심지어 명백한 특징이라고 할 여러 갈래의 털이 어떻게 유래했는지도 분명하지 않다고 마이클이 지적했다. 처음에는 비상근을 보호하기 위해 여러 갈래의 털이 진화했을 수도 있으며 혹시 벌이 정말로 사막에서 형성기를 보냈다면 숨구멍 주위의 수분 손실을 줄이기 위한 것일 수도 있다.

마이클이 꿈꾸는 완벽한 벌 둥지 화석을 누군가 발견하기 전까지, 그리고 빈 간격을 메워줄 오래전의 벌을 몇 마리 더 발견하기 전까지 이러한 물음의 많은 부분은 여전히 답을 기다리고 있을 것이다. 다행스러운 것은 벌 진화의 핵심을 파악하기 위해 반드시 모든 특징의 기원을 정확히 밝힐 필요는 없다는 점이다. 벌이 화석으로 등장하기 시작할 무렵이면 벌은 말벌 조상에게서 확실하게 벗어나 매우 성공적인 별개의 다른 집단을 이루게 된다. 또 초기의 불편함을 보상하려는 듯 매우 아름다운 형태로 등장하여 사람들은 때로 이 벌들을 보석처럼 장신구로 이용했다.

마이클과 공동으로 곤충 진화에 관한 책을 쓴 저자 데이비드 그리말디는 자신의 과제를 위해 섬세한 곤충채집망과 강철 망치라는 전혀 다른 두 가지 도구를 번갈아 사용해야 했다고 언젠가 언급했다. 하나는 살아 있는 벌레를 잡기 위한 것이고 다른 하나는 곤충 화석을 캐내기 위한 것이었다. 그러나 망치를 사용할 때에도 특히 화석이 호박 안에 들어 있는 경우에는 정교한 기교가 요구되었다.

침엽수를 비롯하여 다른 수지성 나무의 수지로 형성되는 호박 매장층은 아주 오래전 삼림지대가 홍수나 다른 이유로 순식간에 퇴적물로 덮일 때 생겨났다. 화석화된 수지는 이름과 똑같은 따뜻한 호박색에서부터 스카치 캔디 색, 노란색, 초록색, 심지어는 파란색까지 색깔이 다양해서 발굴 과정이 흡사 스테인드글라스를 시굴하는 것과 같다. 그러나 유리는 반대편을 투시해서 볼 수 있는 반면 호박은 그 안에서 뭔가를 볼 수 있다는 점이 특징적이다. 무엇이 되었든 살아 있는 생명이 끈적이는 걸쭉한 액체 속에 갇히면 이 수지와 함께 영원토록 보존되기 때문이다.

호박은 일반적인 암석 화석과 달리 납작해진 윤곽선만 보존되는 것이 아니라 삼차원의 정교한 세부 요소까지 보존된다. 심지어는 미세한 특징까지도 또렷하게 드러난다. 어느 유명한 호박에서는 백악기의 무는 모래파리가 너무 잘 보존되어 있어서 파리 뱃속에 식별 가능한 파충류 혈액 세포와 함께 잘 알려진 병원균까지 들어 있었다. 이는 공룡 역시 사람이나 다른 현대 생물체처럼 곤충으로 전염되는 질병의 피해에 시달렸다는 증거가 되었다.

벌의 경우에 호박은 완벽한 매개체로 기능하여 꽃가루를 채집하는 생활방식(그리고 때로는 가루 자체도 포함하여)의 자세한 해부학적 세부 사항 모두를 보존해준다. 심지어는 사진상으로도 화석이 놀라울 만큼 실물과 똑같은 모습을 보이며 종종 반투명의 무덤 속에서 배경의 은은한 빛까지 받아 아주 아름다운 모습으로 빛난다.

가장 오래된 표본은 꽃식물이 역시 풍부했던 뉴저지의 매장층에서 발굴되었으며 6,500만 년 내지 7,000만 년까지 거슬러 올라간다. 옅은 노란색 호박 덩어리 속에 혼자 자리 잡은 이 벌은 암컷 일벌로 현재 열대 지방에서 흔히 볼 수 있는 현대의 안쏘는벌과 거의 구분하기 힘들다. 단 하나의 표본에서 나온 그런 기본적 사실을 통해 벌이 이미 아주 많이 발달했다는 것을 알 수 있다. 꿀을 제조하는 벌집을 짓고 복잡한 사회를 이루어 생활하는 안쏘는벌은 그보다 앞선 초기 발달단계의 단독성 종들이 상당히 확립된 이후에야 진화되었다.

수백, 수천의 일벌 군집을 먹여 살릴 정도의 꽃가루와 꽃꿀을 찾기 위해서라도 이미 오래전부터 벌의 존재에 적응한 식물군이 있어야 했다. 그보다 더 오래된 숲에서 나온 인근의 식물 화석이 이 사실을 입증해준다. 이들 화석에는 초기의 에리카가 포함되어 있으며 이 식물은 털 있는 곤충에 의한 분산에 적응하여 덩어리진 꽃가루를 지니고 있다. 아울러 클루시아라고 불리는 꽃식물의 친척종도 포함되어 있으며 이 식물은 꽃 속에 수지를 만들어 놓았다.

이러한 습성은 오로지 특화된 벌에게 보상을 제공하기 위해 생겨났을 것으로 추정된다. 벌은 이 수지를 가져다가 둥지를 짓는 데 이용했을 것이다. 종합해볼 때 뉴저지에서 나온 증거는 최초의 벌이 등장한 시기와 최초의 화석이 생긴 시기 사이에 많은 일이 일어났다

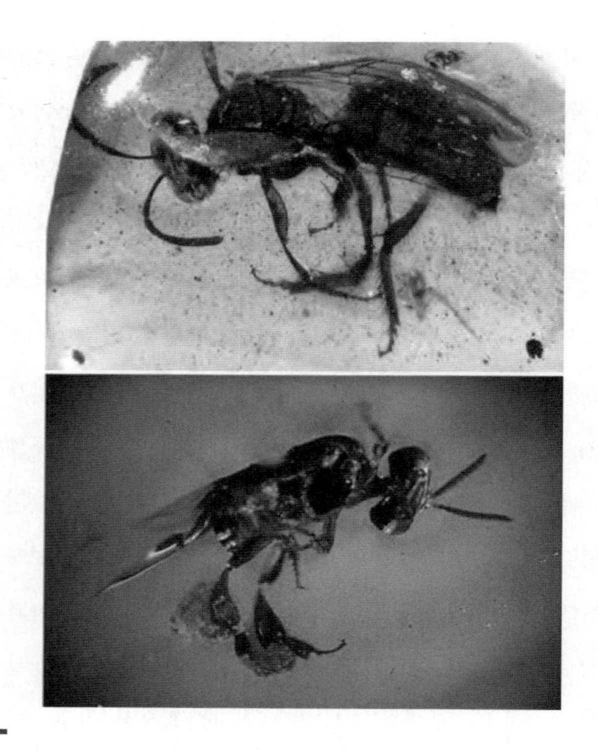

그림 1.3. 호박 속에 화석이 된 벌은 멸종된 종에 관해 세밀한 세부 사항을 엿볼 수 있는 기회가 된다. 이 꼬마꽃벌(올리고클로라 세미루고사*Oligochlora semirugosa*, 위)은 또렷한 날개 시맥과 다리 털, 더듬이를 확실하게 보여주는 반면 안쏘는벌(프로플레베이아 도미니카나*Proplebeia dominicana*, 아래)은 뒷다리에 작은 수지 덩어리(둥지를 짓기 위해 채집)를 달고 있다. 두 표본 모두 도미니카공화국에서 발견되었으며 대략 1,500만 년에서 2,500만 년 정도 되었다. 위 사진은 마이클 엥겔이 사용을 허락한 위키미디어 공용 사진. 아래 사진은 오리건 주립대학에서 사용을 허락한 사진.

는 것을 증명한다.

"파티에 늦게 나타난 것과 약간 비슷해요." 마이클이 재치 있게 말했다. 하지만 늦게 나타났더라도 수확은 클 수 있다. 이 화석을 발견하기 전까지 전문가들은 벌의 진화가 이루어진 시기에 대해 오로지 추정만 할 수 있었다. 이제는 신체적 특징에서부터 사회성 행동에 이르기까지 모든 핵심 단계가 일찍부터 진행되었다는 점이 명확해졌다. 벌이 말벌에서 시작되었다고 해도 공룡이 여전히 땅 위를 돌아다니고 있었을 시기에는 오늘날과 매우 흡사한 모습과 행동을 보였다. 이 오래된 파충류와 달리 벌은 백악기의 종말을 가져온 소행성 충돌을 대수롭지 않게 넘겼던 것으로 보인다. 이제껏 알려진 것 중 가장 다양한 벌 화석군이 나온 시기는 이 대량 멸종 '직후'이며 사람들이 고기잡이 그물망으로 주워 담을 수 있을 정도로 호박 속에서 아주 많이 발견되었다.

발틱 호박은 4,400만 년 전 유럽의 거대한 소나무 숲에서 형성되었으며 지금은 북부 독일의 동쪽 러시아 접경지역에서 간헐적으로 나오고 있다. 가장 많이 생산되는 광맥은 해안 지대를 따라 분포되어 있으며 이 중에는 해저의 광맥도 포함되는데 이 광맥이 겨울바람에 침식되어 지역 주민들이 '호박 계절'이라고 일컬을 정도로 호박이 해안가로 떠밀려오기도 한다. 고대부터 채집되어 거래된 이 '북부의 황금'은 '겁에 질린 스라소니 오줌', '코끼리 정액', '신의 눈물방울이 굳은 것' 등으로 잘못 인식되었다. 마침내 아리스토텔레스가 이것의 진짜 본질을 인식하게 되었는데, 이런 인식에 도움을 준 것은 그 안에 이따금 들어 있던 작은 생물체를 연구한 덕분이었다.

마이클 엥겔이 발틱 호박에 관심을 돌리게 되면서 36가지가 넘는 벌 종을 발견했고 이 중에는 현대의 꼬마꽃벌, 뿔가위벌, 가위벌, 어리호박벌의 친척종이 포함되어 있다. 이들 벌 종의 모양과 종류는 벌이 일찍부터 진화하여 다양한 종으로 분화되었다는 견해에 꼭 들어맞으며 꽃식물이 빠르게 늘어나던 시기와도 일치했다. 그러나 마이클의 논문들은 과학적 명확성을 보여주기는 하지만 이 논문들을 읽는 동안 발틱 호박과 관련하여 뭔가 찜찜한 느낌이 계속 나를 따라다녔다. 나는 발틱 호박을 손에 넣고 싶었다. 보석 속에서 고대 생명을 찾을 수 있다는데 어느 누가 이런 유혹을 참을 수 있겠는가? 나는 해변채집을 주로 하는 한 라트비아 사람과 연락을 시도했고 그는 택배비에 적은 요금을 추가하는 선에서 하루치 채집 물량을 보내주겠다고 동의했다.

나는 태평양 북서부 지방에 위치한, 숲이 울창한 섬에 살고 있고 이곳에서는 온갖 것들이 나무 수지와 뒤엉켜 있는 것을 쉽게 발견할 수 있다. 연구실 뒤편의 숲속 오솔길을 따라가다 보면 수지가 나오는 커다란 미송 줄기 옆을 지나치는데, 이 나무줄기에 여러 마리의 개미, 파리, 거미, 딱정벌레와 애벌레 한 마리, 그리고 지네 세 마리가 돌이킬 수 없는 상태로 수지 속에 갇혀 파묻힌 것을 본 적 있다. 그러나 해변에 밀려온 호박 한 움큼 속에서 곤충, 아니 다른 무엇이라도 찾아보는 일은 다른 차원의 것이었다.

"벌은 좀 찾았어?" 아내가 미소를 지으며 내게 물었다. 라트비아에서 보내온 택배 상자가 주방 탁자 위에 거꾸로 엎어져 있고 나는 어린 아들 노아와 함께 갖가지 호박 덩어리의 표면을 사포로 문지르고 윤을 낸 뒤 그 안을 들여다보느라 바빴다. 호박을 들어 유리창에 비쳐보니 햇빛을 받아 브랜디 빛깔의 보석처럼 반짝거렸다. 우리가 발견한 것이라고는 고작해야 작은 나뭇조각 몇 개와 씨앗이 한데 붙어 있는 것 같은 울퉁불퉁한 덩이 하나뿐이었다. 그러나 노아의 관심이 시들해질 무렵 주방에는 먼 옛날의 수지 냄새가 가득했다. 4,400만 년 동안 땅속에 묻혀 있다가 나온 뒤인데도 여전히 향기로워서 옛날에 죽은 숲의 향기를 들이마실 수 있는 것 자체만으로도 충분히 경이로운 일이라고 할 만했다.

현재 호박 수집품은 연구실 창문 옆 선반에 놓여 있다. 선반에는 석탄기의 잎과 씨앗 등 다른 화석과 함께 최초의 새인 시조새 복제품도 보관되어 있지만 자주 가서 닦아 윤을 내고 새로운 마음으로 찾아보는 것은 호박이며 마이클의 과학적 설명 중에서 한 자리를 차지하는 기준자라는 생각을 하게 된 이후로는 특히 자주 들여다보게 되었다. 노아와 나는 뒤영벌 같은 것을 발견한다든가 하는 뭔가 떠들썩한 일을 기대했지만 발틱 호박에서 나온 표본들은 대개 6.5밀리미터도 되지 않는 특별할 것 없는 아주 작은 것들이었다. 현대의 많은 벌이 그처럼 작기 때문에 화석 수지 속에 갇힌 것은 말할 것도 없고 꽃 위에 앉은 것이라도 내가 과연 알아볼 수 있을지 의문이 들었다.

벌의 다양성, 즉 크기와 모양과 색깔의 다양성을 제대로 이해하려면 곤충채집망과 책더미로는 부족하며 그 이상의 것이 필요했다. 안내자를 동반한 여행을 떠나야 했다. 때마침 그러한 여행이 매년 먼 야전 사령부에서 펼쳐지고 있었다. 만일 마이클 엥겔의 직감이 맞는다면 이곳의 풍경은 벌의 전체 이야기가 시작되었던 곳과 매우 흡사할 것이다.

제2장

살아 있는 비브라토

이름을 모르면 주제를 알지 못한다.

칼 폰 린네, 『식물학 비평』(1737년)

벌과는 도저히 말을 할 수 없어.

A. A. 밀른, 『곰돌이 푸우』(1926년)

새까만 SUV 두 대가 흙길을 따라 덜컹거리며 우리 쪽으로 내려왔고 그 뒤로 뭉게뭉게 피어오른 흙먼지 구름이 건조한 사막 대기를 자욱하게 뒤덮었다. 자동차는 차츰 속도를 줄이다가 멈춰 섰지만 시동은 켜놓은 상태였고 우리는 검은 유리창 안에서 우리를 훑어보며 관찰하는 시선을 느낄 수 있었다.

"오, 저들은 걱정할 거 없어요." 제리 로젠이 우리를 구경하는 보이지 않는 사람들에게 손을 흔들어주며 가볍게 말했다. 남부 애리조나에서 수십 년 동안 현장 연구를 해온 그는 미국 국경 순찰대가 찾아올 거라고 예상했다. 8월의 열기로 일렁거리는 드넓은 평지 너머 남쪽으로 채 1킬로미터가 안 되는 거리에 멕시코가 있었다. 그러나 오늘 이곳에 나와 여기저기 돌아다니는 사람들은 국경을 넘는 데 전혀 관심이 없었다. 대신 이들은 덤불과 선인장 사이를 이리저리 뛰어

다니면서 곤충채집망을 휘젓고 뭔가 좋은 발견을 할 때마다 서로에게 소리를 치곤 했다. 나도 얼른 합류하고 싶었지만 그 전에 먼저 해야 할 것이 있었다. 벌 채집 분야의 위대한 대가 중 한 명에게 교육을 받아야 했다.

"꽃 바로 위쪽으로 채집망을 휘저어요." 제리가 이렇게 설명하고는 올바른 방법을 시범으로 보여주기 위해 채집망을 앞뒤로 부드럽게 휘저었다. 촘촘한 그물망 안이 곧 윙윙거렸고 성난 곤충들 무리가 안에서 마구 날아다녔다. "그런 다음 무엇을 잡았는지 보는 겁니다." 이렇게 간단하게 덧붙이더니 제리는 그물망을 머리 위로 뒤집어썼다.

그때 SUV 안에서 무슨 말들이 오갔는지 모르지만 자동차 두 대가 갑자기 엔진 소리를 높이더니 속도를 높여 떠났다. 아마 국경 순찰대는 우리가 국가 안보를 위험에 빠뜨리는 존재라기보다는 자기 자신을 위험에 빠뜨리는 존재라고 판단했을 것이다.

"벌은 항상 빛 방향으로 가요." 제리가 그물망 안에서 목소리를 살짝 올리며 말을 이어갔다. 그러더니 뒤이어 "거의 항상"이라고 자기 말을 바로잡았고 이따금 벌침에 미간을 쏘인 적이 있다고 털어놓았다. 그러나 오늘은 곤충들이 협조적이었고, 그가 그물망의 끝을 태양 쪽으로 들어 올리자 곤충들은 위쪽으로 기어오르며 얼굴에서 멀어졌다. 이 덕분에 제리가 유리병을 그물망 안으로 넣어 자신이 찾던 벌을 여유롭게 병 속에 퍼 담을 수 있었다. 이윽고 제리는 얼굴에서 그물망을 벗긴 뒤 손목을 까딱거리면서 그물망을 손등으로 쳐서 나머지 곤충들을 놓아주었다. "질문 없어요?"

며칠 전만 해도 다들 제리 로젠에게 물어볼 질문이 있었다. 그것이 핵심 목적이었고 저 멀리 일본, 이스라엘, 스웨덴, 그리스, 이집트에서 사람들이 '벌 강좌' 수업을 듣기 위해 이곳까지 온 이유였다. 이 강의는 북미의 뛰어난 전문가들 몇 명과 함께 벌 생물학을 다시 공부할 수 있고 아울러 그들과 인맥을 만들며 사귈 수 있는 드문 기회였다.

제리는 스미소니언 자연사박물관에서 일한 바 있으며 그 후 반세기에 걸쳐 미국자연사박물관의 핵심 큐레이터로 (인정받으며) 지냈다. 80대의 나이에도 여전히 민첩한 그는 전통적인 자연학자의 품위와 태도를 지녔고 연구소 포치에서 저녁 진토닉 시간을 가질 때처럼 현장 활동 날에도 깔끔한 옷차림을 하고 나왔다.

제리는 발견하기 힘든 단독성 벌의 둥지 짓는 습성 분야를 잘 아는 전문가인 반면 교수진의 다른 이들은 꽃가루받이 생태학, 유전학, 분류학의 전문지식을 가르쳐주었다. 그러나 이 강의의 진짜 핵심은 보다 근본적인 것, 즉 서로 다른 벌을 어떻게 구분하는지 배우는 데 있다. 또 지구상의 지형 가운데 미국 남서지역의 사막지대만큼 이 작업을 하기에 좋은 곳을 찾기는 힘들 것이다.

지원서를 처음 읽었을 때 나는 오타라고 여겼다. 8월에 애리조나? 일 년 중 가장 더운 달에 누가 사막에 가는가? 그러나 인간이 편안하게 지낼 수 있는가 하는 점은 '벌 강좌'의 일정 계획과 별 상관이 없었다. 벌의 경우 매년 늦여름 비가 쏟아진 뒤 선인장과 야생화 꽃이 활짝 핀 계절의 더위는 날아다니기에 가장 완벽한 기후 조건을 의미했다. 이 두 가지의 조합으로 이상적인 서식지가 마련된다. 청줄

그림 2.1. 이 사진에서 페르디타Perdita 속(애꽃벌과의 미국 토종벌_옮긴이)에 속하는 작은 벌이 자일로코파Xylocopa 속에 속하는 어리호박벌의 거대한 검은 머리 위에 앉아 있다. 두 종 모두 애리조나에 살며 미국 남서지역 사막지대에서 발견되는 벌이 얼마나 놀랄 정도로 다양한지 확실하게 보여준다. (척도-1mm) 사진 © 스티븐 버크만

벌이 둥지를 짓는 빈터와 강가 절벽에서부터 그 밖의 벌이 둥지를 짓는 나무구멍, 바위틈, 설치류 굴에 이르기까지 벌 둥지가 많이 있는 이 지형은 늦여름 외에는 바싹 말라 있으면서 꽃가루와 꽃꿀이 풍부하기 때문이다.

일 년 중 다른 때에는 비가 거의 없어서 이들 둥지에는 물이 넘치거나 꽃가루가 망가지는 일이 거의 없고 습한 기후에 벌을 괴롭히는 진균 감염에도 별로 시달리지 않는다. 그 결과 벌이 아주 많아서 곤충채집망을 대충 아무렇게나 휘둘러도 세계에서 확인된 벌의 7개

과를 대표하는, 60개 이상의 속으로부터 표본을 얻을 수 있을 것이다. (벌의 여러 과에 대한 상세한 삽화는 부록을 참조하라.) 오늘날까지 애리조나에서는 1,300종 이상이 확인되었으며 대륙의 다른 어느 곳에서도 이에 맞먹는 다양성을 찾아볼 수 없다.

머지않아 우리의 일정은 수업과 채집여행, 그리고 뒤이어 실험실에서 오랜 시간 동안 표본을 준비하고 확인하는 작업이 효율적으로 반복되는 형태로 자리 잡았다. 제리와 다른 교수진들의 도움을 받아 나는 차츰 주요 벌 집단 몇 개를 알아보기 시작했고, 마음속으로 검은색의 매끈한 어리호박벌과 털이 보송보송한 뒤영벌을 나누고, 무지갯빛이 어른거리는 꼬마꽃벌이나 몸집이 튼실한 가위벌을 날씬한 애꽃벌과 구분했다. 그러나 첫날 저녁 강의를 듣기 위해 모두가 모였을 때는 이런 작업이 도저히 불가능해 보였다.

"틀렸어요, 벌이 아니에요!" 로런스 패커가 신나는 듯 고함을 치고는 슬라이드를 내밀었다. 그는 강좌를 시작하면서 말벌처럼 보이는 벌, 벌처럼 보이는 말벌, 그 밖에 그가 오랫동안 작고 알쏭달쏭한 종을 연구해온 경험을 바탕으로 골라낸, 헷갈리는 비슷한 겉모습의 종들을 제시하며 우리의 집단 식별 기술을 시험하려고 했다. 우리를 풀죽게 하려는 뜻이 있어서가 아니라 단지 보다 넓은 시야에서 우리의 시도를 바라보도록 하기 위한 것이었다.

몇몇 벌의 경우 세밀한 해부와 고성능 현미경 작업, 그리고 몇 년간의 훈련을 거쳐야만 정확한 종을 파악할 수 있었다. 그러나 열흘의 기간을 거치고 나면 우리도 과와 속 정도의 넓은 분류 범주는 식별할 수 있을 거라고 패커는 장담했다. 또 아주 밀접한 친척종의 벌은 행동뿐 아니라 몇 가지 겉모습도 같으므로 이러한 식별 기술이 다른 현장에 있는 벌의 다양성과 생물학을 이해하는 데에도 도움이 될 거라고 했다. 그러나 이러한 충고를 하면서도 패커는 자신이 내민 사진 앞에서 우리가 쩔쩔맬 때마다, 특히 동료 강사들마저 속아 넘어갈 때마다 아주 즐거워하는 것처럼 보였다.

이런 모습은 그에게 어울리는 반응이었다. 제리 로젠이 '벌 강좌'의 원로라면 로런스 패커는 이 강좌에서 선동가 역을 담당했다. 2미터 가까이 되는 키에 중동 원정을 다녀오면서 우연히 얻은, 헐렁한 긴 면 가운을 걸치고 있어서 교탁에서든 현장에서든 단연 눈에 띄었다. 그의 견해 역시 이따금 돌출되는 듯 보였지만 그는 대단한 인내심을 보이면서 자신의 견해가 조화를 이루도록 했다. 이는 벌을 위한 것이기도 했고 벌에 대해 배우려고 고군분투하는 우리들을 위한 것이기도 했다.

다음날 채집 활동에 함께했을 때 우리는 그가 말한 그대로 전속력으로 뒷길을 돌진하듯 뛰어갔다. 그러나 꽃이 무리 지어 있는 구역을 조사하기 위해 잠시 멈출 때면 그는 내가 잡은 것들을 진심으로 열심히 살펴보았다.

"으음, 이 녀석들은 필요하지 않을 거예요." 어느 구역에선가 멈추었을 때 내가 채집한 온갖 것들 속에서 꿀벌 세 마리를 골라내어 옆으로 던지며 그가 말했다. 로런스는 캐나다 토론토의 요크 대학에서 연구 활동을 했지만 고향 잉글랜드의 딱딱한 억양을 지니고 있었다. 강연과 저서, 그리고 수십 개의 과학 논문을 통해 토종벌에 대한 열정적인 옹호와 꼼꼼한 연구를 펼쳤다는 평판을 쌓았다. 나는 로런스에게서 '벌 학자'라는 용어를 배웠다. 그는 사육종인 꿀벌을 연구하는 학자와 야생종을 연구하는 학자를 구분했다.

"아피스 멜리페라Apis mellifera를 싫어하는 것은 아닙니다." 그는 꿀벌의 학명을 써서 대학 웹사이트에 이렇게 설명했다. 그러나 사람들이 꿀벌에 관해 물으면 로런스는 그런 질문이 "조류학자에게 닭에 관해 묻는 것과 같은 것"이라고 지적한다.

내가 '벌 강좌'에서 만난 사람들은 모두 로런스와 같은 양면성을 지닌 것처럼 보였다. 꿀벌에 관한 주제가 나올 때마다—그리고 이 주제는 항상 나왔다—이들은 연극배우가 할리우드 스타에 대해 말하듯이, 자신들이 아무리 애써도 결코 같은 수준의 명성을 얻지 못할 거라고 여기면서 꿀벌에 관해 이야기했다. 야생 벌이 매우 다양하고 중요한 의미를 지님에도 이들 야생 벌은 잘 알려진 사촌 단일 종의 그늘에 가려 있었다. 야생 벌을 연구하는 이들로서는 이런 상황이 이따금 실망스러웠다.

요컨대 꿀벌이 원산지라고 할 수 있는 아프리카, 유럽, 서아시아를 벗어나게 되면 흔히 외래종으로 작용하여 토종벌과의 경쟁에서 이기고 심지어는 새로운 질병을 옮겨오기도 했다. 그럼에도 연극배우가 영화 진출 기회를 누리는 것처럼 벌 학자도 꿀벌을 평가할 수 있다. 많은 야생 벌 전문가가 활동적인 양봉가이기도 하며 어떤 꽃꿀에서 가장 맛있는 꿀이 생산되는가를 놓고 긴 토론을 벌이는 것을 옆에서 들은 적도 있다. (가장 선호하는 것에 커피 꽃과 수레국화가 포함되었고 마조람, 백리향, 로즈마리 같은 향기 나는 허브도 포함되었다.)

또 꿀벌은 실험실에서 괜찮은 실험 대상이 되기도 했으며 우리가 벌의 해부학, 생리학, 인지작용, 기억, 비행 역학, 발달한 사회성에 관해 알게 된 많은 부분이 이 꿀벌 덕분이었다. 그러므로 꿀벌이 벌 세계에서 닭과 같다고 해도 이 근면한 작은 사육종은 분명히 특별한 지위를 차지하고 있다. 로런스 패커 같은 열정적인 토종벌 연구가는 꿀벌이 벌의 다양성을 대체할 수는 없어도 사람들이 벌의 다양성을 접하기 위한 입문으로 꿀벌을 바라봐 주기를 원한다.

개인적인 이야기지만 '벌 강좌'에 참여하는 동안 아피스 멜리페라(꿀벌의 학명_옮긴이)가 잡힐 때마다 고마움을 느꼈다. 채집망에 꿀벌이 잡혀 있으면 한 가지 이유에서 기분이 좋았다. 꿀벌은 눈 주변에 털이 나 있다. 전문가들은 이 털의 기능에 대해 의견 일치를 못 보지만 (심지어는 털의 기능이 하나라도 있는지에 대해서도 의견이 갈리지만) 아피스 속에 속한 벌들은 많은 재능을 지닌 몇 안 되는 벌에 속하며 게다가 꿀벌은 북미에 서식하는 유일한 아피스 속의 벌이다. 나는 이들의 털을 한눈에 알아볼 수 있게 되었고 이런 털을 지닌 벌이라면 두 번 생각할 것도 없이 놓아줄 수 있었다. 이는 곧 실험실에서 분류 작업을 해야 하는 개수가 줄어든다는 의미였고 나아가 그에 못지않게 중요한 점은 내가 죽여야 하는 벌이 줄어든다는 의미였다.

이 꿀벌들이 실험 대상으로 아무리 좋다고 해도 벌 학자들은 벌 연구 작업을 시작할 때마다 불에 탄 아몬드 악취 같은 사이안화칼륨 냄새, 혹은 눈이 매운 아세트산에틸 냄새에 시달려야 하는 역설로 고생을 해야 한다. 살충병을 이용하여 순식간에 벌을 죽인 뒤 정확한 식별을 위해 필요한 특징이 모두 드러나도록 날개와 다리를 조심스럽게 펴서 핀으로 고정하여 말려야 하기 때문이다.

벌을 연구하려면 이 모든 것을 해야 한다는 것을 나 역시 익히 알고 있었다. 더불어 학문적 채집의 필요성과 중요성을 이해하며 몇몇 개체가 손실되어도 곤충 개체군 대다수가 빠르게 회복되리라는 점도 알았다. 그렇다고 해서 이런 작업을 좋아한다는 의미는 아니었다. 연구 작업 때문에 채집해야 하는 생명체는 설령 식물이라고 해도 늘 심한 고통을 느꼈다. 초창기에 이러한 정서가 나의 연구 경력 전망을 어둡게 하는 한계가 되었을 것이다. 비글호에 올라 항해에 나섰던 찰스 다윈은 백년초에서부터 식초에 절인 벌새에 이르기까지 8천 개가 넘는 표본을 모두 배에 싣고 귀국했다. 앨프리드 러셀 월리스는 훨씬 많은 표본을 말레이시아, 인도네시아, 뉴기니에서 가져왔는데, 채집한 '자연사 표본'은 12만 5천 개가 넘었다.

현대 생물학자는 더 손쉬운 방법을 지향하는데, 이른바 '국부적' 혹은 이보다 훨씬 좋은 '아치사' 방법이라고 열심히 설명하는 방법으로 표본조사를 한다. 그러나 식별이 까다로운 경우에는 증거를 실험실까지 가져오는 일이 여전히 필수 단계로 남는다. 나는 낚시를 하는 중이라고 상상하면서 매번 특정 사냥감을 염두에 두고 채집 활동을 시작해야 도움이 된다는 것을 깨달았다.

강좌가 중반에 접어든 어느 오후 나는 날아다니는 진주처럼 보이는 것을 잡기 위해 길을 나섰다. 산호색 선인장 꽃 위를 맴돌던 벌이 맨 처음 시선에 들어왔다. 그러나 곤충채집망을 어설프게 휘두르는 바람에 그물망이 가시에 엉켰다. 황금술통 선인장이었는데, 아주 날카롭게 구부러진 가시가 달려 있어서 얽힌 그물망을 떼어내는 데 꽤 시간이 걸렸다. 그 바람에 나는 같은 벌인지 아니면 그와 똑같이 생긴 다른 벌인지 알 수 없지만 아무튼 벌이 꽃 주변에 잠깐 머무는 동안 다시 한 번 벌을 볼 기회가 생겼다. 쏜살같이 빨리 날아가 버린 이 벌은 길고 좁다란 눈을 지녔고 머리가 짙은 색이며 끝으로 갈수록 가늘어지는 몸통에 뭐라 규정할 수 없는 여러 색의 윤기 흐르는 띠가 둘러져 있었다.

이후 한 시간가량 부근에 머물러 있었지만 곤충채집망을 휘저어 보는 시도는 번번이 실패했다. 다른 것들은 잡았지만 원했던 벌은 늘 아깝게 나를 비켜 갔다. 결국 그늘에서 휴식을 취하기 위해 곤충채집망을 내려놓고 물병의 물을 길게 들이켰다. 고개를 뒤로 젖히고 있는데 익숙한 형태 하나가 흘깃 시선에 스쳤다. 곤충채집망 테두리 위에 벌이 평온하게 앉아 쉬고 있었다! 성공적인 추적의 포상금을 내려준 운에 감사하며 곧바로 살충 병으로 이 벌을 잡은 뒤 코르크 뚜껑을 닫았다.

내가 포상으로 잡은 벌은 그날 저녁 실험실 탁자 위에 놓인 다른 모든 표본 가운데서 단연 돋보였다. 가까이 다가가 살펴보니 벌의 줄무늬가 단순히 진줏빛이 아니라 오팔 색이 눈부시게 흐르면서 빛의 방향에 따라 움직이고 빙빙 도는 무지개색으로 빛나고 있었다. 오팔과 마찬가지로 색채가 아닌 구조를 통해 이런 색깔을 만들어내고 있어서 보석처럼 보였다.

빛이 오팔의 표면에 닿을 때 이산화규소 분자들로 된 유리 격자를 통과하면서 회절하고 분산되어 우리 눈이 색으로 감지하는 파장들로 굴절되어 나뉜다. 파장을 보는 우리의 시점이 달라질 때 이 색들도 변하며 이런 이유로 훌륭한 보석상은 오팔을 앞뒤로 기울이며 그 찬란한 빛이 시시각각 다른 색으로 빛나는 것을 전체적으로 우리에게 보여준다.

놀랍게도 벌의 몸통은 이산화규소가 아니라 반투명 키틴질의 격자, 즉 벌의 외골격을 이루는 주요 성분의 격자를 통해 빛을 분산하면서 이와 유사한 색깔을 보였다. 그 결과 보라색에서 파란색을 거쳐 청록색까지, 다시 초록색과 노란색과 오렌지색으로 색깔이 제각기 변하며 나뉘지만 빛을 발하는 몸통 전체에서 그 어떤 색깔도 경계를 찾을 수 없었다. 현미경으로 보아도 마치 벌 전체가 빛으로 이루어진 듯 줄무늬가 아른거리며 빛나서 표면이 어디인지 정확하지 않았다.

오팔 색 키틴질이 진화한 벌은 눈 주변에 털이 있는 벌과 마찬가지로 드물어서 다행히 벌을 간단히 식별해낼 수 있었다. 이런 특징은 알칼리벌에게서만 나오는데, 염전이나 마른 호수 바닥 등 광물질이 있는 땅에 집단으로 둥지를 짓는 습성이 있어서 이런 이름이 붙어졌다. 이 벌의 속명인 노미아[Nomia]는 그리스 양치기를 유혹하는 것으로 알려진 아름다운 산악 님프의 명칭에서 유래한 이름이다.

노미아는 나에게도 의미가 있었다. 비록 모든 종류의 벌을 무척 좋아하게 되었지만 노미아는 내가 맨 처음 사랑에 빠진 벌이었다. 또 보는 각도에 따라 색깔이 변하는 초록색과 파란색의 벌, 밝은 빨간색의 벌, 그리고 새하얀 솜털이 보송보송한 벌을 그 후로 만났음에도 여전히 노미아를 가장 아름다운 벌이라고 여긴다. (내가 여전히 이런 의견을 고수하는 것은 어쩌면 다행스러운 일일지도 모른다. 전설에 따르면 님프 노미아에게 한 번 눈이 먼 양치기는 애정과 눈길이 한곳에 머물지 못한 채 이리저리 방황한다고 전해지기 때문이다.)

'벌 강좌'에 참가하는 동안에는 언젠가 수백만 마리의 알칼리벌이 윙윙거리는 한복판에 서 있는 날이 오리라고 생각하지 못했다(이 경험에 대해서는 제5장에서 설명할 것이다). 나는 단 하나의 소중한 표본만 건진 채 집으로 돌아왔고 이후 몇 년 동안 이 표본을 수도 없이 감탄하며 바라보느라 결국 벌 머리가 떨어져 나가 얼른 접착제로 응급조치를 취해야 했다. 이 표본은 그 후로도 여전히 마음속에서 가장 전형적인 벌의 모습으로 남아 벌 생물학에 관한 글을 읽을 때마다 여러 사실을 이 벌에 대입해보곤 했다. 따라서 이 장에 이어지는 내용, 즉 안내자와 함께 벌의 놀라운 해부학 속으로 들어가는 과정에서 내가 참조할 만한 사례로 이보다 더 좋은 것은 없었다.

≒

팔다리가 네 개이고 뼈가 몸 내부에 있는 채 살아가는 데 익숙한 우리로서는 벌의 몸이 아주 낯설게 여겨진다. 그러나 벌의 구조에는 우아한 논리가 있고 각각의 부분이 목적에 잘 들어맞아서 아마도 벌이 자연에서 더할 나위 없이 커다란 성공을 거둔 이유가 여기에 있지 않을까 싶다.

모든 곤충이 그렇듯이 벌도 세 개의 기본 단위, 즉 머리, 가슴, 배로 이루어져 있다. 머리는 감각 기능과 세계와의 상호작용을 위한 부위이다. 눈, 더듬이, 입틀로 구성되어 있으며 벌이 보고, 냄새 맡고, 길을 찾고, 먹고, 꽃가루나 둥지 재료를 모으는 데 필요한 모든 것이 여기에 있다. 머리 다음에 가슴이 이어지고 이 부위가 이동의 중심 역할을 한다. 장비를 갖춘 커다란 근육이라고 여기면 되며, 날아다니고 기어 다니는 데 꼭 필요한 필수 수단인 날개와 다리의 접합 지점이 이 부위에 있다.

벌의 몸은 가슴 아래에서 잠깐 좁아져 잘록한 허리를 이루었다가 배로 이어지는데, 내가 알칼리벌에서 아름다운 무늬를 보았던 부위가 여기이다. 이 부위에는 내장, 즉 소화와 호흡, 번식, 혈액순환에 필요한 모든 기관과 관이 들어 있다. 과학자들은 아리스토텔레스 시대 이후로 벌의 몸통 부위를 눌러보고, 찔러보고, 그 밖의 여러 방법으로 탐구해왔다. 아리스토텔레스는 "벌의 날개를 떼어내면 자라지 못할 것"이라는 의견을 내놓은 바 있다. 모든 책이 이 주제에 집중되어 있으나 그다음에 이어지는 간략한 설명이나 이야기들에서도 벌이 어떻게 생활하고, 일하고, 세계를 지각하는지에 대해 일정 분량의 설명이 나온다.

그림 2.2. 내가 갖고 있던 전형적인 표본, 사랑스러운 알칼리벌(노미아 멜란데리Nomia melanderi). 사진 © 짐 케인.

내가 갖고 있던 알칼리벌의 머리는 크기나 모양이 검은색의 작은 렌틸콩을 닮았지만 두 개의 두드러진 더듬이가 미간에서 시작하여 위로 뻗어 올라가다가 뒤쪽으로 휘어져 있다. 앞에서 꺼냈던 목가적 주제를 이어가 보면 더듬이는 양치기의 지팡이 한 쌍을 매끄러운 흑단의 옹이에서 잘라 한데 붙여놓은 축소판 같다. 벌의 부위 가운데 아마도 가장 낯선 것이 더듬이일 것이다. 그에 견줄 만한 것이 우리에게는 없기 때문이다. 아이들은 이 더듬이를 종종 '느끼는 곳'이라고 부르기도 하는데 여기에 모든 감각이 있으므로 나쁜 이름은 아니다.

길고 날렵한 줄기 끝에 코가 달려 있고 역시 같은 줄기에 미뢰와 고막, 그리고 손끝보다 더 예민한 피부가 있다고 상상해보라. 그것이 바로 벌의 더듬이인데, 더듬이는 서로 다른 일곱 가지 감각기관을 뽐내고 각각은 환경의 특정 단서를 포착하는 데 맞춰져 있다. 냄새를 맡는 일은 현미경으로만 보일 정도로 미세한 구덩이와 구멍이 담당한다. 이 구멍들이 주변 공기에서 끊임없이 샘플을 수집한 결과 벌은 어느 곤충학자의 표현을 빌리자면 "눈보라처럼 밀려오는 많은 냄새들"을 각각 분류할 수 있게 된다.

벌의 세계에서 화학 물질은 잠재적 먹이에서부터 잠재적 짝에 이르기까지 모든 것을 알려주기 때문에 스치는 산들바람조차도 온갖 정보가 한데 얽혀 있는 태피스트리로 변한다. 복잡한 맛을 감식하는 와인 전문가처럼 벌은 페로몬의 미묘한 세부요소를 쉽게 가려내고 잎, 나무, 흙, 물의 냄새를 분간하며, 그러는 와중에도 포식자가 오지 않는지 살피고 멀리 있는 꽃의 냄새를 찾는다. 또 더듬이는 소리와 진동을 처리하고 맛을 보는 데에도 중요한 역할을 한다. 더듬이는 아주 가는 털과 작은 핀으로 덮여 있는데, 이것들이 온도, 습도, 공기 흐름을 느끼는 한편 끝부분에 있는 촉각이 장미에서부터 개미취와 제비고깔에 이르기까지 여러 꽃잎의 특징적인 촉감을 구분한다. 벌이 둥지를 짓는 어두운 곳에서는 더듬이가 방향을 알아내고 상호 소통하는 기본 수단이 되어 길을 찾고, 동료를 찾고, 벌집을 만드는 작업과 관련된, 냄새 기호로 된 정보를 공유한다.

아리스토텔레스가 날개 말고 더듬이를 떼어냈더라도 그 불쌍한 동물 역시 마찬가지로 정상 생활을 하지 못한다는 것을 알아냈을 것이다. 그리고 그런 일을 하더라도 자신이 과학적으로 아무 문제가 없다고 생각했을 것이다. 벌의 더듬이를 제거하거나, 끝부분을 자르거나, 함부로 손상을 입히는 실험이 흔하게 행해지며, 우리는 이들 실험을 통해 계속해서 새로운 감각 능력을 발견해왔다.

지금까지 나온 연구로 미루어볼 때 더듬이는 비행 중 몸의 자세에 영향을 미치고 지구의 자기장에 반응하며 꽃에서 방출되는 희미한 정전기 전하를 포착한다. 알칼리벌의 경우 2밀리미터도 채 안 될 정도로 두 더듬이 사이의 간격이 좁지만 이 정도 간격으로도 왼쪽과 오른쪽의 미세한 농도 차이, 그리고 냄새의 방향을 나타내는 감각의 작은 변화 정도를 알아내기에 충분하다. 한쪽 또는 다른 쪽 공기에 냄새 분자를 몇 개만 더 늘려도 벌은 방향을 틀어 따라갈 것이다. 이러한 능력 덕분에 벌은 공기 중에 떠돌아다니는 꽃의 향기를 추적하여 1킬로미터 이상 족히 떨어진 냄새의 원천을 찾아갈 수 있다.

사람에게 붙잡혀 더듬이가 손상된 벌은 종종 방향감각을 잃은 것처럼 보이며, 기울어진 표면(예를 들어 꽃잎) 위에 내려앉는 등의 기본적인 일을 하는 데도 어려움을 겪는다. 벌이 어떠한 경험을 하는지 우리가 정확히 알지는 못해도 경험의 많은 부분을 더듬이로 느낀다는 것은 알고 있다. 자연학자 C. J. 포터는 1883년 뒤영벌의 더듬이를 잘라낸 뒤 이러한 발견을 하고서도 자책감을 느꼈다. 누가 봐도 알 수 있는 명백한 벌의 충격과 비틀거리는 혼란의 모습은 "뿔에 강한 타격을 당한" 황소를 연상시켰다고 그는 말했으며 "내 생각에는 벌이… 고통으로 기절한 것 같다"고 결론지었다.

연구실의 알칼리벌 머리가 떨어졌을 당시 벌은 이미 오래전에 죽었고 고통을 전혀 느낄 수 없는 상태였다. 그래서 나는 혹시 벌의 눈으로 잠시나마 세상을 볼 수 있지 않을까 하는 희망으로 머리 뒤쪽에서 안을 들여다보았다. 애석하게도 말라버린 조직과 키틴질의 버팀대들이 내부 전체를 가득 채우고 있어서 모든 빛이 차단되었고 그 멋진 타원형 구체를 통해 바라본 시야가 어떨지는 비밀로 남게 되었다.

흔히 벌은 다섯 개의 눈을 지녔다고들 하지만 여기에는 얼마간 오해의 소지가 있다. 홑눈이라고 불리는 나머지 눈 세 개가 머리 위쪽에 마치 유리구슬처럼 튀어나와 있으나 결국은 빛을 감지하는 핵심 이상의 의미를 지니지 못한다. 이 홑눈은 상을 형성하지 못하므로 빛의 세기와 편광이 보이는 패턴을 추적하여, 특히 어스름한 상태에서 벌이 방향을 찾는 데 도움을 주는 정도의 제한적인 역할만 하는 것으로 보인다.

시각의 측면에서 볼 때 실제적인 작용은 벌의 얼굴에서 가장 두드러진 특징을 이루고 전체 틀을 형성하는 두 개의 거대한 겹눈 안에서 이루어진다. 각각의 겹눈은 6천 개의 작은 면으로 이루어져 있으며 이 개별 면에 비친 세상의 모습을 끊임없이 뇌에 보내고 뇌에서 이 모든 상을 짜 맞추어 넓은 시야에서 본 단일한 합성 이미지를 만든다. 그러나 눈이 고정되어 있기 때문에 초점거리도 고정되고 매우 짧아서 멀리 있는 것은 아주 많은 픽셀로 나뉜 흐릿한 모습으로 보인다. 꽃, 둥지 구멍, 동료 벌, 그 밖에 관심 있는 대상들은 불과 몇 센티미터 정도의 아주 가까운 거리에서만 정확한 초점으로 잡힌다.

이런 근시안의 시력은 많은 제한을 지닌 것처럼 여겨지지만 벌의 경우 움직임을 감지하는 특별한 능력으로 이를 보완한다. 눈의 각 면은 렌즈에서 뇌까지 개별적으로 연결되어 있다. 이는 벌의 시야 안에 뭔가 움직이는 것이 있으면 이것이 시각 신경 한 개를 건드리고 나아가 손톱이 하프 줄들을 가로질러 뜯듯이 하나의 연쇄적인 반응 폭포가 쏟아진다는 의미이다. 아주 작은 움직임이라도 수십 개 혹은 수백 개의 면을 자극하고 이 모든 면이 움직이는 대상을 조금씩 다른 각도에서 잠깐씩 포착한다. 그 결과 고도로 예민한 의식 상태가 되며 이로 인해 벌은 무의식적으로 속도와 거리, 궤도를 알아차릴 수 있다. 내가 수도 없이 곤충채집망을 휘둘러도 빈손일 수밖에 없었던 이유도 이것으로 설명된다. (또 수컷 벌의 눈이 더 큰 이유도 이것으로 설명되는데 수컷 벌은 삶의 기본 목표가 움직임을 포착하는 것, 즉 짝짓기 비행을 하는 암컷 벌이 옆에 지나갈 때 짝으로 좋은 암컷의 특징을 지녔는지 포착하는 것이기 때문이다.)

인간의 눈으로 보면 알칼리벌이 지닌 오팔 색의 띠는 무지개색으로 어른거린다. 벌 역시 무지개색을 보지만 조금 다른 무지개색이다. 대다수 벌이 볼 수 있는 빛의 스펙트럼은 오렌지색 가운데 노란빛이 더 많은 영역 어딘가에서 시작되어 밝은 파란색에서 절정을 이루다가 점점 내려와 자외선이라고 알려진 짧은 파장까지 이른다. 따라서 벌의 색깔 용어에 빨강과 고동색은 들어 있지 않지만 대신 다른 가능성의 세계가 열려 있다.

사람들에게 자외선은 주로 햇볕에 타는 원인으로 알려져, 긴 소매 셔츠를 입거나 자외선 크림을 두껍게 바르거나 챙이 있는 모자를 써서 차단해야 하는 대상으로 여겨진다. 우리는 자외선을 볼 수 없으므로 이것이 어떻게 보이는지 알지 못한다. 그러나 특수 필터가 있는 카메라로 보면 자외선이 어디 있는지 알 수 있으며 꽃잎에 크게 적혀 있는 숨겨진 매력의 언어가 드러난다.

예를 들어 우리는 민들레를 단일한 노란색으로 보지만 벌에게는 다르게 보이는데, 가운데 부분은 노란 색소가 자외 색과 결합하여 '벌 자주색'이라고 일컫는 색조를 만들어내기 때문에 풍부하고 아주 선명한 색을 띤다. 이러한 결합을 비롯한 다른 많은 결합이 이제까지 연구된 모든 꽃식물 가운데 4분의 1이 넘는 꽃에서 일어나며 벌이 이러한 꽃을 찾는 비율이 훨씬 높다. 민들레 꽃잎과 마찬가지로 다른 꽃에 있는 자외 색들은 종종 '꽃꿀 지표'라고 일컬어지는 과녁 패턴이나 방사상 줄무늬를 형성하여 마치 빛나는 화살표처럼 달콤한 꿀과 꽃가루의 근원을 가리킨다. 이는 결코 아무렇게나 생긴 패턴이 아니다.

벌의 눈으로 바라본 세상은 먹이를 제공하는 꽃을 끊임없이 찾아다니는 활동에 지배받는다. 그러나 벌이 꽃을 발견했을 때 무슨 일이 벌어지는지 결정하는 것은 다른 부위에 달려 있으며, 이 부위는 입에서 시작된다.

벌의 턱과 혀는 근육이 아니라 톱니와 줄로 움직이는 기구들을 닮아서 산업용처럼 보인다. 턱과 혀는 필요에 따라 크기와 모양이 상

그림 2.3. 벌이 보는 자외 색들을 상상해보면 우리가 익숙하게 알던 많은 꽃의 관념이 바뀐다. 사진 필터를 통해 보면 "벌 자주색"의 진한 부분이 드러나 원추천인국의 과녁 중심 패턴이 두드러진다. 이 꽃은 인간의 눈에 보이는 모습(왼쪽)과 벌에게 보이는 모습(오른쪽)이 다르다. 사진 © 클라우스 슈미트.

당한 차이를 보인다. 예를 들어 가위벌의 턱은 잎을 자르는 데 알맞도록 가늘고 날카로운 이빨을 지닌 반면 어리호박벌은 나무를 물어뜯는 데 좋도록 커다란 그라인더를 뽐낸다. 꿀벌의 턱은 주걱처럼 생겨서, 넓고 편평한 끝부분이 밀랍을 펴거나 모양을 빚는 데 편리하다.

알칼리벌은 땅속에 둥지를 짓는 벌이기 때문에 턱이 삽처럼 쓰이며 대개는 부드러운 곡선으로 둥글게 생겼지만 끝부분 근처에 있는 뭉툭한 이빨 한 개는 단단한 땅을 캐고 쪼는 용도이다. 이 벌은 턱을 익숙한 한 쌍의 도구처럼 서로 엇갈리게 꽉 다물어 사용하며 이 때문에 가장자리가 반들반들하게 닳아 있다. 그 아래 혀는 캔틸레버식으로 한 곳만 고정되고 다른 곳은 받침대가 없는 가느다란 구리 관처럼 생겼으며 맨 아래 토대 부분은 광택이 있는 까만색이고 길이는 머리의 한 배 반이다.

벌의 혀는 속이 꽉 차 있는 것처럼 보이지만 실제로는 가운데 홈이 파인 봉 모양의 관이 여러 겹의 싸개로 보호되어 있는 구조이다. 벌이 먹이를 먹을 때 맨 아래 토대 부분의 근육이 수축하여 혀가 동그랗게 말리고 이것이 펌프 구실을 하여 꽃의 꿀을 신속하게 위장까지 보낸다. 혀 전체가 관절 구조로 되어 있어 마치 아코디언의 주름이나 연접식 크레인처럼 입안에서 접히게 되어 있다. (내 알칼리벌처럼 핀으로 고정해놓은 표본에서는 혀를 보여주려고 일부러 길게 늘여놓는다.)

혀의 길이에 따라 벌이 꽃의 내부까지 얼마나 깊이 들어갈 수 있는지 정해지기 때문에 엄청나게 기다란 혀가 발달한 특수한 벌들도 있다. 로런스 패커는 촬영하기 힘든 말벌 사진 외에도 얼마 전 칠레 아타카마사막에서 발견했으나 아직 명명하지 않은 종의 여러 사진을 공유해주었다. 이 종의 혀와 길쭉한 머리는 마치 코끼리의 상아처럼 길게 뻗어 있으며 나머지 몸통에 비해 터무니없이 툭 튀어나와 있지만 이 벌이 먹이로 삼는 보리지 꽃 깊숙이 감춰진 꽃꿀까지 닿기에 아주 알맞다.

벌의 머리 아래로 가슴이 이어지며 이 부위에는 온갖 불가사의한 것들이 총집합체로 모여 있다. 1930년대 프랑스 곤충학자 앙투안 마냥의 유명한 (아울러 농담도 섞인) 견해에서는 곤충의 비행이 공기역학의 법칙을 거스른다고 시사한다. 이와 비슷한 주장을 독일의 물리학자와 동시대 스위스 공학자가 내놓은 바 있으며 시간이 흐르면서 이런 견해들이 하나의 특정 곤충, 즉 뒤영벌과 불가분한 관련성을 갖게 되었다. 털이 보송보송한 이 벌의 가슴 부위가 날개에 비해 지나치게 커 보이기 때문이다.

그림 2.4. 이 칠레 사막 벌은 게오디스켈리스Geodiscelis 속에 속하며, 속이 깊은 꽃의 꽃꿀까지 닿을 수 있도록 기이하게 생긴 길쭉한 머리와 혀가 진화되었다. 미국 지질조사국 벌 목록 작업 및 관찰 프로그램의 허락하에 게재한 사진.

뒤영벌의 비행이 지닌 '불가능성'은 도저히 달성할 수 없는 것을 달성하는 것에 대한 일반적인 비유로서 하나의 문화적 밈이 되어 설교에서부터 자기계발서와 정치 연설에 이르기까지 도처에 등장한다. 자신의 이름을 회사명에 넣은 메리 케이 코스메틱의 설립자 메리 케이는 뒤영벌을 회사 마스코트로 삼아서 "자신이 날 수 있다는 것을 모르는 여성" 영업직원의 사기를 고취하기 위해 다이아몬드가 박힌 벌 핀을 나눠줄 정도이다.

사실 벌이 고정익 항공기와 같은 방식으로 위로 솟아오르는 것은 아니다. 따지고 보면 벌의 날개는 고정되어 있지 않은 채 퍼덕거린다. 마냥을 비롯하여 곤충의 비행을 연구한 다른 초기 학자들은 공기역학이 다르다는 것을 충분히 잘 알고 있었지만 벌의 날개가 어떻게 양력(비행할 때 밑에서 위로 작용하는 압력_옮긴이)을 만들어내는지는 아주 최근까지도 수수께끼로 남아 있었다.

핀으로 고정해놓은 나의 알칼리벌 표본은 비행하는 도중에 멈춰버린 것처럼 날개를 높이 쳐들고 있다. 가까이 들여다보면 날개는 짙은 색의 구조적 시맥이 격자를 이루어 셀로판처럼 얇은 막을 튼튼하게 보강해주며 마치 색깔을 입혀주기를 기다리는 스테인드글라스 유리창 같다. 종종 한 개처럼 보이기는 해도 각각 두 개의 날개가 벌의 몸통 양쪽에 달려 있으며 작은 걸이와 접히는 부분이 있는 독창적 체계로 매달려 있다.

벌의 날개는 비행기 날개처럼 윗부분이 곡선이라거나 고정된 것 같지 않으며 그렇게 되어서도 안 된다. 고정 날개는 모양과 각도, 대기 속도 등으로 양력을 만들어내는 반면 벌의 날개는 오로지 민첩한 움직임으로만 나는데, 종종 초당 200번이 넘게 퍼덕이고 바람, 기압, 그리고 날개가 지나가면서 만들어내는 급변하는 소용돌이를 이용하면서 이러한 움직임을 조절해 나간다.

벌 날개의 순수 속도는 초기 연구자들에게 당혹감을 안겨주었다. 속사포와도 같은 빠른 수축 동작은 벌의 뇌가 신경에 신호를 보낼 수 있는 정도의 속도보다도 빨라서 또 다른 불가사의로 보였다. 그러나 벌을 비롯한 많은 곤충은 가슴에 있는 대립근의 타고난 팽팽함과 탄력성으로 이러한 장애를 극복한다. 신경 자극이 있을 때마다 이 근육은 마치 기타 줄을 뜯은 것처럼 계속 떨리면서 다음 신경 자극이 도달하기 전까지 다섯 번, 열 번, 심지어는 스무 번까지 날개를 퍼덕인다.

고속 촬영 카메라가 발명되어 1초에 수천 개의 상을 포착할 수 있게 되면서 이처럼 빠른 날갯짓이 어떻게 양력을 만들어내는지 비로소 밝혀지게 되었다. 프레임 단위로 분석한 결과 날개는 예상과 달리 위아래로 움직이는 것이 아니라 스컬용 노처럼 앞뒤로 움직인다는 점이 밝혀졌다. 실험에 연기를 첨가함으로써 공기 흐름이 조명되었고, 빠른 회전과 날개 각도의 조절을 통해 마치 헬리콥터 날개깃처럼 아래 방향으로 일정한 압력을 만들어내고 아울러 날개의 위쪽 표면 위에서 나선형으로 움직이는 소용돌이를 만들어냄으로써 추가로 양력을 만들어낸다는 것이 드러났다. 그 결과 얻어낸 공기역학의 그림은 기존에 우리가 벌의 비행에 대해 이례적이라고 여기던 인상을 바꾸어 최고의 실력으로 평가하게 되었고 드론에서부터 풍력 발전 터빈에 이르기까지 모든 것의 모델로 삼게 되었다.

볼품없는 뒤영벌조차 재평가를 받아 이제는 산악지대의 희박한 공기에서도 계속 날 수 있는 놀라운 비행 능력으로 유명해졌다. 히말라야산맥이 원산지인 한 뒤영벌은 에베레스트산 정상보다 높은 고도에서도 계속 날 수 있어서 세계에서 가장 높이 날 수 있는 곤충으로 여겨지고 있다.

벌의 이동체계에서 지상을 담당하는 절반은 6개의 민첩한 다리 형태로 가슴 아랫부분에 튀어나와 매달려 있다. 날개에 비하면 불가사의한 면이 덜 하겠지만 그래도 그 못지않게 놀랍다. 내가 잡은 알칼리벌은 다리가 작고 종이 클립처럼 가늘지만 현미경으로 보면 스팀펑크 장르(19세기 산업화 시대 증기기관에서 영감을 얻은 기술과 미적

그림 2.5. 벌의 양쪽에 달린 한 쌍의 날개는 따로 떨어질 수도 있고 걸이로 연결되어 하나처럼 기능할 수도 있다. 왼편의 사진에는 꿀벌의 왼쪽에 달린 작은 뒷날개와 큰 앞날개가 보이는데 뒷날개에 붙은 일련의 걸이로 서로 연결되어 있고 뒷날개가 앞날개의 아래 가장자리에 살짝 포개져 있다. 오른편 사진에서는 이러한 연결 상태가 상세하게 보인다. 왼편 사진은 미국 지질조사국 벌 목록 및 모니터링 실험실의 허락하에 게재한 사진. 오른편 사진 ©앤 브루스.

설계로 이루어진 과학소설_옮긴이) 속에나 나올 법한 관절식 기계 같은 모습으로 비약한다. 그러나 정교한 세부가 양식적 특성일 뿐인 스팀펑크와 달리 벌의 다리에 있는 털이나 관절, 뾰족한 침은 제각기 목적에 맞는 기능을 한다.

예를 들어 앞다리를 구부리면 작은 침이 반대편의 새김눈과 맞물려 더듬이를 손질하기에 꼭 맞는 지름의 완벽한 원을 형성한다. 꽃을 떠나기 전의 벌을 관찰해보면 벌이 다리를 들어 이 구멍 사이로 연거푸 더듬이를 통과시키면서 꽃가루나 먼지 같은 것을 깔끔하게 제거하는 것을 종종 보게 되는데 이는 집으로 돌아가는 비행 도중

감각에 손상이 오지 않도록 하기 위함이다.

다리 끝에는 척추처럼 생긴 구부러진 발톱 두 개가 발 역할을 하면서 도톰하고 부드러운 발바닥을 에워싸고 있으며 이 발바닥은 흡입 컵처럼 기능한다. 이 두 가지가 결합함으로써 벌에게 견인력이 생기고 나아가 미끄러운 표면에도 도마뱀붙이(물체에 자유자재로 기어오를 수 있고 수직 벽이나 천정에도 붙어 살 수 있는 파충류_옮긴이)처럼 붙어 있을 수 있다. (이 발톱 때문에 스웨터에 붙은 벌을 털어내기 쉽지 않고 발바닥 때문에 유리 테두리에 붙은 벌을 불어서 날려 보내기 힘들다.)

내가 갖고 있는 표본은 마치 코러스 라인 앞으로 나온 무용수처럼 뒷다리 하나를 허공에 높이 쳐든 채 말라 있다. 곤충학자가 이러한 결함을 보았다면 곤충을 핀으로 고정하는 데 상대적으로 미숙한 나의 실력을 드러내는 거라고 여겼을 것이다. 그러나 이 결함 덕분에 벌의 생활방식에서 특별히 중요한 의미를 지니는 뒷다리의 특징 한 가지가 잘 드러난다.

보관한 지 여러 해가 지났음에도 이 다리는 황금빛 꽃가루 덩이로 인해 은은히 빛난다. 아마도 맨 처음 그 벌을 발견했던 바로 그 선인장에서 묻어온 꽃가루일 것이다. 꽃가루는 그 자리에 그대로 남아 있는데 이는 미세하게 갈라진 털이 촘촘하게 나 있는 다리 주변, 이른바 꽃가루솔 속에 갇혀 있기 때문이다. (털이 긴 카펫에서 설탕 가루를 털어내려고 애쓰는 것을 상상해보면 이해될 것이다.) 다른 다리도 자체적으로 빗과 브러쉬를 지니고 있어서 꽃가루를 채집하거나 혹은 몸통의 털에서 꽃가루를 떼어낸 뒤 보관과 운송을 위해 다시 꽃가루솔로 옮기는 데 이용된다.

뒤영벌, 꿀벌, 그 밖에 아주 가까운 친척종들은 여기서 한 걸음 더 나아가 꽃가루에 꽃꿀을 축축하게 묻혀 끈적거리는 공으로 만들기도 한다. 다리 자체에 바구니처럼 생긴 구멍이 구조적으로 형성되어 있어 여기에 집어넣어서 운반하기 위한 것이다. 이들 벌이 한 차례의 채집 여행에서 여러 종류의 꽃을 방문하는 경우에는 뒷다리에 묻은 다양한 색깔의 꽃가루 형태가 또렷하게 보이며 이들 꽃가루가 줄무늬를 이루어 마치 구시대 서커스 광대의 화려한 바지처럼 보인다.

꽃가루를 제외하면 대다수 벌에서 화려한 색상을 뽐내는 중심은 다리 뒤쪽에 있으며 끝부분이 가늘어지는 배의 띠 형태로 빛을 발한다. 이러한 색상이 알칼리벌처럼 각피에 새겨진 것도 있고 촘촘

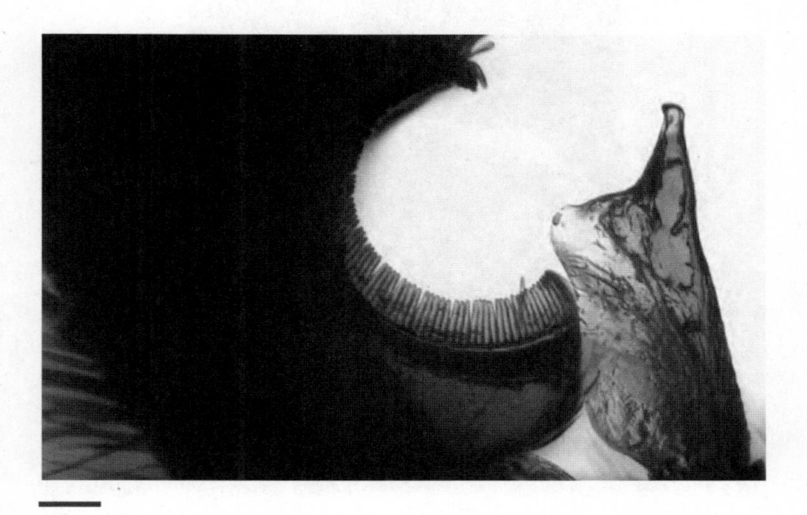

그림 2.6. 벌 앞다리에 원을 이룬 새김눈들은 이 사진 속 꿀벌의 다리에서 상세하게 보이듯 더듬이를 손질하는 데 꼭 맞는 크기이다. 사진 © 앤 브루스.

하게 덮인 털 다발이 오렌지색, 노란색, 검은색, 흰색, 혹은 몇몇 열대 지방 벌과 호주 벌에서 보이는 밝은 파란색을 띠면서 색상을 뽐내는 것도 있다.

이러한 색깔은 흔히 경고의 신호, 즉 침으로 찌를 수 있다는 위협의 신호를 나타내지만 암컷 벌과 수컷 벌이 더러 다른 색상 패턴을 보이는 경우도 있어서 짝을 알아보거나 종을 인식하는 역할을 하기도 한다. 대개는 선명한 줄무늬가 흔하지만 화려한 색상이 오늘날의 대세는 아니다. 단순하게 검은색이나 갈색빛을 띠는 배도 많으며 어떤 배는 우리가 인지하거나 분류할 수 없는 자외 색으로 빛나기도 한다.

색깔을 제외하면 배의 실제적 기능은 내부에서 이루어지며 벌

그림 2.7. 이 사진 속에 보이는 멜리소데스Melissodes 속의 긴뿔벌 뒷다리가 털이 긴 플리스로 뒤덮여 있듯이 흔히 암컷 벌의 뒷다리는 꽃가루를 나르기에 알맞도록 갈라진 털로 촘촘하게 덮인 주변부를 지니고 있다. 미국 지질조사국 벌 목록 및 모니터링 실험실의 허락하에 게재한 사진.

이 계속 움직이도록 해주는 각종 기관과 관을 지탱해준다. 이들 기관의 대다수는 곤충의 표준적 모델을 따른다. 뇌와 근육까지 혈액을 순환시키는 간단한 심장, 각피의 작은 구멍을 통해 공기를 빨아들이거나 배출하는 관과 주머니의 체계로 이루어져 있다. 이런 활동은 대부분 수동적으로 이루어지지만 벌이 적극적으로 노력할 때에는 눈에 띌 정도로 배를 펌프질하여 속도를 높인다. 말하자면 곤충이 헐떡거리는 것이라고 할 수 있다.

벌의 소화관은 '꿀 위장' '꿀 수확고' 등의 멋진 이름으로 불리며, 필요한 경우 많은 꽃꿀을 담을 수 있도록 다른 기관을 밀쳐내면서 엄청난 크기로 늘어난다. 둥지를 짓는 물질과 페로몬을 분비하는 몇 가지 샘, 그리고 번식기관을 더하면 기본적으로 배가 완성된다. 그러나 벌의 맨 끝부분에 또 한 가지 특징이 남아 있으며 벌에 대한 영원한 인상을 결정짓게 될 가능성이 여기에 있다. 바로 벌의 침이다.

진지하게 벌을 연구하거나 벌에 관한 책을 쓰고 있을 때 사람들에게서 가장 흔하게 듣는 질문은 벌에 몇 번 쏘였는가 하는 것이다. 그리하여 대다수 벌이 잘 쏘지 않고 심지어는 침조차 없는 벌이 있다는 사실을 알려주면 사람들은 놀라움을 금치 못한다. 쏘지 못하는 벌은 주로 수컷이며 이들은 쏠 수 있는 장비 자체가 없다. 침은 암컷 벌의 번식 체계가 확장된 것으로 말벌 조상에서 진화했는데, 원래는 알을 낳는 데 쓰이는 뾰족한 관이었다. 암컷만이 침을 갖고 있으며 암컷만 쏠 수 있는 것이다. 아주 오래전의 말벌은 이 편리한 도구를 이중의 목적으로 사용하여 우선 먹이를 꼼짝하지 못하게 고정한 다음 그 안이나 위에 직접 알을 낳았으며 육식성의 유충은 먹이를 먹기에 완벽한 장소에서 부화하게 된다.

많은 말벌은 지금도 똑같이 하고 있지만 몇몇 말벌 집단과 모든 벌은 결국 두 가지 기능을 분리하여 알을 낳는 일은 배 끝부분의 작은 구멍이 전담하고 관처럼 생긴 침은 오로지 방어와 공격의 임무만 맡도록 했다. 이러한 전문화는 개별 벌의 생활방식에 맞게 이루어져 안쏘는벌 종이 있는가 하면 집단 방어용으로 설계되어 자체적으로 펌프질까지 하는 치명적인 바늘도 있다.

내가 잡은 알칼리벌은 분명 최후의 방어 행위였을 것으로 보이는 동작을 취하느라 침을 길게 늘인 채로 죽었다. 이 침은 배에 작은 가시가 튀어나온 것처럼 보이지만 현미경으로 보면 아주 적절한 몇 개의 부분으로 구성되어 있다.

우선 독을 운반하기 위해 홈을 파놓은 중앙 기둥이 있고 이 기둥 측면에는 살을 꿰뚫어 고정하기 위한 두 개의 날카로운 세모날이 있다. 대다수 종이 그렇듯이 이 세모날은 단검처럼 가장자리가 부드러운 곡선이며 끝 부분에 견인을 위한 얕은 톱니 몇 개만 있다. 이는 곧 침 전체를 쉽게 빼내어 여러 번에 걸쳐 찌를 수 있었다는 의미다. 아마도 침으로는 큰 상처를 입히지 못하므로 이 벌의 입장에서는 이렇게 하는 편이 좋은 아이디어였을 것이다.

곤충학자 저스틴 슈미트가 곤충의 침에 대해 매긴 유명한 순위 속에 노미아nomia 속(알칼리벌_옮긴이)이 들어 있지는 않지만, 슈미트는 이 벌과 친척 관계가 있는 벌에 쏘여 아픈 통증을 비유적으로 표현

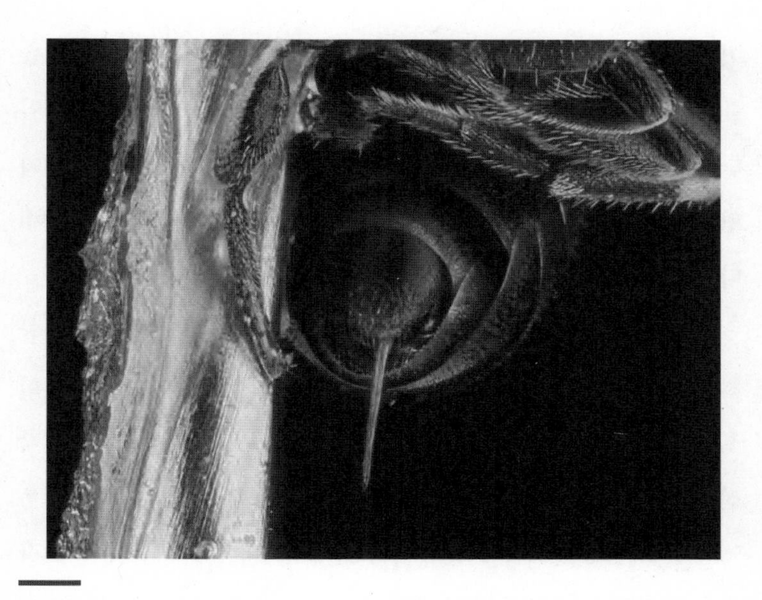

그림 2.8. 이 사진 속에 바늘 기둥이 보일 정도로 확대된, 힐라이오스Hylaeus 속에 속하는 작은 가면벌의 침처럼 대다수 벌의 침은 미늘이 없고 바늘처럼 날카롭다. 미국 지질조사국 벌 목록 및 모니터링 실험실의 허락하에 게재한 사진.

하여 작은 불꽃이 팔 털 한 개를 태우는 것과 같다고 했다.

대다수 벌은 지켜야 할 큰 둥지가 없으므로 이따금 찾아오는 경쟁자나 배고픈 거미의 공격을 막아낼 정도의 힘만 있으면 된다. 벌의 침 세계에서 진정한 고통을 안겨주는 종은 이보다 크고 고도의 사회성을 지닌 종이다. 이들 종의 둥지에는 맛있는 유충이 많이 있고 더러는 꿀까지 있기 때문에 곰에서부터 새와 영장류에 이르기까지 모든 동물에게 매력적인 목표물이 된다. 이들 종의 일벌은 모든 침입자로부터 둥지를 보호하기 위해 집단방어 전술을 구사한다.

독의 양이 어느 정도인지도 중요하지만 그뿐 아니라 그 안에 들어 있는 성분도 중요하다. 단백질과 펩티드, 기타 화합물의 혼합 비율을 달리하면 침에 쏘이게 될 대상에게 보다 강한 독성을 미칠 수 있다. 우리와 같은 포유류는 세포를 파괴하는 핵심 독성, 이른바 멜리틴으로 인해 불에 타는 듯한 통증을 느끼지만 (다른 벌을 포함하여) 다른 곤충은 히스타민에 더 심한 타격을 입는다.

꿀벌의 경우에는 랜싯에 미늘이 달려 있어 특별히 언급해둘 만하다. 미늘은 끝이 구부러진 위험한 부분으로, 살 속에 꽉 박혀서 희생자의 몸속에 들어간 침이 계속 붙어 있도록 해준다. 벌과 옥신각신하는 와중에 꿀벌을 손으로 털어 내거나 꿀벌이 날아가 버린 경우에도 꿀벌의 침은 배에서 찢겨 나와 독주머니와 근육이 여전히 달라붙은 채 펌프질을 하며 남아 있다.

관련 신경중추 역시 이 패키지의 한 부분을 이루어 침이 벌에게서 떨어져 나온 상태로 1분 이상 '살' 수 있게 해주며 이 정도 시간이면 독을 모두 투여하고도 남는다. 침을 쏘고 난 꿀벌은 배에 치명적 부상을 입지만 어느 벌집이든 일벌이 수천 마리나 되므로 이런 무시무시한 방어를 펼치더라도 그에 따른 혜택이 개별 벌 몇 마리를 잃는 것에 비해 훨씬 크다.

슈미트는 꿀벌의 침을 전형으로 삼는다. 즉 통증의 기준치로 기억에 남아 다른 곤충과 비교하기에 도움이 된다고 여긴 것이다. 그러나 이 통증을 묘사한 것 가운데 가장 기억에 남을 만한 것은 벨기에의 노벨상 수상자이자 아마추어 곤충학자인 모리스 마테를링크가 남긴 표현이다. "뭐랄까 파괴적 건조함 같은 것, 찔린 팔다리를 타고 사막의 불꽃이 흐르는 듯한 느낌, 이들 태양의 딸이 아버지의 분노한 광선들을 정제하여 눈이 부신 독만 뽑아놓은 듯한." 벌을 태양과 연결한 것은 여러 면에서 적절하며 벌의 몸을 살펴보는 우리의 여정이 마테를링크의 비유 덕분에 어느 정도는 맨 처음 시작점으로 돌아와 끝맺게 되었다.

애리조나를 떠날 때 나는 알칼리벌 외에도 백 개가 넘는 다른 표본을 핀으로 고정하고 이름표를 단 뒤 판지 상자에 담아 왔다. 이는 지금도 내가 식별작업의 도움을 얻기 위해 찾아보는 참고 수집품이다.

'벌 강좌'의 강사진은 수강생이 직접 실행해보는 실질적인 과학적 기술을 가르친다는 데 자부심을 느끼고 있었지만 강좌 주제에 대해 전염성 강한 애정을 품게 되는 부가적 요소도 어쩔 수 없이 함께 전해주게 된다. 벌을 사랑스러운 존재로 여기게 되면서 연구가 더욱 풍부해지고 관찰자가 물을 만한 질문의 내용도 달라진다.

벌의 이름을 알 수 있는 수준에 이르자 자연히 내게도 의문이 떠오르게 되었다. 여러 가지 색깔과 끊임없는 움직임으로 이루어진 세계 속을 날아다니는 동안 벌의 삶은 어떤 양상을 띠는지, 시각은 어느 지점에서 기억, 냄새, 진동, 전하, 자기장과 상호작용을 하여 생생한 감각의 풍경을 그리게 되는가 하는 의문이다.

나는 꽃에 앉은 벌을 보면서 이 벌이 어떻게 해서 여기에 오게 되었는지 상상한다. 휙 스치는 희미한 냄새가 하나의 흐름을 이루어 취할 정도로 부풀어 오르면 벌은 이 냄새 줄기를 따라 날아가고, 마침내 많은 화소로 이루어진 꽃이 초점에 들어와 꽃잎이 벌 자주색을 띠고 꽃꿀의 방향을 알려주면서 흥분을 일으켜 짜릿하게 잡아끌면, 벌은 예상대로 달콤한 보상을 향해 더욱 안쪽으로 빨려 들어갈 것이다. 벌의 몸은 꽃가루와 꽃꿀을 찾고 이를 운반하는 데 알맞도록 정교하게 만들어진 기계이지만 이들의 삶에 대해 생각하면 할수록 점차 뭔가를 놓치고 있다는 것을 깨닫게 되었다.

나는 꽃이 핀 선인장 지대에서 알칼리벌을 잡았고, 이외에 수집한 다른 벌들도 거의 다 꽃 위나 주변에서 곤충채집망으로 잡았다. 벌을 잡으려 하는 사람이라면 이보다 더 알맞은 장소는 없을 것이다. 그러나 꽃을 찾아다니는 일이 벌의 삶에서 중심을 이루는 것은 분명하지만 이는 벌이 하는 일의 일부일 뿐이다.

꿀주머니에 꽃꿀을 가득 채우고 양쪽 꽃가루솔이 온통 꽃가루로 뒤덮이고 나면 벌은 어디로 갈까? 나는 꿀벌이 수천 마리의 무리를 이루어 벌집에 산다는 것을 알고 있지만 다른 한편 꿀벌이 예외적 존재라는 것도 알고 있다. 표본 상자 안에 들어 있는 대다수 벌은 둥지를 짓거나 완전한 단독성으로 새끼를 기르거나 혹은 내가 알지 못하는 방식으로 살아가는 등 제각기 너무 다른 삶을 살아간다.

'벌 강좌' 기간이 더 길었다면 제리 로젠이나 로런스 패커나 다른 강사 중 한 명에게 내가 알고 싶은 질문을 던질 수도 있었을 것이다. 그러나 어떤 이야기를 듣고 싶을 때 더러는 그 이야기를 해줄 사람에게 물어보는 것이 최선일 때가 있다. 게다가 나는 단독성 벌의 이야기를 판독한 뒤 이를 하나의 패키지로 만들어 판매하는 일을 한때 업으로 삼았던 사람을 우연히 알게 되었다.

제3장

따로 또 같이

고독은 분명 아름다운 것이지만
누군가 대답해줄 사람이 있고
이따금 말할 상대가 있다는 것에 즐거움이 있으며
그러한 고독이 아름다운 것이다.

장루이 게즈 드 발자크, 「은퇴에 대하여」(1657년)

처음에는 그것이 벌이라는 걸 깨닫지도 못했다. 새로 만든 정원문을 세우느라 한창 바빴던 브라이언 그리핀은 방금 파낸 기둥 구멍 주변에 작은 검은색 곤충 몇 마리가 날아다니는 걸 보았다. 이 곤충이 무엇을 하는 중인지 잠시 의아하게 여겼지만 이내 이 문제를 머리에서 지웠다.

35년 동안 보험 일을 하다가 최근 은퇴한 브라이언은 목공, 수채화, 지역 역사 공부, 원예 등 오랫동안 미뤄두었던 계획과 취미를 다시 시작하고 싶은 마음이 간절했다. 곤충학은 이 목록에 올라 있지도 않았다. 그러나 얼마 지나지 않아 이 작은 검은색 벌레는 정원을 벗어나 작업장과 그 너머까지 들어오게 되었고, 이전까지 그가 종사했던 직업에 비해 어느 모로 보나 훨씬 많은 일을 요구하는 그의 두 번째 경력이 시작되었다. 놀라운 일도 아니지만 이 과정은 꽃가루받이에서 시작되었다.

"수확이 형편없었어요." 브라이언이 내게 이렇게 말하면서, 자신의 집 뒤쪽 울타리를 따라 심은 40그루의 배나무와 사과나무에 항상 꽃이 활짝 피는데도 열매는 많이 생산되지 않았던 일을 설명했다. 그러다 토종 꽃가루 매개자에 관한 농업 공고를 우연히 접했을 때 갑자기 이해가 되었다.

"그 작은 검은색 곤충이 벌이라는 걸 불현듯 깨달았어요." 밖으로 뛰어나간 브라이언은 과실나무와 꽃 피는 관목 주변에 움직이고 있는 과수원뿔가위벌(오스미아 리그나리아 *Osmia lignaria* 라는 학명을 지닌 뿔가위속의 벌이며, 우리나라에는 이 벌을 부르는 일반명이 따로 없어서 영어에서 사용하는 일반명을 그대로 우리말로 옮겨놓는다. 영어에서는 이 일반명 외에도 파란과수원벌이라는 명칭이 쓰인다_옮긴이)의 작은 개체군을 발견했다. 가까이 들여다보니 검은색의 작은 몸통이 푸르스름한 색으로 빛났고 황갈색 털이 얼굴과 투명한 날개 밑부분에 소복하게 덮여 있었다.

이 벌들이 날아가는 방향을 추적하여 따라간 브라이언은 정원 헛간에 이르렀고 헛간 지붕 판자가 겹쳐진 부분에 완벽한 작은 둥지 구멍이 형성되어 있는 것을 보았다. 벌들이 제각기 자기 몫의 틈바구니를 총총걸음으로 들락거리면서 이 틈새를 서서히 꽃가루로 채우더니 정성껏 다듬어 만든 진흙 마개로 틈새를 막았다. 브라이언이 나무토막에 드릴로 작은 구멍들을 뚫어놓자 벌들은 이 구멍도 모두 채웠다. 그는 이 작업을 계속해나갔고 2년이 지나자 자신이 이 작

그림 3.1. 뿔가위벌에는 300종이 넘는 오스미아*Osmia* 속의 벌이 포함된다. 이 사진에서는 수컷 붉은뿔가위벌(오스미아 비코르니스*Osmia bicornis*라는 학명의 뿔가위벌로, 우리나라에는 일반명이 없어서 영어의 일반명을 그대로 옮긴다_옮긴이)이 둥지 구멍 안에서 내다보고 있다. 위키미디어 공용에서 찾은 오랑가우로치스의 사진.

업으로 거둘 수 있을 거라고 여겼던 것보다 훨씬 많은 뿔가위벌(그리고 훨씬 많은 과실)을 얻게 되었다. 충동적인 생각으로 그는 이 벌들을 크리스마스 선물로 나눠주기로 했다.

"다들 좋아했어요!" 그가 처음에 선물한 견본을 내게 보여주면서 말했다. 앙증맞게 생긴 뾰족한 지붕이 있고 12개의 빈 둥지 구멍이 뚫린 작은 나무토막이었다. 벌이 가득 채워 마개를 씌워놓은 나머지 3개 구멍은 바닥까지 막혀 있었다.

이듬해 봄 브라이언의 친지와 친구들이 이 특이한 선물을 바깥에 내걸어 놓았을 때 휴면기를 지난 벌들이 진흙에서 나와 가장 가까이 있는 꽃꿀과 꽃가루의 원천을 찾아갔고 신속하게 빈 구멍을 새로운 둥지로 채웠다. "정말 엄청났어요." 그가 회상했다. "생각했던 것보다도 훨씬 좋았어요."

많은 사람의 경우 기억에 남는 크리스마스 아침을 맞고 뒷마당의 꽃가루받이 과정에 대한 재미난 교훈을 얻은 선에서 이야기가 끝났을 것이다. 그러나 브라이언은 사업 감각을 생물학으로 가져왔고 기회의 냄새를 맡았다. 차 한 대 가득 양봉 집을 싣고 지역 원예박람회에 간 그는 이를 모두 판매했다. 그리고 머지않아 북미 전역의 개인과 소매상에게 뿔가위벌을 공급해주게 되었다.

브라이언은 벌 강의를 듣고 벌에 관한 책을 썼으며 원예 모임에 나가 벌에 관한 강의를 하기 시작했다. 또 동업자를 끌어들였고 양봉 집, 양봉 오두막, 판지로 만든 양봉 통뿐만 아니라 맞춤 주문품, 리필제품의 제작 기술을 빌려주고 점점 확장하는 열성적 양봉가의 네트워크에서 이들 제품을 가져다 판매했다. 요즘에는 철물점에서부터 아마존닷컴에 이르기까지 모든 곳에서 뿔가위벌이 판매되고 있지만 30년 전에는 브라이언이 선구자였다.

"모든 정보가 있었어요." 이 과정을 거쳐 오는 내내 자신에게 도움을 주었던 전문가의 이름과 참고문헌을 줄줄이 나열하면서 그가 내게 힘주어 말했다. 그러더니 웃음을 터뜨리고 고개를 저으면서 덧붙였다. "그런데 이 모든 것을 하나로 결합할 수 있었던 것은 어쩌면 낡은 보험 외판 방식을 택했기 때문인 것 같아요!"

몇 가지 점에서 볼 때 브라이언의 벌 사업이 성공을 거둔 것은 그리 놀라운 일이 아닐 것이다. 이 사업은 1억 2천만 년이 넘도록 자연 속에서 활발히 이루어져 왔던 생활방식을 활용한 것이다. 과수원뿔가위벌은 자기들 조상인 구멍벌과의 말벌과 마찬가지로 단독성을 지닌 생물이다. 암컷은 벌집을 이루어 살게 될 벌떼의 협력 없이 혼자 제각기 둥지를 짓고 먹이를 공급하며 봄철에 꽃이 피는 시기에 맞춰 한바탕 짧은 활동을 벌이며 성인기를 지낸다.

이러한 전략을 이해한 브라이언은 이를 새롭게 포장하여 내놓음으로써 그저 번창하는 가내 공업 이상의 것을 얻었다. 자잘한 변형을 거치면서 지속적으로 세계 2만 종의 대다수를 지탱해온, 오래전에 확립된 벌의 행동 패턴이 그(와 그의 고객들)에게 알려지게 된 것이다.

우리는 진화 속에 담긴 혁신, 즉 말벌에서 벌로 이행하는 과정이나 꿀과 벌통의 발명을 보면서 곧잘 감탄한다. 그러나 이 과정은 다른 한편으로 매우 보수적이기도 하다. 효과적인 특성이나 습성은 오랜 기간 고착되는 성향을 보인다. 단독성 벌은 이러한 주제, 즉 비교적 잘 알려지지 않았지만 똑같이 중요한 진화의 명령, '못 쓸 정도만 아니라면 그대로 쓰라'는 명령을 구현해내고 있다.

"아, 벌이 알을 낳으려고 해요!" 뿔가위벌 한 마리가 몸을 돌려 둥지 구멍 안으로 들어가는 것을 지켜보고 있을 때 브라이언이 소리쳤다. 다른 벌들 수십 마리는 우리에게 해를 가하지 않으면서 우리 머리 주변을 윙윙 날다가, 정원 뒷담 한곳에 모아 고정해놓은 판지관과 나무토막을 들락날락했다. 자기 둥지로 들어가 보이지 않는 암벌은 동그란 '벌 빵' 위에 작은 알 한 개를 낳고 있을 것이다. '벌 빵'은 그녀가 온종일 채집해온 꽃가루와 꽃꿀로 만든 끈적한 덩어리로 되어 있다. 다음 채집 여정에서는 알이 든 방을 마개로 봉하기 위해 진흙을 찾아 나설 것이다. 그러고 나면 다시 처음부터 시작하여 모든 둥지 구멍이 다 찰 때까지 꽃가루, 꽃꿀, 알, 진흙의 과정을 계속 반복할 것이다.

"정말 훌륭한 미장이예요." 브라이언이 이렇게 말하고는, 벌이 흙이나 진흙을 딱 알맞은 농도로 혼합하여 아래턱과 앞다리와 배의 조화로운 합동 동작으로 둥지 마개의 형태를 빚고 마무리하는 과정을 설명했다. "둥지를 떼어다가 현미경으로 본 적이 있어요." 그가 감탄하며 말을 이었다. "겉면이 완벽하게 매끈했어요."

이제 80대에 들어서 또 다른 삶을 위해 은퇴한 브라이언은 아직 많이 남은 에너지를 대부분 새로운 열정—맞춤 우쿨렐레 제작—에 쏟고 있다. (예전에 사업가였던 그는 80개가 넘는 우쿨렐레를 전 세계 연주자와 수집가에게 팔았다.) 그러나 지금도 정원에 일정한 무리의 벌을 계속 유지하고 있으며 우리가 봄철 햇볕을 맞으며 정원에 앉아 벌들이 일하는 모습을 지켜보는 동안에도 열정이 조금도 식지 않았다는 것을 느꼈다. 깊고 한결같은 목소리에 맑은 눈의 시선을 지닌 브라이언은 무성한 흰머리만 아니라면 나이를 가늠할 수 없을 정도였다. 오후가 깊어가는 동안 그는 호기심이라는, 무엇과도 비할 수 없는 젊음의 샘에서 여전히 자주 샘물을 떠먹고 있는 게 분명해 보였다.

"어미 벌이 새끼들을 찾을 수 있을지 한번 봅시다." 어느 순간 브라이언은 이렇게 말하고는 둥지 상자 두 개의 위치를 조금 바꾸었다. 얼마 지나지 않아 원래 둥지가 있던 빈 선반 여기저기에 당황한 벌 몇 마리가 돌아다녔다. 개별적인 페로몬의 독특한 냄새가 벌에게 어느 구멍이 자기 새끼의 것인지 말해주기는 한다. 그러나 벌은 대체로 가고자 하는 방향으로 곧장 향하기 위해서 시각적 지형과 공간적 단서에 의존한다. 이는 구멍벌과의 말벌 시절부터 물려받은 또 다른 습성이다. 시간이 지나면 이 벌들은 몇 인치의 변화 정도는 해결해낼 테지만 그보다 더 큰 변화가 생기면 둥지 자리를 알아보지 못할 수 있다.

브라이언이 둥지 나무토막을 어디로 옮겨놓든 어미 벌이 다시 새끼를 만나지 못하는 일은 없겠지만 그래도 나는 혼란에 빠진 어미 벌들에게 어쩔 수 없이 미안한 마음이 들었다. 뿔가위벌 같은 단독성 벌의 경우에는 부모 역할의 약정 기간이 먹이 공급으로 끝난다. 알에 벌 빵의 진수성찬을 마련해주고 마개로 봉하고 나면 어미 벌은 두 번 생각하지 않고 다음 단계로 나아가 한 달 동안 미친 듯 정신없이 움직이면서 새로운 둥지 방을 짓고 먹이를 공급한다.

날씨가 좋고 꽃이 풍부하면 뿔가위벌 한 마리는 완전히 지쳐 더는 계속할 수 없을 때까지 30개가 넘는 알의 먹이를 준비해준다. 일전에 나는 우리 집 과수원에서 기진맥진한 것처럼 보이는 암컷 벌 한 마리를 발견한 적이 있는데, 계절이 끝나기 전에 둥지를 지었으면 하고 바랐던 새로운 나무토막 위에 이 벌을 올려놓았다. 그곳은 완벽한 서식지였다. 햇볕이 잘 내리쬐는 곳으로 주변이 온통 과일나무였으며 바로 옆에는 진흙땅까지 있었다. 이 암벌은 나무토막 끝으로 걸어가 잠시 불안정하게 선 채로 줄줄이 이어진 빈 구멍들을 지친 몸으로 응시하는 것 같더니 이윽고 아래 풀밭으로 떨어져 죽고 말았다.

여기저기 날아다니는 뿔가위벌을 몇 주간 지켜보노라면 벌의 삶이 아주 짧고 정신없이 바쁘게 돌아가는 것처럼 보이지만 이후 몇 달 동안의 부수적이고 내밀한 활동, 그리고 그 후의 길고 편안한 휴식으로 이어지는 과정은 작은 점토 아파트 안의 고요한 어둠 속 보이지 않는 곳에서 이루어진다.

브라이언의 정원 담장에 매달린 둥지 나무토막 안에서는 이미 알이 부화하기 시작했다. 모든 일이 계획대로 진행된다면 이들 작은 유충은 봄과 여름 내내 벌 빵을 아삭아삭 먹어치울 것이고 겹겹이 둘러싸인 비단결의 고치를 만들 정도로 성장할 것이다.

애벌레에서 어른 나비나 나방으로 바뀌는, 훨씬 잘 알려진 변태 과정과 마찬가지로 벌의 생활주기에도 완벽한 변태 과정이 포함되어 있다. 튼튼한 방수 고치 안에서 흰색의 통통한 유충이 변하여 우리가 어른 벌이라고 알아볼 수 있는 모습, 즉 날개와 보송보송한 털이 있는 모습이 된다. 그런 다음 가을과 겨울 내내 쉬면서 휴면기를 보내고 드디어 봄 기온이 상승하기 시작하면 이들은 무력 상태에서 깨어난다.

뿔가위벌을 비롯한 기타 수천 종의 벌은 수백만 년 동안 이 과정을 반복해왔다. 이는 곧 일 년 중 어느 때고 우리의 시선이 닿는 거의 모든 곳에, 비록 우리 주변을 날지는 않더라도, 감춰진 통과 틈새에 틀어박힌 채 홀로 살아가는 벌이 존재한다는 의미이다. 벌을 사랑하는 사람에게는 기분 좋은 생각이지만 그렇다고 둥지 안에서 이루어지는 삶이 늘 평온하고 아주 만족스러운 것은 아니다.

"당신이 찾아온 덕분에 이것들을 치우게 되어 기뻐요." 브라이언이 민망해하는 것 같은 말투로 말했다. "이번 해에는 정말로 그냥 내버려 두고 있었거든요." 내가 보기에는 정원에 벌들이 날아다녀 생기가 가득한 것처럼 보였지만 브라이언은 고개를 저으며 말했다. "잘해내지 못한 것들까지 다 봐야지요." 이렇게 말한 이후 그는 아직 진흙 마개가 고스란히 남은 판지 통들을 꺼내기 시작했다. 철이 한참 지났기 때문에 다 자란 건강한 벌들은 이미 마개를 다 먹어치웠고 이제 우리 머리 위에서 윙윙 날고 있었다. 확실하게 마개를 뚫고 나온 출구 굴이 둥지에 보이지 않는다면 이는 실패한 것이며 그 안에는 응애나 곰팡이 혹은 그보다 더 심한 무언가에 희생된 벌이 가득 들어 있을 것이다.

"저기 봐요." 브라이언이 이렇게 말하면서 뭔가 다른 것을 가리켰다. 어느 판지 통의 '옆면'에 완벽하게 동그란 작은 구멍이 뚫려 있었다. 앞문으로 나오지 않는 벌이 있었던 것이다.

"모노돈토메루스Monodontomerus(기생벌류에 속하는 좀벌상과의 한 속_옮긴이) 잘 알아요?" 브라이언은 이렇게 물으면서 1분이 넘도록 폐기물을 뒤적거렸다. 그러고는 마침내 손을 뻗더니 금속성의 푸른색을 띤 작은 알갱이 같은 것을 내 손바닥에 떨어뜨렸다. 확대경으로 들여다보니 또렷한 모습의 곤충이 눈에 들어왔다. 완벽한 말벌이었고 크기는 쌀알보다 작고 표면 전체가 무지갯빛으로 어른거렸다. 나는 앞뒤로 기울여보면서 햇빛을 받은 색깔이 파란색에서 푸른색으로, 다시 금빛으로 바뀌는 것을 관찰했다. 보석상이 탐낼 만한 것으로 보였으며 곤충계의 파베르제라고 할 수 있었다. 그러나 이와 비슷한 다른 것들과 마찬가지로 이 작은 보석도 뿔가위벌에게 치명적인 위협이 되었다.

"이 벌들은 때늦게 나타나지요." 브라이언이 둥지 나무토막들을 계속 정돈하며 어깨너머로 말했다. 약칭으로 모노라고 알려진 모노돈토메루스 속의 말벌은 일찍 나와야 할 이유가 없었다. 실제로 암컷 모노는 고치와 쌓인 똥의 냄새에 주의를 기울이면서 둥지 안의 어린 벌이 크고 통통하게 자랐다는 확실한 증거를 찾는다.

그다음에 벌어지는 일은 공포영화에 등장할 법한 소름 끼치는 반전이다. 냄새를 맡으며 괜찮아 보이는 둥지를 알아낸 암컷 모노는 바늘처럼 생긴 긴 산란관을 진흙 마개 속으로 (심지어 어떤 경우에는 마개 주변을 에워싼 나무 속으로) 집어넣어 고치 안까지 뚫고 들어간 다음 어린 벌 위에 알을 낳는다. 이 알은 곧바로 부화하여 살아 있는 숙주를 마구 먹어치우면서 뿔가위벌의 둥지를 사실상 말벌 둥지로 바꿔놓는다. 배불리 먹고 난 아기 모노는 고치를 벌과 똑같이 사용한다. 즉 안식처로 삼아 휴식을 취한 뒤 변태 과정을 거쳐 마개를 먹어치우고 자유를 찾아 떠난다.

브라이언이 들려준 말벌의 침입 이야기를 들으니 마이클 엥겔의 언급이 생각났다. "벌목의 진짜 이야기는 기생 생활에 있어요." 엥겔은 벌, 말벌, 개미를 포함하는 분류학상의 벌목 전체를 언급하면서 내게 이렇게 말한 바 있다. 이런 습성은 일찍부터 흔하게 진화되었으며 이들 집단, 특히 말벌의 특징적 생활방식으로 남았다는 설명도 덧붙였다. 모노의 경우에서 보듯이 유충이 숙주를 먹어 치우거나 혹은 다른 식으로 파괴하는 경우 곤충학자들은 이를 "포식 기생자"라고 일컫는데, 거의 모든 벌이 이러한 포식 기생자 중 적어도 한 종과 싸움을 벌여야 한다.

예를 들어 브라이언의 정원에 사는 뿔가위벌은 네 가지 종류의 모노에게 공격받고 있으며 이밖에도 최소한 한 종류의 청벌, 그리고 기생파리 한 종류로부터도 공격당한다. (숙주에게 위로가 되지는 않겠지만 이들 포식 기생자 중 많은 수도 다른 포식 기생자의 먹잇감으로 희생되어 둥지 안의 삶에 또 다른 섬뜩한 착취를 층층이 쌓게 된다.) 이 정도로도 충분하지 않다는 듯 벌은 동류 내에서도 배반을 당한다.

"아마도 뻐꾸기 같은 벌을 보게 될 거예요." 브라이언이 우리 머리 위에 윙윙 날아다니는 곤충들 집단을 유심히 살펴보며 말했다. 둥지 나무토막을 정리한 우리는 부근 화단 가장자리에 둘러놓은 목재 테두리에 앉아 벌을 지켜보던 중이었다. 아래쪽에서 올려다보니 벌은 가장 독특하고 매력적인 특징을 뽐내고 있었다. 뿔가위벌이 속해 있는 과는 큰 집단으로 이 과에는 푸른 잎 조각으로 둥지를 짓는 가위벌과 부드러운 식물섬유로 된 펠트 같은 것을 사용하는 알락가위벌도 포함된다.

그러나 집을 짓는 방법은 달라도 이 과의 모든 벌은 똑같이 배 부위를 이용하여 꽃가루를 운반한다. 그 결과 어미 벌은 마치 화사한 색상의 작은 앞치마를 두른 것처럼 보인다. 어떤 종류의 꽃을 방문했는가에 따라 노란색일 때도 있고 오렌지색이나 핑크색, 빨간색, 심지어는 자주색일 때도 있다. 이런 즐거운 특성 덕분에 이 벌은 다른 벌과 구분되는데, 다른 벌들의 경우에는 꽃가루를 묻힌 모습이 뒷다리에 긴 스타킹을 높이 신은 것처럼 보인다. 그러나 브라이언과 내가 뻐꾸기벌을 발견하기 위해서는 꽃가루가 묻지 않은 벌을 찾아내야 했다.

'뻐꾸기cuckoo'라는 말은 자연에서 직접 유래한 것으로 원래는 이 단어가 표현하는 새의 2음표 노래를 소리 나는 대로 옮겨 적은 중세 프랑스 단어이다. 특정 시계를 가지고 있다면 사람을 돌아버리게 하는 이 악구를 익히 알 것이다. 하지만 다른 한편 뻐꾸기는 다른 새 둥지에 알을 낳는 것으로도 유명하다. 이 둥지 주인이 뻐꾸기 새끼를 자기 새끼인 줄 알고 돌봐주기 때문에 뻐꾸기는 새끼를 기르는 부담에서 벗어날 수 있다. 뻐꾸기벌도 마찬가지다.

그러나 대다수 벌이 뿔가위벌과 같아서 새끼를 직접 돌보지는 않으므로 실제로 뻐꾸기벌은 꽃가루와 꽃꿀을 채집하는 고된 작업의 부담만 더는 셈이다. 뻐꾸기벌은 적당한 꽃을 찾아다니느라 오랜 시간을 보내는 대신 그냥 둥지 구멍으로 가서 주인 벌이 없을 때 알을 낳는다.

이 속임수가 무사히 통하면(대다수 뻐꾸기벌의 알은 속기 쉽게 되어 있다) 주인 벌은 아무 의심도 하지 않은 채 자기 알과 함께 다른 벌의 알이 든 채로 입구를 봉한다. 알이 부화하는 순간 침입자 유충은 특수 용도로 적응한 낫 모양의 턱 한 쌍을 사용하여 정당한 거주자를 죽인 뒤 자신이 그 안에 자리 잡은 채 은닉처 안의 훔친 벌 빵을 마음껏 즐긴다.

생물학자는 이러한 생물체를 '절취 기생생물Klepto-parasites'이라고 일컫는데 이는 다른 사람의 음식을 훔쳐 먹으며 살아가는 사람을 가리키는 그리스 말이다. 대학의 많은 룸메이트에게 붙일 만한 적절한 명칭이지만 놀라운 수의 벌도 잘 묘사한 용어이다.

"최소한 20퍼센트… 아마 그 이상일 겁니다." 세계 벌 가운데 얼마나 많은 종이 기생 생활을 하는지 물었을 때 마이클 엥겔이 추정치를 제시했다. 단독성을 지닌 습성과 마찬가지로 절취기생 역시 빈번하게 발생한 횟수로 보면 벌의 진화에서 그다지 알려지지 않은 성공 이야기 중 하나에 속한다. 정확한 수를 알기는 힘들지만 확인된 벌의 7개 과 가운데 최소한 4개 과의 수천 종이 채집 대신 절도의 방법을 택하고 있다.

무임승차를 하는 벌은 꽃가루를 채집할 필요가 없으므로 털이나 그 밖에 벌과 닮은 특징을 갖지 않는 경우가 많고 이 때문에 식별이 매우 힘들다. 말벌처럼 보이는 경우가 많으며 대다수는 남의 눈을 잘 속이고 눈에 잘 띄지 않는다. 이는 속임수로 살아가는 생활방식에 유용한 특징이다. 그러나 뻐꾸기벌은 가까운 친척 관계에 있는 몇몇 종만을 전문적으로 노리므로 자신의 숙주와 함께 증가해왔다. 새로운 벌 종이 생기면 그에 따라 새로운 뻐꾸기벌이 생기는 과정이 무한정 이어져 벌의 진화 이야기에 매우 흥미로운 다양성과 복잡성을 더한다.

브라이언 그리핀의 정원에 있는 뿔가위벌들 가운데 뻐꾸기벌을 발견하지는 못했다. 우리 머리 위를 맴돌거나 쏜살같이 날아가는 벌들은 모두 황금빛을 띤 꽃가루 앞치마를 둘렀고 더러는 입에 매끄러운 공 모양의 진흙을 물고 있었다. 그러나 오후 한나절이 아니라 한 철 내내 지켜보았다면 분명 뻐꾸기벌은 새끼가 자라기 좋은 뽀송뽀송한 집과 벌 빵이 있을 가능성에 이끌려 모습을 나타냈을 것이다. 모노 벌과 다른 기생벌이 끼어들면 단순해 보이는 단독성 벌의 둥지가 매우 경쟁적이고 위험한 장소로 바뀐다. 뿔가위벌은 적극적으로 채집에 나서지 않을 때면 둥지를 보호함으로써 이러한 위협에 대응한다. (둥지 안을 자세히 들여다보면 종종 털이 보송보송한 어미 벌의 얼굴이 당신을 똑바로 노려보는 것을 흔히 보게 될 것이다.)

아울러 뿔가위벌은 유난히 두툼한 진흙 마개로 입구를 봉쇄하는데 이 마개 뒤에는 마치 파라오 무덤의 입구처럼 빈 대기실이 이어지다가 진짜 둥지 구멍이 시작된다. 그리고 고대 이집트인과 마찬가지로 뿔가위벌도 가장 소중한 보물을 굴의 맨 끝에 숨겨둔다.

"15센티미터 관이 가장 효율적이라는 걸 알게 되었어요." 브라이언이 작업장을 둘러보면서 오랜 세월 실험해온 여러 디자인을 살피는 동안 말했다. "이보다 짧으면 수컷이 너무 많아져요."

이상하게 들리는 이 말 속에는 벌 생물학과 관련한 근본적인 사실, 즉 수컷은 없어도 된다는 사실이 드러나 있다. 개미, 말벌, 그 밖의 다른 곤충과 마찬가지로 어미 벌도 새끼의 성을 미리 정할 수 있다. 수정된 알은 암컷이 되는 반면에 수정되지 않은 알은 자라서 수컷이 된다. 짝짓기 비행을 통해 난소 밑 부분의 특수 주머니에 저장해둔 정자를 조금씩 나누어 주면서 이러한 전환을 통제한다. 이 체계를 이용하여 뿔가위벌은 소중한 암컷 자손을 둥지 구멍의 특정 깊이보다 더 깊은 속에 모아둠으로써 내기를 한다. 어떤 기생생물이든 (이 문제에 관한 한 배고픈 딱따구리도 해당된다) 이 깊이에 있는 암컷 자손까지 닿으려면 그 사이에 있는 둥지를 모두 파괴해야 할 것이다.

브라이언은 앞면이 유리로 된 전시용 둥지를 갖고 있는데, 이를 통해 상황을 완벽하게 볼 수 있다. 수컷 방은 입구 부근에 있고 먹이가 빈약하지만 깊은 곳에 있는 암컷 방은 벌 빵이 가득 들어 있고 크기도 수컷 방의 한 배 반이나 되어 애지중지 소중하게 간직해놓은 것처럼 보인다. 벌 둥지를 지으려는 사람에게는 이 체계가 구멍의 적절한 깊이를 판단하는 유용한 기준이 된다. 수컷 벌에게 이 체계는 그저 냉정한 논리를 보여줄 뿐이다. 충분한 정도의 수컷이 살아남아 자라는 한 개체군은 나머지를 잃어도 상관없다.

한 가지 위안이 있다면 봄철까지 이 과정을 끝낸 수컷의 경우

그림 3.2. 내부가 들여다보이는 이 뿔가위벌의 둥지에서는 풍부한 먹이와 함께 안쪽 깊숙이 안전하게 들어앉은 암컷 방이 잘 보인다. 반면 좀더 작고 없어도 되는 수컷 방은 입구 가까이 있다. 삽화 © 크리스 쉴즈.

상대적으로 편안한 삶을 누릴 수 있다는 점이다. 위치나 설계상으로 볼 때 수컷이 먼저 나오며 설령 느림보가 있더라도 뒤에 나오는 벌들이 재빨리 물고 밀어서 행동을 재촉한다. 밖으로 나온 수컷은 둥지 자리 부근에서 어정대는데 아마도 좋은 위치를 잡기 위해 조금은 몸싸움을 벌이기도 할 것이며 이후 암컷을 발견하면 앞뒤 가리지 않고 달려들어 짝짓기를 한다. 대개는 암컷이 자기 방에서 기어 나오는 순간 곧바로 이 과정이 이루어진다. 이 임무를 수행한 수컷은 이후 자신에게 남은 며칠의 삶을 빈둥거리며 보내지만 어미 벌은 다음 세대의 먹이를 마련하는 필수 작업에 나선다.

둥지 설계 및 그 밖의 습성이 다르더라도 뿔가위벌의 삶을 구성하는 기본 과정은 단독성을 지닌 세계 거의 모든 벌에서 비슷한 양상으로 펼쳐진다. 단단하게 다져진 흙이나 모래 속에 구멍을 파는 종이 있는가 하면 속이 빈 나뭇가지나 솔방울, 또는 나무껍질 틈새를 이용하는 종도 있다. 나는 퇴비 더미나, 보도 틈새, 장작, 바위 더미, 접힌 우산, 서핑 보드 왁스 덩어리의 파인 홈에서도 벌 둥지를 본 적이 있다. 인도네시아의 어느 벌은 살아 있는 흰개미 더미 안에 둥지를 짓기도 하며 이란의 어느 벌은 분홍색과 자주색 꽃잎을 정교하게 붙여 꽃병을 만들기도 한다. 24종이 넘는 유럽과 아프리카의 종은 오로지 버려진 달팽이 껍질 속에만 둥지를 지으며 북미 벌의 최소 2종은 마른 쇠똥 속에 집을 짓는다.

그러나 어디에 둥지를 짓든 이 모든 벌은 출현, 짝짓기, 둥지 짓기, 먹이 준비, 알 낳기라는 오래된 순환 과정을 똑같이 따른다. 그리고 뿔가위벌이 그렇듯이 다양한 뻐꾸기벌과 다른 기생충에게 숙주 역할을 하는데 이는 곧 특정 둥지에서 벌뿐 아니라 말벌이나 파리, 심지어는 딱정벌레 등 수많은 종이 나올 수 있다는 의미이다. 단독성이 분명 성공적이기는 하지만 다른 한편으로 위험도 안고 있다. 기생생활과 포식자의 끊임없는 위협이 상존한다는 사실이 벌의 또 다른 규정적 특징의 진화, 즉 모든 벌이 단독성을 선택하지는 않는다는 점을 설명하는 데 도움이 될 수 있다.

"오랫동안 품어온 의문이 하나 있어요." 함께 보낸 오후 시간이 거의 끝나갈 무렵 브라이언 그리핀이 내게 말했다. "이 벌들은 단독생활을 하는데 왜 이렇게 모여 있을까요?" 그가 자기 집 정문 부근에 있는 돌담의 틈새를 가리켰다. 그곳에는 실제로 몇몇 벌이 독자적으로 둥지를 짓고 있었다. 그러나 그가 기르는 뿔가위벌의 절대 다수는 둥지 나무토막을 어떤 식으로 배열해놓든 늘 한곳에 모여든다. "함께 있기를 원하는 것 같아요." 그가 골똘히 생각하며 말했다. "왜 그럴까요?"

몇몇 벌의 경우는 서식지가 한정된 데 따른 불가피한 결과로 특정 지역에 떼 지어 모여든다. 절벽, 흙이 있는 구역, 적당한 나무껍질 구멍, 속이 빈 잔가지, 나무 등이 희귀품인 경우가 많다. 그러나 "수가 많은 편이 안전하다"는 오래된 생물학적 격언 속에 적어도 이 물음의 일부 해답이 들어 있다.

예를 들어 당신이 혼자 떨어져 있는 얼룩말이고 풀숲에 숨어 있는 배고픈 사자 옆을 지나고 있다면 당신은 이미 죽은 목숨이다. 반

그림 3.3. 한데 모여 둥지를 지으면 단독성 벌도 무리 지어 생활하는 동물의 혜택 몇 가지를 누릴 수 있을 것이다. 포식자에게 당할 위험이 낮아지고 집단방어를 할 수 있으며 새로운 진화적 맥락의 생활을 꾀할 흥미로운 가능성이 열린다. 엘브릿지 브룩스 『활동하는 동물들』(1901년). 위키미디어 공용.

면 무리 전체와 함께 있다면 당신이 살아남을 가능성은 극적으로 높아진다. 무리를 이루면 순전히 확률적으로 특정 얼룩말의 위험은 줄어든다. 다른 한편으로 집단방어라든가 줄무늬 같은 중요 세부 요소의 진화 가능성도 얻게 된다(가까운 거리에 있을 때 줄무늬가 시각적으로 혼란을 줄 수 있다고 믿는 전문가들이 있다).

단독성 벌도 비슷한 논리이다. 한곳에 모여서 둥지를 지으면 뻐꾸기벌이나 다른 기생 벌레의 위험성을 분산시킬 수 있다. 그러나 정말로 흥미로운 점은 세부 요소에 있다. 단독성을 지닌 개체가 여러 세대에 걸쳐 한데 무리를 이루어 생활하면 서로 가까이 있다는 단순한 사실만으로도 새로운 행동의 가능성이 열린다.

과수원뿔가위벌처럼 둥지 한 개당 암컷 한 마리씩 단독성을 계속 유지하는 종이 있는 반면 이따금 둥지를 공유하거나 집단으로 먹이를 마련하거나 새끼를 돌보거나 방어하는 등 협력을 실험해보는 종들도 있다. 이러한 경로를 통해 전문가들이 '진사회성' 혹은 '진정한' 사회성이라고 일컫는 여러 수준의 복잡성이 적어도 4개의 개별 사례에서 나타났다. 우리는 고도의 조직성을 갖추어 벌집을 짓는, 우리가 가장 잘 아는 벌, 즉 꿀벌의 습성을 통해 진사회성을 알아본다. 그러나 이 분야에서 가장 저명한 사상가 중 한 사람의 주장이 옳다면 우리가 이러한 생활방식을 익숙하게 여기는 것은 이보다 훨씬 깊은 근원에서부터 유래한다.

2012년 저서 『지구의 정복자』에서 하버드대 생물학자 E. O. 윌슨은 진사회성을 규정하는 중요한 전제조건을 제시했다. 여러 세대가 함께 모여 살기, 분업, 그리고 이타주의였다. 개미와 흰개미, 나아가 몇몇 말벌과 벌 등 이 모든 것을 다 갖춘 희소한 생물체는 종종 자연에서 특별한 성공을 누렸다. 몇 되지 않는 이 짧은 목록에 윌슨은 특이한 한 가지를 추가했다. 바로 사람이다. 그가 한 인터뷰에서 밝혔듯이 진사회성의 모든 기준을 마침내 충족한, 한줌밖에 되지 않는 몇몇 종의 하나가 "아프리카에 살던 큰 영장류였다."

놀라운 일도 아니지만 곤충과 몇몇 새우, 그리고 벌거숭이두더지쥐가 압도적 다수를 이루는 생명체 집단과 인류를 한 덩어리로 묶었다는 이유로 윌슨에게 즉각적인 비판이 쏟아졌다. 그러나 꿀벌 같은 생물의 습성과 인간 사회의 유사성을 지적한 것이 그가 처음은 아니었다. 적어도 베르길리우스 시대 이후로 학자들은 벌집을 인류와 닮은 모형으로 제시해왔으며 "오직 벌만이 어린 새끼를 공동으로 돌보고 한 집에 모여 살면서 법의 권위에 따르는 삶을 이끌어 간다"고 베르길리우스는 벌에 대해 쓴 바 있다.

윌슨의 주장을 둘러싼 논쟁의 많은 부분에서 중심이 되었던 것은 진사회성이 어떻게 진화되었는가에 관한 이론이었다. 전통적인 견해라고 할 수 있는 개체들의 상대적인 생존뿐만 아니라 집단 전체에 작용하는 자연선택을 통해서도 진사회성이 이루어져 왔다고 그는 주장했다. 이러한 사고방식은 이타주의에 관한 직관적인 설명을 제공한다. '적자생존'에 위배되는 것처럼 보이는 자기희생적 특성(전투에서 보여주는 저돌적인 용맹이나 새끼를 낳을 기회를 포기하는 등의 특성)의 경우 집단 전체에 이익이 된다면 지속할 수 있고 나아가 번성하기도 한다.

그러나 지난 수십 년 동안의 연구는 근연도를 기준으로 한 수학적 공식(이타주의는 상당한 개인적 희생을 능가할 만큼 충분히 가까운 친족에게 이익이 되는 경우에만 유전자 풀 안에 계속 유지된다)을 바탕으로 이루어져 왔으며 윌슨이 제시한 방식은 이러한 연구에 정면으로 배치된다. 이 문제는 여전히 조금도 해결되지 않은 채 남아 있지만 한 가지 점에서는 모든 전문가가 동의한다. 잘 작동되고 있는 사회성의 진화를 연구하고 싶다면 벌의 삶을 살펴보는 것보다 더 나은 것은 없다는 점이다.

잘 알려진 다른 집단들의 경우에는 진사회성 생활로 이행하는 과정이 아주 먼 과거에 딱 한 차례 이루어지며 이후 태어난 후손은 모두 얼마간 똑같은 방식으로 살아간다. 흰개미는 1억 4천만 년 전 바퀴벌레와 비슷한 단독성 조상에서 진화했으며 개미는 이보다 오래되지 않은 시기에 단독성 말벌에서 생겨났다. 이들 종이 다 합쳐 현재 고도의 사회성을 지닌 대략 2만 5천 종을 이룬다.

우리가 윌슨의 전제를 받아들인다면 영장목 사람속은 300만 년 전 진사회성의 문턱을 넘은 뒤 두 번 다시 뒤돌아보지 않았다(비록 이들 구성원 가운데 몇몇은 혼자 오두막에 앉아 책을 쓰면서 많은 시간을 보내기도 하지만). 그러나 벌과 몇몇 말벌의 경우에는 이야기가 전혀 다르다. 위대한 곤충학자 찰스 미치너는 평생에 걸친 연구를 통해 이 주제에 관해서는 신중해야 한다는 것을 배웠다. 벌의 경우 몇 차례에 걸쳐 진사회성이 진화되었는지 횟수의 총합을 알아내려고 할 때 "분명 바로 내놓을 수 있는 답은 없다"고 그는 썼다. 꿀벌과 그 친척종들은 확실히 사회성을 지니지만 이런 습성을 개발했다가도 이후 이 습성을 버리고 살아가는 집단이 있는가 하면 분류하기 힘들 정도로 곧 이런 습성을 버릴 것처럼 보이는 집단도 있다.

실제로 어느 정도의 사회성을 보이는가는 단일 개체군 내에서도 다를 수 있고 심지어는 개별 벌 한 마리가 한철을 보내는 동안에도 다른 양상을 보일 수 있다. '잘못된 질문'이라고 결론을 내린 미치너는 당장 제기할 만한 가장 흥미로운 문제는 더 근본적인 것임을 시사했다. 즉 왜 애초부터 벌이 그토록 어지러울 정도의 스펙트럼을 지닌 사회성 행동을 보이는가 하는 점이다.

내가 몇 년 일찍 이 책을 쓰기 시작했더라면 이 질문을 미치너에게 직접 물어볼 수도 있었을 것이다. 그는 2015년 97세의 나이로 죽기 직전까지—연구로 바쁜 와중에도—사람들을 잘 받아주는 것으로 유명했다. 하지만 그 대신 나 역시 결국 벌에 대해 궁금해하는 대다수 사람이 반복하는 일을 하게 되었다. '케빈 베이컨의 6단계 법칙'이라는 실내게임과 약간 비슷한 것인데, 이 게임은 영화광들이 할리우드에 있는 아무 사람이나 이름을 대고 6단계를 거치거나 혹 그 전에 이 사람과 케빈 베이컨의 영화를 연결하려고 시도하는 게임이다.

벌의 세계에서는 그만큼 오래 걸리지 않고도 찰스 미치너와 닿을 수 있다. 나는 이미 그에게 배운 졸업생 중 두 명과 이야기를 나누었다. 미치너는 1950년대에 제리 로젠의 박사학위 심사 위원회에 참여한 바 있고 1990년대에는 마이클 엥겔의 박사학위 심사 위원이었다. 이제 나는 한 걸음 더 현장으로 나아가 그의 제자에게서 배운 제자 중 한 사람을 만나러 갔다. 곤충에 대해 아무것도 알지 못했던 오래전부터 사회성의 진화에 대해 생각해왔던 중요한 곤충학자였다.

"내가 처음에 받은 학위는 역사와 언어학 쪽이었어요." 션 브래디가 내게 이렇게 말한 뒤 인간 영역에서 이루어진 사회성의 발전에 대해 초창기에 매료되었던 일을 설명했다. 그는 개미에 관한 책을 읽은 뒤 개미가 보여주는 복잡한 사회성의 기원과 진화에 대해 알려진 게 거의 없다는 것을 깨닫고서야 곤충에 관심을 돌리게 되었다.

"'내가 이보다는 잘할 수 있을 거야!'라고 생각했었지요." 그가 회상했다. 이렇게 진로를 결정한 뒤 그는 빠르게 개미에게서 벌로 옮겨갔고 이후 코넬 대학에 가서 미치너의 제자 브라이언 댄포스와 함께 박사 후 연구원으로 일했다. 현재 워싱턴 DC에 있는 스미소니언 자연사박물관의 부서장으로 일하는 션은 마치 필연적 수순이라는 듯 이제 꼬마꽃벌 집단에 이르게 되었다. 이 벌의 특이한 사회적 습성은 찰스 미치너가 줄곧 열정을 쏟던 주제 중 하나였다.

"이 벌들 중 미치너가 채집한 게 있을지 모르겠네요." 작은 검은색 벌이 가득 든 상자 속을 들여다보던 션이 말했다. 우리 사이로는 바닥에 깔아 놓은 선로를 따라 이동식으로 움직이는 높다란 흰색 수납장이 줄줄이 늘어서 있었다. 이러한 수납 체계에서는 좁다란 통로 사이로 한 번에 들어가지 못하는 단점이 있지만, 대신 방의 수용 능력은 배가되었다. 3,500만 개가 넘는 표본을 체계적으로 정리 보관하려고 할 때 공간을 절약하는 불가피한 방법이었다. 그러나 문제의 벌이 세계에서 가장 커다란 곤충 수집품의 하나로 포함되어 있기는 했지만 너무 작아서 핀으로 고정해놓을 수가 없었다. 그 대신 세심하게 몸통에 접착제를 발라 핀의 옆면에 붙인 채 눈에 잘 띄지 않는 줄에 맞춰 일렬로 늘어놓았다. 미치너조차 이 벌의 모양이 "형태학적으로 단조롭다"고 인정했다. 이 벌의 특이한 점이라면, 바로 생활 방식이다.

"기후가 이 벌의 사회성에 영향을 미친다고 믿어요." 션은 이렇게 말한 뒤 우리가 보고 있던 개별 종이 좀 더 추운 지역에서는 단독성을 보이고, 따뜻한 날씨가 둥지 짓는 철까지 이어져 어미 벌과 딸 벌이 상호작용을 할 수 있는 남쪽 지역에서는 진사회성을 보인다고 말을 이었다. 그러고는 열대 종의 벌 사진을 몇 장 보여주었다. 이 종의 어미 벌은 크기가 작은 딸 벌뿐 아니라 이보다 훨씬 크고 먹이도 훨씬 많이 제공한 또 다른 딸 벌도 함께 낳는다. 그리하여 작은 딸 벌은 둥지 짓는 보조자로 이것저것 지시를 내릴 수 있고 큰 딸 벌은 다른 곳으로 흩어져 새끼를 낳는다.

그런가 하면 활동기 초기에 모두 암컷으로 이루어진, 사회성을 지닌 새끼들을 길러놓고 얼마 후 죽어 버리는 어미 벌도 있는데 이 경우에 수컷을 낳아 기르는 일과 다른 곳으로 퍼져 나가 새로운 둥지를 짓는 일은 모두 딸들에게 맡겨진다. 정교한 벌집 사회로 유명한 꿀벌에 비해 꼬마꽃벌은 높은 수준의 정교함을 보여주지는 못하지만 이타주의, 여러 세대의 공존 등 진사회성의 전형적 특징을 보이는 종이 수백 개나 된다. 이들의 진화는 일반적으로 벌이 다른 모든 곤충에 비해 사회적 행위를 보다 다양하게 개발하고 보다 빈번하게 행하는 이유를 설명하는 데 도움이 된다.

"둥지를 짓는 행위와 관련된 뭔가가 연루되어 있다고 우리는 믿어요." 꼬마꽃벌이 왜 사회성의 성향을 그렇게 강하게 보이는지 묻자 이런 대답이 돌아왔다. "이 벌은 드문드문 제한된 자리에 주로 둥지를 짓는 성향을 보여요." 션은 이렇게 설명하면서 이 때문에 꼬마꽃벌이 부득이 함께 모여 살 수밖에 없다고 했다. "그리하여 이 벌은 말하자면 함께 지내는 법을 배우게 되는 거지요."

그러나 이런 종류의 공동생활이 중요하다고 해도 이것이 반드시 사회성으로 이어지는 것은 아니다. 요컨대 브라이언 그리핀의 뿔가위벌도 둥지 나무토막 안에 함께 나란히 살지만 상호작용은 거의 하지 않는다. 서로 관련 없는 암컷들 사이에 무슨 일이 벌어지는가는 가장 결정적 요인이 되지 못하며, 이 암컷의 딸들에게 무슨 일이 벌어지는가가 가장 결정적인 요인이 될 것이다.

이 딸들이 다른 곳으로 흩어져 번식하지 않고 적어도 가끔이라도 그대로 머물러 둥지 돌보는 일을 돕게 만드는 추동력은 무엇일까? 션은 이러한 행위의 기원을 "알기 힘들다"고 여기면서도 말벌과 개미의 비슷한 번식 체계가 적어도 이런 행위의 가능성을 얼마간 높였을 거라고 지목했다. 수컷은 미수정란에서 생기기 때문에 특정 자손들의 유전적 다양성을 줄이는 원인이 되며 이 때문에 한 둥지에서 태어난 모든 자매 벌은 유전적으로 매우 가까운 관계이다. 유전학적으로 볼 때 이는 곧 이타주의가 가져다줄 수익이 커지는 것으로 해석된다. 다음 세대의 먹이를 준비하는 어미나 자매를 도와주면 설령 자신의 번식 기회는 빼앗기더라도 많은 유전자를 후대에 물려줄 수 있다.

"이 벌의 경우는 사회성이 나타났다가 사라졌다가 하는 것 같아요." 션은 나중에 이렇게 말한 뒤 이런 행위가 2천만 년 전 두세 차례의 개별적 상황에서 진화한 뒤 꼬마꽃벌과에서 가장 커다란 두 개속에 퍼져 나갔다고 지적했다. 그러나 이후 여러 후손은 적어도 열두 차례 정도 이러한 행위를 잃어버리고 다시 단독성으로 돌아갔다. 진사회성의 행위가 한 차례 진화한 뒤 이후 변치 않고 지속해온 개미와 흰개미 등 다른 곤충의 경우와는 뚜렷하게 다른 상황이다. 이 주제에 관한 션의 주요 논문 중 하나에서 션은 꼬마꽃벌이 단지 사회적 사업에 익숙하지 않은 신참이라서 이 벌의 습성이 여전히 유동적이라고 시사했다(진화의 시간에서 볼 때 2천만 년은 그리 길지 않은 것으로 간주된다).

“그러나 다른 한편에서 보면 그것은 아직 우리가 알지 못하는 뭔가일 수도 있어요.” 션은 이렇게 말하며 골똘히 생각에 잠겼다. 그의 눈이 반짝거렸다. 생각에 잠긴 모습을 지켜보니 분명 자기 사건을 조목조목 검토 분석하는 변호사처럼 반론을 좋아하는 진정한 과학자의 모습이었다. “어쩌면 유전자 데이터에 뭔가가 나타날 거예요. 이 벌이 유동적인 사회성을 지니도록 만든 뭔가 기이한 일 같은 거요.”

우리는 곤충 표본 보관실에서 나와 연구실로 옮겨 왔다. 아무 장식이 없는 방이었고 하나뿐인 창문 밖으로는 빈 벽이 내다보였다. 표본 상자들, 유리병이 가득한 선반, 책상과 탁자와 의자 위에 쌓여 있는 서류 더미들, 방안 곳곳에 진행 중인 연구의 흔적이 있었다. 벽을 둘러싼 책장에는 책이 꽂혀 있고 더 많은 상자가 놓여 있었다. 헤어드라이어 두 개가 놓여 있는 것을 보자 반가운 마음이 들었다. 헤어드라이어는 물에 젖었거나 여타 이유로 헝클어진 벌 표본의 솜털을 다시 부풀리는 데 없어서는 안 되는 도구였다.

션은 조금 피곤해 보였고 대화 도중에 몇 번인가 피곤한 듯 눈을 비볐다. 규모가 큰 곤충학 부서의 장을 맡으면서 행정 업무에 점점 더 많은 시간을 빼앗겼고, 최근에는 많은 기대를 품었던 남아프리카 채집 여행도 부득이 취소할 수밖에 없는 상황이었다. 그러나 연구진에서 어떤 연구를 하는지 묻자 얼굴이 다시 환하게 빛났다. 션은 채집해온 광범위한 종류의 벌과 말벌을 바탕으로 데이터를 분석하는 야심 찬 유전학 프로젝트에 대해 말해주었다. 그 결과 가계도를 얻어내고 화석 증거로 시간 기록까지 확보하면 다양한 벌과 그들의 사회적 습성이 언제 어떻게 발전했는지 밝히는 데 도움이 될 것이다.

"오래전 19세기의 동식물학자가 된 것 같아요." 그가 이렇게 말하면서 새로운 유전학적 도구들의 가능성을 설명했다. "이 지점에 낚싯대를 드리우고 뭔가 낚이기를 기다리는 중이에요."

션과의 대화에서 많은 지식을 얻고 연구실을 나왔지만 벌의 사회성과 관련한 복잡한 양상에 대해서는 여전히 어리둥절했다. 아마 찰스 미치너가 옳았을 것이다. 가장 좋은 대답은 계속 질문을 던지는 것이라는 사실 말이다. 션 브래디를 비롯한 다른 전문가들이 바로 그런 일을 하고 있다. 추가로 화석 몇 개를 확보하고 유전학의 힘을 빌리면 벌이 사회성을 발전시키게 된 과정(그리고 후퇴하게 된 과정)이 명확해질 것이다.

지금으로서는 단독성 벌이 함께 모여 둥지를 지을 때마다 상호작용의 무대가 마련된다는 점을 아는 정도로 충분할 것이다. 아무 일도 벌어지지 않는 때가 많지만 이따금 이들 벌이 협력하기 시작하여 더러 딸 벌이 집에 그대로 머물면서 어미 벌을 돕기도 할 것이다. 그리고 이러한 일시적 첫 단계가 성공을 거두고 나서 다음 단계까지 나아간다면 극적인 결과가 나올 수도 있다.

박물관 2층은 많이 붐볐고 나는 살아 있는 나비 전시장에 들어가려고 길게 줄을 선 사람들 무리와 학생들 옆을 지나쳤다. 마침내 곤충 동물원이라고 불리는 구석 방 벽에 전시된 작은 진열용 벌집을 발견했다. 지구상에서 가장 사회성이 발달한 생물이라고 다들 생각하는 꿀벌의 벌집이었다. 수백 명의 과학 전공자와 수많은 저서 및 논문이 꿀벌의 습성을 설명하는 데 힘을 쏟았다. 알을 낳는 단 한 마리의 여왕벌 주위에 임무별로 조직된 체계를 갖춘 딸들이 먹이를 구하고, 벌집을 방어하고, 청소하고, 꿀을 만들고, 자라는 새끼들을 돌보면서 어떻게 살아가는지 설명하고자 한 것이다.

지금은 12월인지라 벌은 다른 구역으로 옮겨진 상태였다. 죽은 일벌 몇 마리와 말라버린 벌집밖에 없어서 볼거리는 별로 없었다. 그러나 지난 여름철에 방문했을 당시에는 120만 제곱미터의 내셔널몰 전역에 꽃이 만개해 있는 가운데 이 바깥 세계와 연결된 기다란 플렉시 유리관으로 벌이 부지런히 들락날락했다. 손쉽게 구할 수 있는 꽃가루와 꽃꿀이 이처럼 풍부했기에 단 하나의 벌집에서 5만 마리의 개체가 쉽게 자라날 수 있었으며, 완전한 사회성의 습성을 입증해 주는 증거가 되었다.

꿀벌 11종 및 가까운 친척 관계인 수백 종의 안쏘는벌이 남부 유럽, 아시아, 아프리카, 호주, 열대지방 전역에서 다양한 사회성 생활 방식으로 살아가고 있다. 재배종이든 야생종이든 이들 벌이 발견되는 곳에서는 모두 고도의 사회성을 지닌 종이 꽃가루 매개자로서뿐만 아니라 꿀 생산자(벌집뿐 아니라 꿀을 훔쳐먹는 새와 포유류의 자양분을 공급하는 자)로서 가장 흔한 종을 이루는 경우가 많았다. E. O. 윌슨은 이들 생물의 둥지 혹은 벌집을 가리켜, 여러 마리로 구성된 하나의 단일팀이 여왕의 생활을 확대해놓은 형태로 살아가는 것이라고 설명했으며, 이 팀은 사회생물학자들이 감탄을 담아 '초개체'라고 명명한 방식의 협력을 이룬다.

이러한 유인이 있다는 걸 감안할 때 사회성으로 나아가는 과정이 여러 번 일어났다는 것은 그리 놀라운 일이 아니다. 진화란 이와 같은 것으로, 각기 다른 상황에서 여러 번 반복적으로 동일한 해결책에 이르게 되는 재발명이 끈질기게 이어지는 과정이라고 할 수 있다. 벌은 매우 다양한 서식지에서 살고 있으며 이곳에서 다양한 수준의 단독성, 공동성, 사회성이 제각기 뭔가를 제공해주고 있다. 진화의 시간을 거치는 동안 많은 집단의 벌은 자신들이 처한 개별 상황을 최대한 이용하기 위해 이러한 생활방식 사이를 오갔다.

이 모든 것이 완벽하게 이해되지만 그럼에도 결코 사라지지 않는, 어떤 점에서는 보다 근본적인 의문이 남았다. 벌 자체가 그토록 큰 성공을 거두고 수천 종이 세계 생태계에서 매우 중요한 역할을 맡고 있다면 왜 꽃가루를 먹는 습성은 다시 진화하지 않았던 것일까? 수백만 년을 거쳐오는 동안 곳곳에서 윙윙거리며 날아다녔던 모든 육식 말벌 가운데 왜 단 하나의 집단만이 채식 생활방식으로 중대한 이행을 했던 것일까? 나는 마이클 엥겔에게 이 물음을 던져보기로 했다. 그러자 곧바로 대답이 나왔다.

"크롬베이닉투스가 있어요!" 엥겔은 흥분된 어조로 말하고는 내게 논문 하나를 알려주었다. 스리랑카 구릉지대에서 확실히 벌과 같은 생활방식으로 살아가는 구멍벌과의 작은 말벌에 관한 논문이었다. 이 참고문헌은 20년 전의 것으로 좀처럼 인용되는 경우가 드물었다. 그러나 운도 따르고 끈질기게 추적한 결과 이 논문의 공동 저자 중 한 명을 찾아낼 수 있었다. 그녀는 어느 대담한 과학적 발견에 관한 이야기를 들려주었는데, 이 발견에서 소중한 부분은 알려진 여타 구멍벌과 다른 행동방식을 보인 새로운 종에 관한 대목이었다. 아울러 그녀의 이야기에서 벌과 이들을 먹여 살리는 꽃의 진화와 관련하여 매우 중요한 내용도 우연히 드러나게 되었다.

벌과 꽃

꽃이 없으면 벌이 존재하지 못한다는 것은
당연히 알고 있다.
그런데 벌이 없으면 존재하지 못하는 꽃들이
많다는 것은 알고 있는가?

찰스 피츠제럴드 갬비어 제닌스 목사, 『벌에 관한 책』(1888년)

제4장

특수 관계

언제 꽃잎이 열리고 닫히는지 알고자 하는
식물학자라면 벌에 관심을 가져야 한다.

헨리 데이비드 소로, 『일기 항목』(1852년)

1993년 여름 스리랑카 길리메일에 뒤늦게 찾아온 우기로 이곳 오지의 평범한 길이 도저히 지나갈 수 없는 진흙 강으로 바뀌었다. "우기에 어딘가를 가고자 한다면 코끼리를 타고 가거나 걸었어요." 베스 노든이 이렇게 회상했다.

예상치 못한 날씨로 현장 활동 기간이 단축되는 바람에 며칠 동안 정신없이 바쁘게 보낸 터라 베스는 나중에 분석할 요량으로 나뭇가지에서 잔가지를 잘라 낡은 샴푸 병에 채워 넣었다. 풀브라이트 장학금을 받아 1997년 다시 이곳을 찾아왔을 때도 비가 내렸지만 이 당시의 그녀는 뭔가를 발견하게 될 것 같은 예감이 들었다.

"무슨 일이 이루어지고 있는지 파악하기 시작한 우리는 이렇게 말했어요. '아무도 우리를 믿지 않을 거예요. 다들 우리가 꾸며낸 이야기라고 하겠지요!'"

베스가 스미소니언협회에 있는 자신의 실험실까지 가져온 잔가지들은 개미에 친화적인 것으로 알려진 콩과 식물의 작은 나무에서 잘라온 것들이었다. 이 나무의 가지 끝 부근에는 개미가 들어가 둥지를 짓고 살 수 있도록 속이 비어 있는 공간이 있으며 아울러 개미가 먹을 수 있는 풍부한 즙도 있었다. 그에 대한 대가로 개미는 이 나무의 잎을 노리는 모든 것으로부터 적극적으로 나무를 지켜준다. (현명하게도 나무의 꽃뿐만 아니라 싹과 어린잎에 있는 샘에서도 즙이 흘러 공격에 취약한 가장 연약한 부분으로 개미 수호자를 끌어들인다.)

속이 빈 잔가지 속을 열어본 베스는 예상대로 수많은 개미뿐 아니라 거미, 톡토기, 벌, 기생파리를 발견했고 매우 드물기는 하지만 검정과 노랑과 불그스름한 색을 띤 작은 구멍벌과 말벌의 둥지도 발견했다. 하지만 뭔가 특이한 점도 있었다.

"말벌의 유충이 마치 꽃가루를 먹고 있었던 것처럼 노란색을 띠었어요." 베스가 말하면서 벌 유충이 종종 꽃 먹이의 색깔을 띠는 경우가 많다고 설명했다. 그러나 프로젝트에 함께 참여한 동료이자 스승인 고故 칼 크롬베인은 의심을 보였다. 그는 수십 년의 연구를 통해 말벌 공동체에 대한 명성을 쌓았고 이는 벌 세계에서 찰스 미치너가 차지하는 위상과 맞먹는 명성이었다. 또한 수십 개의 새로운 종을 발견하여 규명했는데, 그중 많은 수는 스리랑카에서 발견한 것이었다. 하지만 크롬베인은 이와 같은 것을 본 적이 없었다. 둥지에서는 절지동물의 어떠한 흔적도 보이지 않았다. 이 작은 유충이 무엇을 먹고 있었는지 모르지만 꼼짝하지 못하는 파리나 거미는 구멍벌의 일반적인 먹이가 아니었다.

얼마 후에는 또 다른 단서를 발견했다. 암컷 한 마리의 입틀 주변 털에 꽃가루 알갱이가 붙어 있었던 것이다. 마침내 유충의 똥을 현미경으로 분석한 결과 소화된 꽃가루가 다량 들어 있는 것으로 밝혀졌다. 그것으로 확실해졌다. 규정하기 힘들었던 백악기의 원형 벌과 마찬가지로 베스와 칼이 찾은 새로운 구멍벌도 더 이상 사냥을 하지 않는 사냥 말벌이었던 것이다.

"우리는 적절한 시기에 적절한 장소에 있었던 것뿐이에요." 전화 연락이 닿았을 때 베스가 내게 겸손하게 말했다. 오래전 은퇴한 그녀는 자신과 칼의 성이 여전히 이름에 들어 있는 종, 크롬베이닉투스 노르데네[Krombeinictus nordenae]에 대해 회상하는 일이 흐뭇한 것 같았다.

"처음에는 둥지를 짓기 위해 특정 나무를 이용했던 것 같아요." 그녀가 골똘히 생각하며 말했다. "그런 다음 꽃가루로 옮겨갈 만한 온갖 이유가 생겼을 겁니다." 잔가지 끝에 자리 잡은 말벌은 개미가 먹는 것과 똑같은 즙의 원천뿐 아니라 꽃이 피는 철이면 꽃가루의 풍부한 원천까지 주변에 온통 널려 있는 걸 알았을 것이다. 사냥을 그만둔 개별 말벌은 단일 나무의 꼭대기에서 생활주기 전체를 마칠 수 있게 되었고 베스는 이러한 일이 여타 다른 종에게서도 발견될지는 의문스럽다고 여겼다. 아마도 이런 이유로 칼은 스리랑카에 14번이나 다녀갔으면서도 한 번도 이런 말벌을 보지 못했으며, 베스가 알기로 이후 누구도 이런 말벌을 채집하지 못했다. (이 말벌을 찾아다녀도 실제로 보기는 힘들 것이다. 속이 빈 수천 개의 잔가지를 갈라보았던 베스와 칼도 겨우 9마리의 어른 말벌을 찾았을 뿐이고 수가 너무 적어서 해부용으로 한 마리도 확보할 수 없었다.)

베스가 찾은 말벌 이야기를 살펴보면 명확한 비교와 물음이 필요하다. 벌로 진화한 구멍벌 조상은 채식주의로 전환함으로써 믿을 수 없을 만큼 풍부한 계통과 다양성, 두드러진 지위를 확보했다. 그렇다면 왜 크롬베이닉투스는 똑같이 먹이의 변화를 이루었는데도 그토록 희소성을 유지하는 것일까? 어쩌면 이들의 조상이 아주 최근에 와서야 꽃가루를 먹기 시작했고 커다란 변화는 이제부터 시작일지도 모른다.

분명 크롬베이닉투스는 초기 벌이 연상되는 많은 특성과 행동을 보인다. 몸집이 작고 단독생활을 하며 특정 꽃만 대상으로 삼는다. (흥미롭게도 크롬베이닉투스는 초기 사회성의 진화 징후도 보인다. 어미는 높은 수준의 모성적 돌봄을 보여주며 여러 세대가 모여 협력할 기회가 생기는 열린 둥지에서 새끼 유충이 어른이 될 때까지 양육한다.)

다른 한편으로는 꽃가루를 먹는 말벌이 대단한 진화적 성공을 거두지 못한 채 이따금 불쑥불쑥 나타난 것일 가능성도 있다. "이들과 똑같이 살아가고 있는 다른 말벌이 또 있을 거라는 점을 의심하지 않아요." 베스가 말했다. "단지 우리가 그들을 알지 못할 뿐이지요."

실제로 베스가 찾은 말벌에 비해 조금 덜 알려지기는 했지만 그 차이가 미미한 정도에 지나지 않는 또 다른 채식주의 말벌이 있다. 말벌과의 말벌 집단 중에 침을 쏘는 말벌과 땅벌이 가장 잘 알려져 있지만 이 밖에 꽃가루를 먹는 집단도 있는데, 이들은 벌과 비슷한 시기에 진화하여 그 후로 조용히 끈질기게 유지되고 있다. 이 '꽃가루 말벌'은 이제 세계적으로 수백 종에 이르지만 광범위한 생태적 중요성은 확보하지 못했다. 이 말벌을 본 사람도 별로 없고, 보았다고 해도 이 말벌에 대해 아는 사람은 더더욱 없을 것이다. (심지어 마이클 엥겔조차 자신의 곤충 진화에 관한 저서에서 이 말벌에 대해서는 단 두 문장만 할애했다.) 채식 먹이만으로는 벌의 등장을 설명하지 못한다. 먹이가 벌을 어떻게 변화시켰는지, 역으로 벌은 먹이를 제공한 식물을 어떻게 변화시켰는지 하는 점에서 벌의 성공이 비롯된다.

윈스턴 처칠은 1946년 봄에 행한 연설에서 '특수 관계'라는 문구를 만들어 사용했는데, 이는 역시 철의 장막이라는 용어를 불러온 세계정세와 관련해서 특별히 기억에 남는 논평이었다. 처칠은 영국과 미국이 특별히 가까운 관계를 맺어야 할 공동의 문화적 경제적 군사적 이익을 언급했던 것이고 이는 다른 어느 나라와의 외교 동맹보다 월등히 중요한 지극히 예외적 동맹을 지칭하는 것이다.

식물과 동물 역시 특수 관계, 다시 말해 특별히 중요한 생태적 연관성을 지닐 수 있다. 시간이 흐르면서 이러한 상호작용이 공진화, 즉 함께 춤을 추는 여러 파트너의 유전적 특징의 변화를 가져올 수 있다. 교과서에서는 이 과정을 종종 짝을 짓는 것, 즉 대가를 주는 것이라고 말하기도 한다. 그러나 이보다 훨씬 복잡한 양상을 띠는 경우가 거의 대부분이어서 많은 종이 관련되고 시간과 지리에 따라 폭넓은 차이를 보이는 환경적 결과도 연관된다.

생태학자 존 톰슨은 이러한 상호작용을 지칭하는, 아주 멋지고 생생한 단어를 내게 소개해주었는데, 진화 자체의 훨씬 더 커다란 흐름 속에 형성되어 떠다니는 소용돌이 같다고 해서 "공진화적 소용돌이"라고 표현했다. 그러나 이러한 복잡성에도 불구하고 사람들은 대개 공진화가 주요 참여자들 사이에 만들어낸, 상대적으로 간단한 흔적을 토대로 공진화를 확인한다. 예를 들어 더 빠른 영양이 생겨나면 더 빠른 치타도 생겨나는 등등. 아울러 벌이 꽃을 파트너로 삼은데 따른 가장 명확한 결과는 한 가지로 요약되는데, 그것은 바로 솜털이다.

동시童詩에는 벌의 보송보송한 솜털이 항상 등장하는데, 이는 솜털이 벌의 뚜렷한 특징 중 다른 한 가지, 즉 윙윙 날아다니는 것과 운율이 아주 잘 맞기 때문이다(영어에서는 솜털을 의미하는 fuzz와 윙윙 날아다닌다는 의미의 buzz가 운이 잘 맞는다_옮긴이). 그러나 과학자조차 자신이 연구하는 벌을 식별하고 묘사할 때 털을 근거로 하는 경우가 많다. 벌의 몸을 덮고 있는 벨벳 코트를 슬쩍 보기만 해도 얼마든지 말벌과 구분이 되며 게다가 벌의 털이 지닌 독특한 특징이 명확하게 드러나는 확대경 아래서는 특히 확실하게 구분된다.

말벌의 경우에는 매끄러운 몸체에 드문드문 나 있는 털이 단순한 모양이며 마치 짧고 뾰족한 실처럼 생겼다. 반면 벌의 몸에는 갖가지 모양의 털이 풍성하게 나 있다. 간단한 모양의 털이 있는가 하면 깃털처럼 가지가 갈라지고 보송보송한 털도 있다. 또 먼지떨이에 달린 깃털이 선반이나 램프 갓의 작은 먼지 입자를 재빨리 쓸어 담듯이 벌의 털도 같은 방식으로 꽃가루를 쓸어 담는다.

그림 4.1. 온몸을 꽃가루로 장식한 뒤영벌이 들국화 위에서 먹이를 채집하고 있다(위). 주사전자 현미경으로 보면(아래) 독특하게 가지가 갈라진 벌의 털에 개별 꽃가루 알갱이가 매달려 있다. 위 사진©리처드 엔필드. 아래 사진©영국 배스대학교

털의 표면이 매끈하지 않고 복잡해서 여기저기 꽃가루 알갱이가 달라붙을 수 있는 틈과 구석이 제공되어 꽃가루 매개자로서 벌이 지닌 능력이 매우 커진다. 어느 때고 꽃을 관찰하고 있노라면 이 과정이 어떻게 작용하는지 볼 수 있을 것이다. 꽃가루를 잔뜩 묻힌 벌이 꽃꿀을 먹는 말벌과 나란히 먹이를 찾아다니는 경우가 많은데 이때 말벌의 매끈한 몸체는 아무것도 묻지 않아 여전히 깨끗한 상태로 남아 있다. 그러나 이 견해를 보다 정확하게 시험할 수 있는 간단한 실험 한 가지를 추천한다. 밀가루와 정확한 저울, 적당한 곤충 한 쌍만 있으면 된다.

스미소니언 같은 자연사 박물관에서는 핀으로 고정하여 이름표를 달아놓은 보관 표본에 위협이 될 수도 있는 습기나 해충, 곰팡이, 그 밖의 어느 것 하나 들어가지 못하도록 설계한 밀폐 보관장 속에 소장품을 보존한다. 내 경우에는 아이스박스를 이용한다. 비록 간식과 맥주를 차갑게 보관하도록 설계된 것이기는 해도 뚜껑이 꼭 맞는 중간 크기의 아이스박스(그리고 약간의 좀약)도 곤충 보관장으로는 완벽한 기능을 발휘한다.

내가 염두에 두고 있는 실험에서는 딱 두 개의 표본만 있으면 된다. 자갈 채취장에서 관찰한 바 있던 나나니 종류의 구멍벌 한 마리와 비슷한 크기의 뒤영벌이다. 연구실 작업대에 나란히 놓으니 두 곤충이 비슷하게 생겼으며, 벌이 말벌 조상에게서 많은 것을 물려받은 게 분명해 보였다. 기본 체형이 똑같으며 쌍을 이루는 섬세한 날개도 비슷했다. 그러나 말벌은 등과 다리에 가시처럼 생긴 털이 드문드문

나 있을 뿐 매끄럽고 기다랗게 생긴 한편 벌은 마치 겨울철의 작은 포유동물처럼 통통하고 털이 두텁게 덮여 있었다. (심리학적으로 볼 때 어쩌면 이런 모습이 벌에 대한 인간적 친밀감의 또 다른 측면일 수도 있다. 적어도 그들 중 몇몇은 우리가 어루만져주고 싶은 동물처럼 생겼다.) 두 곤충을 각각 저울에 올려 세밀하게 무게를 측정한 뒤 페트리접시 바닥에 밀가루를 가득 뿌리고 그 안에 두 곤충을 내려놓았다.

곡물가루에 죽은 벌레를 넣어 가루를 묻혀보는 것이 꽃가루받이를 재현하기 위한 대체 방법으로는 엉성해 보일지 몰라도 이 실험에서 얻은 결과에는 놀라울 정도로 많은 정보가 담겨 있었다. 밀가루는 아주 멋지게 제 역할을 했고 곤충 털에 진짜 꽃가루처럼 달라붙어 작은 흰색 덩어리를 이루었다. 과수 재배자들은 이 사실을 익히 잘 알고 있다. 대추야자나 피스타치오, 그 밖에 세심한 관리가 필요한 과수를 인공 수정할 때 흔히 밀가루와 꽃가루를 9대 1의 높은 비율로 섞어 사용하는 것이다. (더 많은 사람에게 먹이기 위해 수프에 물을 타는 것처럼 이러한 기법은 적은 양의 꽃가루를 더 많은 나무에 옮길 수 있다.)

나는 벌을 먼저 꺼냈다. 마치 쇼핑몰 크리스마스트리에 덮여 있는 인공눈처럼 밀가루가 각각의 다리를 완전히 감싸고 밖으로 드러난 털의 줄기부터 끝부분까지 덮는 등 온몸을 완전히 뒤덮었다. 벌을 살짝 톡톡 쳐보고 심지어는 부드러운 바람을 온몸에 쐬어 주기도 했지만 밀가루는 대부분 그대로 붙어 있었다. 저울에 달아보니 벌의 무게는 28.5퍼센트가량 늘어 있었는데, 이는 평균 몸집의 사람이 23

킬로그램짜리 배낭을 짊어진 것과 맞먹는다. 생명이 없는 뻣뻣한 표본이 감당하기에는 꽤 무거운 양이며, 놀랄 일도 아니지만 살아 있는 개체는 이보다 훨씬 많은 양을 감당할 것이다. 야생 뒤영벌은 자기 몸무게 절반이 넘는 양의 꽃가루를 운반하는 것으로 확인된 바 있다. 다음으로 말벌을 살펴보니 거기에도 약간의 밀가루가 묻어 있었다. 그러나 벌의 몸에 묻은 양이 엄청난 폭설 규모라면 말벌의 경우는 스키어나 스노우보더, 혹은 학교를 쉬고 놀러 가기 바라는 아이들에게 무척 실망스러울 정도로 희미한 흔적밖에 되지 않았다. 배와 다리에 나 있는 뾰족한 가시 같은 털에 흰 알갱이 몇 개가 점점이 붙어 있을 뿐 말벌의 몸체는 대부분 완전히 깨끗했다. 100분의 1그램까지 정확하게 측정하는 저울도 무게 면에서 이렇다 할 수치의 증가가 보이지 않았다.

갈라진 털이 진화함으로써 벌은 자연의 가장 중요한 통계의 하나로 평가되는 혜택을 얻게 되었다. 바로 새끼를 먹일 먹이가 많아졌다는 점이다. 그러나 다른 한편으로 이 진화는 꽃가루가 벌의 몸체 표면 전체에 흩어지게 함으로써 적어도 꽃가루의 일부가 다른 꽃에 떨어질 가능성이 매우 커졌다. 털이 보송보송한 벌의 몸체에 선천적으로 물기가 질척거리는 특성은 벌이 어떻게 다른 채식주의 말벌이 결코 넘보지 못할 만큼 번성하게 되었는지 이유를 설명하는 데 많은 도움이 된다.

베스 노든은 자신이 발견한 말벌의 입 주위 털에 꽃가루가 묻은 것을 보게 되었다. 그녀는 말벌이 대부분 꽃가루를 삼켰다가 둥지에 가서 도로 뱉어냈을 것으로 추측했는데, 말벌과의 꽃가루 말벌이 정확히 이런 모습을 보인다. 이러한 습성으로도 유충에게 계속 먹이를 줄 수는 있겠지만 갈라진 털과 같은 외부적 특징을 갖출 필요성은 없어지며, 꽃가루 매개자로서의 가능성도 심각하게 제한된다. 요컨대 식물의 관점에서 볼 때 아무 쓸모없이 꽃가루를 몸 '안에' 넣어 운반하는 매끄러운 몸체의 방문객을 끌어들여 봐야 무슨 소용이 있겠는가?

또 말벌은 등식의 한쪽인 식물에 진지하게 헌신하지 않은 채 어쩌다 가끔 꽃가루받이 과정의 은밀한 참여자가 될 뿐이다. 둘이 '공' 진화 관계가 되려면 꽃 측의 투자, 다시 말해 식물이 벌에게 뭔가를 해주어야 한다. 양쪽이 꽃가루 운반에 따른 노력과 보상에 끊임없이 적응하면서 벌과 그를 초대한 꽃 주인은 이른바 소용돌이 안에 함께 존재하는데, 이 소용돌이는 놀랄 만한 속도로 적응을 불러오고 심지어는 새로운 종을 파생시킬 수도 있다. 이러한 관계에서 비롯된 결과들이 19세기 중반에 이르러 과학계의 가장 악명 높은 난제 중 하나가 되었다.

벌은 화석 기록에 좀처럼 등장하지 않지만 꽃식물은 비교적 풍부하게 등장하며 후기 백악기 지층에서는 돌연 아주 다양한 종이 등장함으로써, 느린 점증적인 진화라는 찰스 다윈의 개념에 의문이 제기되었다. 널리 알려져 있듯이 다윈은 식물학자 조셉 후커에게 보낸 한 서신에서 꽃식물의 부상을 "가공할 의문"이라고 일컬었다.

이에 비해 덜 알려져 있지만 다윈은 서신에서 프랑스 과학자 가스통 드 사포르타의 주장도 언급하는데 "꽃을 자주 찾는 곤충이 발달하고 이종교배에 우호적 환경이 생기는 순간 고도로 발달한 식물이 놀라울 정도의 빠른 속도로 발전했다"는 내용의 주장이었다. 다윈은 오랫동안 사포르타와 서신 교환을 했으며 만일 식물이 정말로 빠른 속도로 진화했다면(다윈의 견해에서 볼 때 '만일'이라는 가정은 매우 대단한 것이었다) 사포르타의 곤충 이론이 가장 타당한 이론이라는 데 동의했다.

결국 두 사람이 부분적으로 옳았다는 것이 입증되었다. 다윈의 추측대로 꽃식물은 백악기 이전에 진화했고 갑자기 폭발적으로 증가하기 전까지는 수백만 년 동안 느릿느릿 더딘 걸음으로 이어져 왔다. 그러나 사포르타는 보다 포괄적인 통찰을 제시한 점에서 공로가 있다. 곤충, 특히 벌과의 공진화 덕분에 꽃식물이 어떻게 지구 육지 식물군 가운데 지배적 종으로 자리 잡게 되었는지, 아울러 꽃식물이 가장 눈에 띄는 특징의 많은 부분을 지니게 되었는지 통찰을 제시한 것이다. 이러한 상호작용이 없었다면 지금의 우리 정원과 공원, 생울타리, 초원은 완전히 다른 생김새와 냄새를 지니게 되었을 것이다.

헨리 워즈워스 롱펠로가 꽃을 가리켜 "저토록 파랗고 빛나는 황금빛"이라고 일컬었을 때 아마 벌 눈의 시각 수용체에 대해서는 생각하지 않았을 것이다. 그러나 그가 찬찬히 살펴본 꽃다발에 저런 색조가 많았다는 것은 우연이 아니었다. 이 색깔들은 벌의 시각 스펙트럼 한복판에 정확히 들어오며 꽃은 꽃가루 매개자인 벌에게 구애하기 위한 경쟁적 노력으로 특히 이런 색깔을 채택하게 되었다.

그림 4.2. 찰스 다윈은 프랑스 동식물연구가 가스통 드 사포르타와 오랫동안 서신 교환을 했다. 그는 턱수염이 다윈만큼 길지 않을지는 몰라도 곤충과의 공진화가 꽃식물의 급속한 진화를 가져왔다고 최초로 주장한 과학자였다. 위키미디어 공용.

꽃잎 색깔의 진화는 흔히 수정이 이루어지도록 하기 위한 식물의 전략과 밀접하게 궤를 같이한다. 만일 벌의 노동을 얻으려는 홍보의 필요성이 없었다면 겨자꽃에서 수레국화에 이르기까지 모든 꽃에서 색깔이 아주 드물었을 것이다. 꽃꿀을 좋아하는 새를 유혹하기 위해 생기발랄하고 화사한 빨간색 몇 가지는 여전히 존재했겠지만 보라색은 희귀했을 것이다.

향기 역시 흔히 벌과 관련 있는 특징이다. 월트 휘트먼이 "해 뜰 무렵 향기 가득한" 아름다운 꽃 정원을 그리워했을 때 비록 의도하지는 않았겠지만 그는 섬세한 생물학적 관찰을 한 셈이었다. 아침 시간에 기온이 올라가고 배고픈 벌들이 밤새 꽃꿀로 가득 찬 꽃을 찾아 나서느라 활발해질 무렵이면 많은 꽃향기가 정말로 물씬 강하게 밀려온다. 식물의 입장에서는 완벽한 꽃가루받이 기회이자 홍보하기 알맞은 순간이다. 이 상황에 벌이 없었다면 아마 휘트먼은 달빛이 비치는 밤을 산책 시간으로 삼아, 나방이 꽃가루받이를 하는 꽃의 역겨운 냄새를 맡았을지도 모른다. 아니면 대다수 꽃에서 파리나 말벌을 끌어들이기 위해 사향 냄새가 나는 테르펜이나 썩은 고기의 악취를 풍겨서 애초에 정원 산책을 고려하지 않았을지도 모른다. (시로 표현할 만한 향기를 벌이 선호했다는 점은 자연이 가져다준 보다 행복한 우연의 하나로 간주된다.)

색깔과 향기 외에 많은 꽃의 형태 자체도 벌이 찾아오는 요인이 될 수 있다. 둥근 모양의 꽃은 일반적으로 꽃가루와 꽃꿀을 찾는 모든 종류의 생명(벌을 포함하여)을 두루 끌어들이는 반면에 보다 정교한 형태의 꽃은 대부분 특정 방문객을 염두에 두고 진화한다. 곤충의 관점에서 볼 때 둥근 모양의 꽃은 어느 각도나 방향에서 접근해도 같은 결과를 얻을 수 있는데, 이는 종종 많은 무리를 끌어들이기 위한 '누구나 환영'이라는 홍보 문구라고 볼 수 있다.

클로드 모네가 해바라기 정물화에 꽃가루 매개자를 그려 넣었다면 벌뿐 아니라 물결넓적꽃등에와 등에, 나비, 말벌, 딱정벌레 등 갖가지 종류의 곤충을 그리느라 무척 바빴을 것이다. 그러나 둥근 모양에서 탈피한 꽃은 어떤 곤충을 불러 모을지, 꽃가루를 어디에 둘지 더욱 까다롭게 선택할 수 있었다.

넓적한 깃발이 펼쳐진 콩꽃이나 입술이 달린 관 모양의 금어초

등은 식물학자의 용어를 빌리면 좌우상칭이다. 이 용어는 그리스어에서 유래한 것으로 두 마리 황소를 묶을 때 사용하는 멍에를 뜻한다. 두 마리 짐승을 묶기 위한 도구가 그렇듯이 이들 꽃은 좌우대칭의 형태를 띠며 이는 우리 얼굴의 모습에서도 익숙하게 볼 수 있다. 위에서 아래로 중심선을 그으면 한쪽 절반이 다른 쪽 절반의 거울상이 된다. 꽃의 경우 이러한 디자인은 양쪽이 명확하게 구분되도록 만들 뿐 아니라 위아래도 뚜렷하게 나뉘는 느낌을 주어 방문객이 특정 방식으로 들어오도록 만든다.

이러한 업적을 달성하고 나면 꽃의 각 부분은 갖가지 종류의 적응방식을 개발하여 특정 지점에 있는 꽃가루가 특정 형태와 크기의

그림 4.3. 클로드 모네가 정물화에 꽃가루 매개자를 그려 넣었다면 왼편의 둥근 해바라기에는 여러 종류의 벌에서부터 파리, 말벌, 나비, 딱정벌레에 이르기까지 매우 다양한 곤충이 등장해야 했을 것이다. 오른편에 있는 보다 특화된 형태의 붓꽃이라면 모네가 뒤영벌만 그려도 되었을 것이다. 위키미디어 공용

곤충에게 묻도록 할 수 있다. 그러나 꽃가루가 의도한 목표에 잘 달라붙을 가능성이 있더라도 식물은 그저 목표를 겨냥한 접근 방법만 이용할 수 있을 뿐이며, 그 결과 좌우상칭의 꽃에서 단연 가장 흔히 불러들이는 곤충은 벌이 된다.

모네의 해바라기와 비교할 때 노란 붓꽃에 앉은 꽃가루 매개 곤충을 그리는 작업은 아주 쉬운 일이었을 것이다. 사실상 그 일을 해낼 수 있는 유일한 곤충은 뒤영벌뿐이기 때문이다. 붓꽃은 관이 깊고 꽃이 수직으로 뻗어 있어서 특정 지점에 내려앉은 벌은 한 전문가가 흐뭇한 심정으로 표현한 바 있듯이 "뒤영벌의 등 표면에 정확히 들어맞게" 위치한, 꽃가루가 가득한 넓은 수술을 부득이 지나갈 수밖에 없다. 암술 역시 그 위치에 자리 잡고 있어서 뒤영벌은 다음번에 찾아가는 붓꽃의 바로 그 위치에 반드시 꽃가루를 내려놓게 될 것이다.

꽃의 독특한 형태가 몇 차례나 계속 진화한 결과 특정 무리의 꽃가루 매개자를 불러들이게 될 때 식물학자는 이를 '꽃가루받이 증후군'이라고 일컫는다. 이에 속하는 것으로는 꽃의 크기와 색 배합 같은 일반적 특징도 있고 향기의 화학적 특성이나 꽃꿀의 단맛을 내는 당의 종류처럼 특수한 것도 있다.

예를 들어 벌새는 자당이 풍부하고 관처럼 생긴 붉은 꽃을 선호하는데 이는 인동, 박하, 현삼, 미나리아재비, 겨우살이 같은 다양한 식물 과에서 제각기 따로따로 생겨난 증후군이다. 박쥐(밤에 꽃이 피고 색이 연하며 노출되어 있는 특성)와 나비(형형색색의 색깔에 크고 향기로운 특성)에서부터 유대류(솔처럼 생기고 튼튼하며 칙칙한 색깔의 특성)에 이르기까지 모든 매개자에게도 연관성을 갖는 꽃의 다른 형태들이 있다.

늘 예외가 있고 다방면으로 다양한 집단을 불러들이는 꽃도 많지만 꽃가루받이 증후군은 식물과 동물의 상호작용을 예측하는 데 상당히 도움이 된다. 예를 들어 나방의 꽃 관련 습성을 알게 된 찰스 다윈은 실제로 발견되기 40년 전에 마다가스카르에 혀가 매우 긴 종이 있을 거라고 직감할 수 있었다. 그는 이 섬에 가본 적도 없었지만 30센티미터 길이의 꽃뿔에 꽃꿀이 가득한 흰색의 향기로운 마다가스카르 난초를 누군가 보냈을 때 이 꽃은 다른 어떤 종으로도 꽃가루받이가 불가능하다고 한눈에 알아보았다. 다윈은 조셉 후커에게 보내는 편지에서 곧바로 이 꽃을 묘사하고는 이렇게 덧붙였다. "이 꽃을 빨아먹는 나방은 필시 엄청난 주둥이를 갖고 있을 겁니다!"

벌은 모든 꽃가루 매개자 중에서 가장 수가 많고 종류가 다양하다 보니 벌이 찾는 꽃의 종류가 가장 많고 꽃 모양이나 색상 면에서도 광범위한 영역에 걸쳐 있으며 종종 다른 매개자에 더 적합한 꽃에도 슬그머니 접근할 수 있다. (대다수 벌은 예를 들어 빨간색을 지각하지 못하지만 꽃과 주변 잎의 색 대비나 꽃 모양으로 많은 벌새꽃을 찾아낼 수 있다.) 실제로 벌을 불러들이는 특징은 너무 광범위해서 단일한 '벌 증후군'을 규정하기가 불가능하다. 꽃가루받이 체계에서 벌을 빼버리면 꽃은 우리가 당연하게 여겼던 갖가지 매력적 특징을 모두 잃게 된다. 대니얼 디포의 소설 『로빈슨 크루소』에 영감을 준 바 있던,

무인도 표류 선원은 분명 이 사실을 명확히 알고 있었을 것이다.

1704년 후안페르난데스제도 해안가에 내려달라고 요구했던 알렉산더 셀커크는 선장의 배에 물이 새고 벌레도 먹어서 같이 타고 있던 다른 선원들이 선장의 배를 버리고 자기와 함께 할 거라고 예상했다. 그러나 아무도 그러지 않았고 그는 바위 섬에 홀로 남고 말았다. 칠레 해안에서 650킬로미터 이상 떨어진 차가운 남태평양의 외떨어진 섬이었다. 셀커크는 4년간의 고생을 일기로 기록하지 않았지만 전하는 바에 따르면 섬에서 살아가는 데 매우 능숙해서 맨손 맨발로 섬의 야생 염소를 쫓아가서 잡았다고 한다. 이런 사냥 솜씨와 맞먹을 정도의 채집 재주를 가졌다면 셀커크는 분명 식물군을 잘 알았을 것이고 눈에 보이는 거의 모든 꽃이 왜 작고 둥글며 푸르스름한 흰색을 띠는지 의아하게 여겼을지도 모른다.

다른 외딴 군도와 마찬가지로 후안페르난데스제도도 대륙에서 온 식물이 서서히 대량으로 서식하게 되었다. 그러나 이 군도에는 초원에서부터 울창한 숲에 이르기까지 200종 이상의 식물이 서식지에 살고 있지만 유일하게 알려진 벌은 칠레 해안에서 최근에야 도착한 것으로 여겨지는 작고 희귀한 꼬마꽃벌뿐이었다. 이 벌은 아직 꽃가루받이에서 의미 있는 역할을 하지 못했는데 이는 곧 맨 처음 바다에서 화산 작용으로 바윗덩어리가 생겨난 이후 수백만 년 동안 벌에게 의존하는 이주 식물이 정착에 실패했거나 아니면 기본적으로 바람과 새 등 이용 가능한 수단에 적응하여 꽃가루받이를 이루어야 했다는 의미이다.

그림 4.4 로빈슨 크루소의 삽화에서는 종종 무인도 표류자가 꽃으로 장식된 울창한 열대 식물에 둘러싸인 모습을 묘사하곤 한다. 그러나 이 이야기에 영감을 준 섬에는 벌이 거의 없으므로 대다수 꽃은 작고 단조롭다. 대니얼 디포 『로빈슨 크루소의 삶과 모험』(1865년)에 실린 알렉산더 프랭크 라이든의 삽화. 위키미디어 공용.

놀랍게도 13개나 되는 각기 다른 속의 식물이 바로 이러한 적응 방식을 배웠다. 꽃의 길이를 길게 늘여 벌새의 부리에 더 잘 맞도록 한 식물이 있는 반면 벌에 대한 보상으로 엄청난 꽃꿀을 계속 생산했지만 벌이 절대로 오지 않자 꽃가루 매개자에 대한 근원적 의존을 버리고 바람에 의존하게 된 식물도 있다.

후안페르난데스제도의 식물군은 벌이 부재한 상태에서 정착하여 발달했고 그 결과 초록과 흰색의 단조로운 꽃들이 자라게 된 점은 벌 없는 세상이 어떤 모습일지 시사점을 준다. 그러나 다른 한편으로 적어도 새로 도착한 몇몇 종이 아주 빠른 속도로 꽃가루받이 전략을 수정할 수 있었다는 점은 벌과 꽃의 관계가 실제로 어떻게 이루어지는지에 대해 많은 것을 말해준다.

공진화에 관한 어떤 논의이든 이른바 철학자들이 말하는 '인과적 딜레마'에 곧바로 부딪히고 만다. 철학자가 아닌 우리 같은 사람들은 '무엇이 먼저인가, 닭인가 달걀인가?' 하는 질문을 통해 알고 있는 문제이다. 벌과 꽃의 경우 양쪽 모두 꽤 술기운이 오른 상태에서 춤을 추기 위해 파티에 왔다는 걸 우리는 알고 있다. 션 브래디가 내게 지적한 바 있듯이 갈라진 털은 진화의 매우 초기 단계부터 꽃가루를 찾는 벌의 취향을 보완해왔다. "모든 벌이 갈라진 털을 갖고 있어요. 그러니 이 털은 벌만큼이나 오래된 것이지요."

식물학적 측면에서 볼 때 식물은 꽃꿀로 잠재적 구혼자를 유혹하거나 아니면 보다 노골적으로 식용 꽃으로 유혹하는 등 오래전부터 곤충을 이용한 꽃가루받이를 실험해왔다. (이 오래된 전략 가운데 아직 유지되는 것도 있다. 예를 들어 모네의 정원에 벌이 없었더라도 그의 유명한 수련은 잘 자랐을 것이다. 이 꽃의 꽃가루 매개자 중에는 꽃을 먹는 작은 딱정벌레도 있기 때문이다.)

화석 증거가 부족하므로 화면을 거꾸로 돌려 춤의 첫 스텝이 어떻게 펼쳐졌는지 관찰하는 것은 불가능하지만 현대의 연구는 식물이 먼저 주도했을 거라고 시사한다. 예를 들어 연구자가 물꽈리아재비의 색깔을 분홍색에서 오렌지색으로 바꿔놓으면 꽃가루 매개자 방문객은 한 세대 만에 뒤영벌에서 벌새로 바뀐다.

남미 피튜니아를 대상으로 한 유사한 실험에서 보여준 바에 따르면 유전자 하나의 활동을 변경하는 것만으로도 꽃은 벌에서 분홍등줄박각시로, 혹은 역으로 꽃가루 매개자를 바꿀 수 있었다. 이러한 발견들은 꽃의 진화에서 비교적 간단한 변경만으로도 꽃가루 매개자에 극적 결과를 가져오고 벌·꽃의 관계에 관한 전문가의 의견을 바꿔놓을 수 있다고 확인해준다.

생물학 교과서의 관련 페이지로 눈을 돌려보면 꽃이 '이로운' 방문객에 대한 '보상'으로 꽃꿀을 제공한다는 식으로 거의 항상 극찬의 말을 하며 꽃가루받이를 묘사하는 것을 볼 수 있다. 과학자들은 이런 종류의 호혜주의를 가리켜 '상리공생'이라고 일컫는데 이는 윈윈전략에 해당하는 생물학 용어이다.

그러나 조금 깊이 들어가 보면 몇몇 연구자가 '조종'과 '이용'이라는 보다 총명한 용어를 사용하는 것을 알아차릴 것이다. 모든 것이 호의도 아니고 꽃이 멋진 뷔페로 대접하는 것도 아니기 때문이다. 예를 들어 식물은 꽃꿀을 생산하는 데 커다란 비용이 들며 할로윈 사탕처럼 꽃꿀을 그냥 제공하는 것도 아니다. 대다수 꽃은 벌이 언제 찾아오는지, 어디로 가는지, 얼마 동안 머물지 정확히 겨냥하는 위치와 양으로 계획에 따라 조금씩 꽃꿀을 제공한다. 또 꽃꿀에 당이 들어 있기는 해도 대개는 딱 그럴만한 값어치가 있는 정도의 당만 포함할 뿐 벌이 좋아할 만큼 농축된 수준은 아니다. (결국 벌 스스로 음식을 마련할 때 꿀을 만드는 것이다.)

꽃가루 매개자를 조종하는 범위와 창의성 면에서 꽃은 충격적인 모습을 보인다. 꽃꿀에 카페인을 넣음으로써 벌이 습관적이라고 설명할 수밖에 없도록 꽃을 기억하고 다시 찾게 유도하는 식물도 있다. 꽃뿔이나 관의 끝부분에 꽃꿀을 숨겨서 벌이 거기까지 닿으려면 어쩔 수 없이 머리를 깊이 집어넣어 꽃밥과 수술을 지나갈 수밖에 없도록 만드는 경우도 있다. 그런가 하면 꽃가루를 미끼로 사용하는 꽃도 있으며 심지어는 식용 기름을 이용하기도 하는데, 이 기름을 구멍이나 주머니 같은 곳에 넣어두어 벌이 알맞은 위치에 어쩔 수 없이 머물러 있다가 몸을 털어내고 아주 작은 보상만 얻어가게 하는 것이다.

꽃잎이 길게 늘어진 꽃이나 수직으로 서 있는 꽃은 일반적으로 벌이 자리 잡을 수 있도록 발판이나 착륙장을 마련해주며, 이곳에서는 미세 구조도 일정한 역할을 한다. 식물의 다른 부위에 있는 세포와 달리 꽃잎 표면에 있는 세포는 원추형으로 뾰족한 끝이 튀어나와 있다. 실험실에서 이 작은 구조를 제거해보면 벌이 착륙할 때 마치 단단한 목재 마루를 달리는 개처럼 미끄러져 허우적거리기 시작한다.

벌에 영향을 미치는 꽃의 특성은 벌의 꽃가루받이만큼이나 종류가 다양하고 광범위하지만 방문객을 멋대로 골리는 면에서 난초만큼 창의적인 식물 집단은 없을 것이다. 때때로 난초 꽃은 노골적인 속임수를 쓰기도 한다.

내가 사는 그늘진 상록수 숲에는 애기풍선난초라고 불리는 작은 분홍색 난초가 드문드문 피기 시작하면서 봄이 찾아온다. 화사한 산호색의 이 작은 꽃은 여왕 뒤영벌이 처음으로 겨울잠에서 깨어 먹이를 찾으러 나설 때쯤 꽃이 핀다. 난초는 유혹적인 향기를 내뿜으며 벌이 내려앉을 수 있는 넓은 착륙장과 손짓하는 줄무늬, 그리고 꽃꿀이 있을 가능성을 알리는 한 쌍의 얇은 꽃뿔을 갖고 있어서 벌의 먹이로 완벽해 보인다.

심지어 몇몇 종은 꽃밥처럼 생긴 털을 뽐내는데 이 털에 꽃가루까지 묻어 노란색으로 밝게 빛나기도 한다. 그러나 이렇게 드러난 모습 전체가 계략이며 이 모습에 이끌려서 들어간 벌은 고생한 것에 비해 등 쪽에 꽃가루 두 방울 정도만 묻혀서 얻어오는 것이 고작이다. 꽃가루는 벌이 닿지 못하는 곳에 있는 데다 한데 달라붙어 덩어리를 이루고 있기 때문이다. 이는 벌에게는 별 소용이 없지만 만일 벌이 또다시 술책에 넘어가 준다면 다음번에 찾아가는 애기풍선난초에 꽃가루를 전하기에는 완벽한 위치이다.

실제로 벌은 이런 가짜 꽃을 피해 가는 법을 곧 알게 되지만 한 개 난초가 수만 개 심지어는 수십만 개의 작은 씨앗을 생산할 수 있어서 꽃가루받이가 적게 이루어져도 큰 이익이 된다.

봄에 피는 또 다른 난초 시프리페듐은 한 단계 더 나아간 속임

수 전략을 편다. 향기로 벌을 유인한 뒤 주머니처럼 생긴 깊은 입술 모양 꽃잎에 잠시 가둬둔다. 방향 감각을 잃은 벌은 꽃 안쪽에 있는 투명한 '유리창' 쪽으로 이끌려가고 이곳은 좁은 도피구로 이어지는데, 벌이 기어 나올 때 꽃가루가 묻게 된다(즉, 꽃가루를 받는다).

모든 난초의 3분의 1은 꽃가루받이를 위해 일정 형태의 속임수에 의존하며 심지어 정직한 보상을 제공하는 난초도 종종 벌이 힘겨운 통로를 통과해야 이를 얻을 수 있게 해준다. 앞다리로 대롱대롱 매달려 가기도 하고, 물웅덩이 같은 곳을 헤엄치기도 하며 미끄럼틀 같은 비탈진 면을 굴러떨어지기도 한다. 남미 열대지방의 수컷 난초꿀벌은 이 모든 것을 행하며 나아가 꽃꿀을 얻기 위해서가 아니라 짝짓기 의식에서 한몫 하는 꽃의 향기를 얻기 위해 난초를 찾는다.

수백 가지나 되는 다양한 난초가 저마다 특정 향을 생산하여 특정 종의 벌을 불러들이며 이러한 벌에 꼭 맞도록 꽃가루 운반을 위한 정교한 구조의 형태와 크기를 정해서 꽃과 꽃가루 매개자의 유대관계를 공고히 한다. 또 향기와 짝짓기가 결합하면 난초의 모든 전략 가운데 가장 야릇하다고 할 만한 전략이 정해지는데 이 속임수 형태는 너무 기상천외해서, 혹은 너무 부적절해서 초기 관찰자들은 이에 대해 깊이 생각해볼 엄두를 내지 못했다. 19세기의 위대한 자연사 열풍이 불던 시기 동안 잘 알려지지 않은 단 한 사람의 아마추어만이 진실을 암시해주었다.

랠프 프라이스 목사는 이전 세대인 아버지나 할아버지와 마찬가지로 영국 남부 켄트주 리민지에서 교구 목사, 후원자, 목사를 지냈다. 지위 덕분에 윤택한 생활을 영위할 수 있었고 여가 시간이 넉넉했던 덕분에 자신의 진정한 열정을 추구하면서 희귀식물을 찾아 시골 지역을 오래도록 거닐 수 있었다. 식물학자로서 프라이스는 초롱꽃과에 속하는 희귀식물의 재발견뿐만 아니라 흔히 벌이 꿀벌난초속에 속하는 난초를 '공격'한다는 관찰로도 유명해졌다. 분명 꿀벌난초의 꽃은 동물의 몸체와 날개, 심지어는 더듬이를 닮은 것 같은, 상상 속에나 있을 법하게 보이는 생김새를 지녀서 오래전부터 관심 대상이었다.

하지만 전에는 아무도 그러한 주장을 한 적이 없었고 찰스 다윈도 이에 관한 소문을 접했을 때 당혹감을 느꼈다. "프라이스의 관찰이 무엇을 의미하는지 추측하지 못하겠다." 학문적 무시와 빅토리아 시대의 예의범절이 결합함으로써 거의 반세기 이상 다른 누구도 이에 대해 추측해보려고 나서는 이가 없었다. 그러나 1930년대 무렵 프랑스에서 알제리에 이르는 다수의 연구가 모두 동일 결론에 이르게 되었다. 벌이 꽃을 공격하는 것이 아니라 꽃과 성관계를 나누려고 시도한다는 결론이다.

꿀벌난초의 경우 딴꽃가루받이에 성공하기 위해서는 세 단계의 교활한 속임수가 요구된다. 첫 단계에는 상대가 될 만한 색정적인 암컷의 냄새를 정확히 흉내 낸 꽃향기로 수벌(몇몇 경우에는 말벌)을 불러들인다. 다음 단계에 가면 수벌은 진짜 암벌의 크기와 모양과 냄새를 지닌 뭔가를 발견했다고 믿으면서 곤충처럼 생긴 꽃에 달려들어 딱 달라붙는다. 완벽한 계략이 되도록 꽃 가장자리에 달린 촘촘한

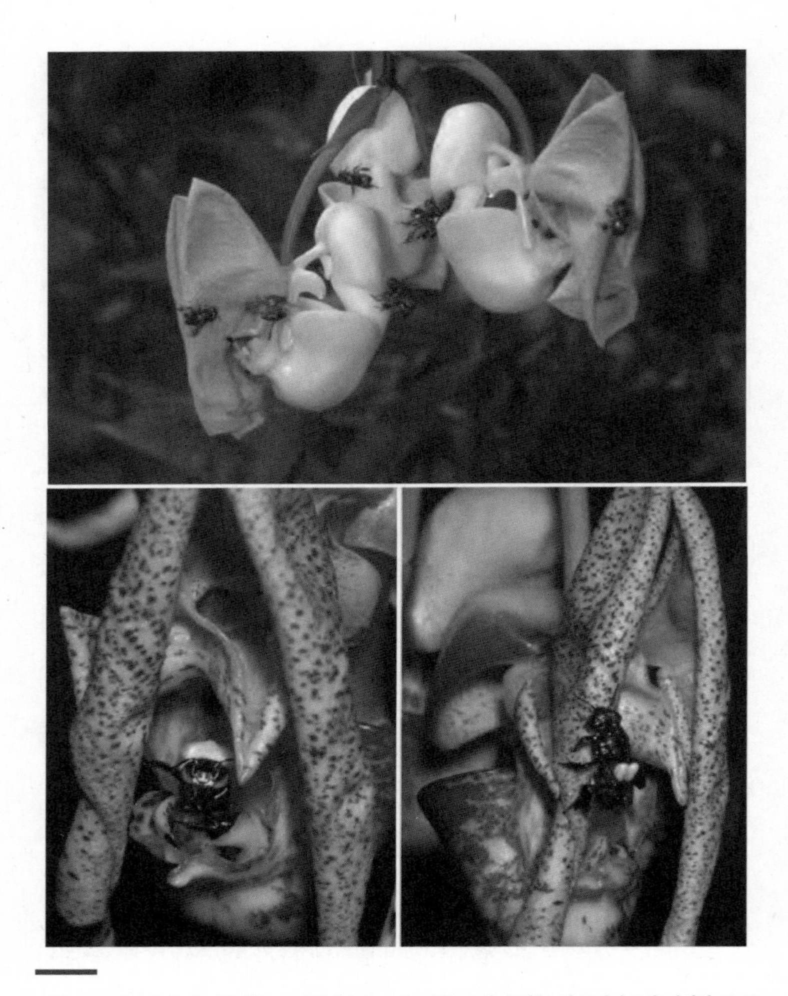

그림 4.5. 중미의 수컷 난초벌은 코리안테스Coryanthes (위) 속에 속하는 양동이난초의 기이한 꽃 주위에 몰려든다. 짝짓기 의식에 필요한 향기를 수집하는 과정에서 이 벌은 액체가 가득 든 양동이 속으로 미끄러져 떨어진 후 꽃 안쪽에 있는 탈출구를 발견하기 전까지 무려 30분이나 이 속에서 첨벙거린다. 벌이 양동이에서 몸을 이끌고 나와 자유로워지는 과정에서 꽃가루가 묻는다(꽃가루를 받는다)(아래 왼쪽). 벌 뒤쪽에 묻은 꽃가루 덩이가 종종 선명하게 보이며, 벌은 비행하기 전까지 잠시 그대로 머물면서 몸을 말린다(아래 오른쪽). 사진© 건터 게르라흐.

털은 보송보송한 암벌의 촉감까지 만들어내어 마지막 단계의 최후 행위에 나서도록 유도하는데 과학계에서는 이 마지막 단계를 가리켜 유사교미라는 오래 잊히지 않을 이름을 붙였다. 아무 의심도 하지 않는 구혼자가 실수를 깨달을 무렵이면 꽃가루 덩어리 두 개가 머리나 배에 단단히 묻어서 이다음에 그의 리비도가 또다시 자신을 이길 때 언제든 다른 꽃에 전달될 수 있다.

벌 역시 아량이라든가 식물학적 사랑의 정신으로 꽃가루받이를 하는 것은 아니다. 벌은 꽃꿀과 꽃가루, 그 밖에 다른 어떤 유혹이 제공되든 단지 이를 원할 뿐이며 가장 효율적인 방식으로 이를 가져가려고 할 것이다. 예를 들어 혀가 짧은 뒤영벌은 매발톱꽃 꽃뿔이나 인동 꽃의 밑부분까지 망설임 없이 모두 물어뜯어 꽃꿀까지 곧바로 이어지는 길을 내며 꽃이 세심하게 신경 써서 만들어놓은 꽃가루받이 계획을 완전히 비켜 간다. (또 이런 구멍이 생기고 나면 온갖 종류의 다른 벌과 곤충도 곧 이 구멍을 이용하게 된다.)

꿀벌도 겨자에 이와 똑같이 하는데, 꽃을 물어뜯어 구멍을 낼 뿐만 아니라 뒤쪽에서 몰래 다가가 꽃잎 사이의 틈으로 혀를 찔러넣는다. 벌이 행하는 이런 종류의 절도는 너무도 흔하다. 가령 클로버나 박하, 그 밖에 국화과의 많은 종에서 보듯이 꽃이 뒤쪽과 밑부분을 보호하여 각 부분이 촘촘하게 모인 형태로 진화하는 데 벌의 이런 행위가 기여했을 거라고 여기는 식물학자들도 있다.

다른 벌의 노동으로 살아가는 수천 가지 뻐꾸기벌 종과 같이 꽃가루를 모으지 않는 벌의 경우는 꽃과 상호작용을 할 진화적 동기가 훨씬 적다. 이들 벌 역시 꽃꿀을 따기는 하지만 많은 경우 꽃가루가 묻을 만한 털이 없어져서 생김새가 말벌처럼 매끄러울 뿐 아니라 꽃가루 매개자로서의 비효율성도 말벌과 비슷하다.

벌이 꽃가루를 모으고 뒷문으로 몰래 들어가지 않을 때도 굳이 애써 도움이 되려고 하지는 않는다. 꽃가루받이는 늘 애초의 의도가 아니며 단지 결과라고 할 수 있다. 벌의 관심은 꽃가루를 효율적으로 모아 운반하는 것이며 이는 매우 중요한 일로, 벌이 다음번에 방문하는 꽃들 여기저기에 부주의하게 꽃가루를 흘리고 다니는 일과는 배치된다.

꿀벌, 난초벌, 뒤영벌처럼 고도로 진화한 집단은 몸에 여기저기 흩어져 있는 꽃가루를 세심하게 갈무리하여 꽃꿀로 촉촉하게 적신 뒤 단단하고 끈적끈적한 덩어리로 만들어 뒷다리에 붙인다. 이러한 방법은 꽃에서 벌집까지 꽃가루를 운반하는 데는 매우 좋지만 가는 길에 방문하는 꽃에는 꽃가루가 별 소용이 없다. 그래도 어쩌다 보니 우연히 꽃가루받이를 해주기도 하며 여전히 꽃가루 매개자로 소중한 존재이다. 꽃가루를 갈무리하는 과정에서 몇몇 흩어진 알갱이를 놓치기도 하고 또한 등에 묻은 꽃가루는 보지 못하기 때문이다.

진화적 관점에서 볼 때 벌·꽃의 관계는 매우 특수하지만 엄밀히 감정을 배제한 측면에서만 그러하다. 벌은 꽃을 자원으로 인식하고 꽃은 벌을 편리한 도구로 이용하기 때문이다. 완전한 속임수, 유사교미라는 순전한 욕망 등이 이를 적절하게 말해준다. 꿀벌난초를 '공격하는' 모든 수컷 벌은 자신이 꽃을 방문했다는 것을 알아차리지도

그림 4.6. 오프뤼스Ophrys 속에 속하는 꿀벌난초는 암벌의 향기와 생김새를 흉내 내어 수벌을 유인하며 수벌은 이 난초와 짝짓기를 시도하는 과정에서 자기도 모르게 꽃가루받이를 해주게 된다. 위 왼쪽부터 시계방향으로 오프뤼스 봄뷔릴플로라O. bombyliflora, 오프뤼스 루눌라타O. lunulata, 오프뤼스 인섹티페라O. insectifera, 오프뤼스 크레티카O. cretica. 위키 공용미디어에서 구한 오르치, 에스쿨라피오, 번드 헤이놀드의 사진.

못한 채 훌륭하게 꽃가루받이를 해준다.

프라이스 목사 자신이 벌에 대해 관찰한 사실의 의미를 짐작했는지 그렇지 않은지에 대해 역사는 우리에게 말해주지 않지만 이제 전문가들은 꿀벌난초의 사례로 눈을 돌려 꽃가루받이 전략이 어떻게 새로운 종을 낳는지 이해하고자 한다. 이는 매우 적절한 사례이다. 비록 벌과 꽃식물이 비슷하게 증가한 사실과 관련한 의문이 다윈과 사포르타에게까지 거슬러 올라가기는 하지만 이런 연관성을 기록으로 입증하는 것이 놀라울 정도로 힘들기 때문이다.

임의의 벌·식물 상호작용은 대개 다중의 꽃가루 매개자, 흉내를 낸 모방자, 경쟁자, 해충, 그 밖에 역동적인 자연환경 전반의 작용 요인이 존재하는 정황 속에서 일어나기 때문에 개별 적응의 일상적 활동과 공진화의 효과를 가려내기가 힘들다. 기간도 문제가 된다. 수십만 년에 세 번이나 다섯 번꼴로 새로운 계통이 갈라져 나오는데 꿀벌난초는 지금까지 연구된 어떤 식물보다도 빠르게 다양한 종이 분화되었다.

그러나 평균적으로 대학원생은 하나의 프로젝트에 이 년이나 사 년 정도의 시간을 쓰고 전체 경력도 겨우 수십 년 만에 쏜살같이 지나가기 때문에 실시간으로 정확히 종 분화를 연구할 수 없다. 대신 대다수 시도는 폭넓은 진화적 경향, 시뮬레이션, 그리고 꽃가루받이 증후군으로 제시되는 정황 증거 등에 의존하여 여전히 이론적 주장으로 남게 된다. 최근에 와서야 유전학적 접근법과 전통적 접근법을 결합한 결과 꿀벌난초 가운데 종 분화를 이룬 꽃을 주된 사례 연구로 삼아 새로운 종이 꽃가루 매개자의 상호작용으로 어떻게 생겨나는지 입증하고 있다.

바로 이 대목에서 벌과 식물에 관한 과학 문헌은 '돌연변이'와 '방사' 같은 용어가 난무하면서 마치 좀비 종말 소설처럼 들리기 시작한다. 그러나 공포소설이나 과학소설의 작가와 달리 생물학자는 이러한 용어를 긍정적인 관점에서 사용한다.

돌연변이란 그저 유전 암호에 생긴 임의적인 유전 가능 변화를 말하며 이따금 꽃의 향기처럼 전혀 다른 특징에도 영향을 미친다. 돌연변이는 진화에 필요한 변이의 많은 부분을 제공하며 유리한 돌연변이가 일어나 때때로 하나의 공통 조상을 둔 새로운 형태들의 급속한 증가가 촉발되기도 한다. 이러한 과정을 빛이라는 의미에서 방사라고 일컫는데 새로운 종이 마치 한 개의 빛나는 빛의 근원에서 퍼져 나온 빛과 같다는 의미이다.

꿀벌난초에 관한 유전적 연구로 밝혀진 바에 따르면 작은 돌연변이로도 아주 빠르게 향기 생성에 변화가 일어나 전혀 다른 종류의 수컷 벌을 유인할 수 있다고 한다. 이들 새로운 벌은 생식적 격리, 즉 새로운 종을 만드는 과정에 필요한 요소를 즉시 제공한다. 새로운 벌은 기존의 향기가 나는 꽃에는 가지 않으므로 새로운 향기가 나는 난초들 사이에서만 꽃가루를 모으고 운반한 결과 이들 식물은 곧바로 별개의 진화 경로를 걷게 된다.

이러한 유대의 배타적 특성(다른 꽃가루 매개자가 없다)이 매우 명확한 진화 이야기를 만들어낸다. 새로운 향기가 새로운 벌을 부르고 새로운 벌이 새로운 종을 불러와서, 난초가 이용할 수 있는 다양한 새로운 벌 집단을 우연히 발견할 때마다 방사가 일어난다.

꿀벌난초의 사례는 꽃가루 매개자와의 관계가 새로운 종으로 이어질 수 있는 주된 경로 중 하나, 즉 종 분화를 특징적으로 보여준다. 매우 특이한 상호작용이 이루어진 결과 관련 식물이나 벌이 해당 종류의 다른 것들과 더 이상 섞이지 않게 될 때마다 새로운 종이 생겨날 수 있다. 꿀벌난초는 이러한 상황의 한쪽 측면, 즉 벌이 어떻게 식물 다양성에 영향을 미치는가 하는 측면을 보여준다.

반대로 식물 역시 새로운 벌이 생겨나도록 촉발할 수 있지만 이렇게 하기 위해서는 벌이 먹이를 찾는 방식뿐 아니라 번식 방식까지도 변화시켜야 한다. 예를 들어 안드레나[Andrena] 속에 속하는 애꽃벌 암컷은 특정 형태의 꽃에만 집중하는 경우가 많아서 이런 꽃은 수컷 상대가 암컷을 찾기 위해 믿고 갈 수 있는 유일한 장소가 된다. 꽃은 매우 까다로운 즉석 만남 술집처럼 기능하면서 종 분화에 요구되는 해당 형태의 격리만을 제공한다. 놀라운 일도 아니지만 아마 애꽃벌 속은 모든 벌 속 가운데 가장 종이 다양한 속으로 분류되며 종종 겉으로는 거의 똑같아 보여도 종이 1,300종 이상이나 되는데 이는 여러 가지 꽃 가운데 오로지 각자 좋아하는 꽃만을 기준으로 제각기 다른 종으로 분리된 결과이다.

난초 꽃가루받이에서 보이는 현란함에서부터, 혀 길이와 꽃뿔 깊이 간에 복잡하게 주고받으며 전개되는 상호작용의 춤 스텝에 이르기까지 벌과 식물의 진화에서 보이는 많은 패턴의 중심에 종 분화

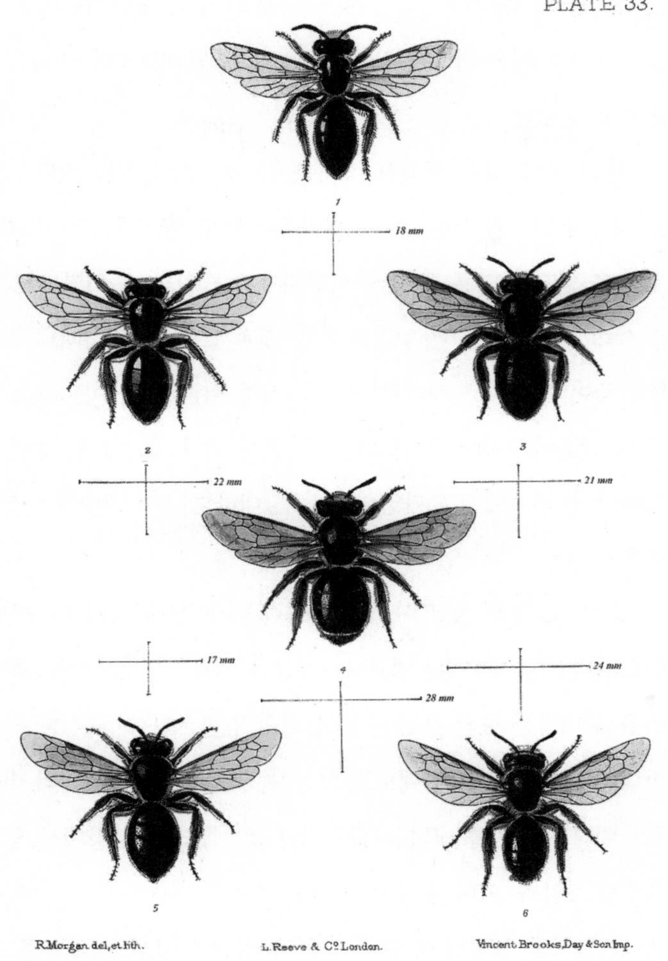

그림 4.7. 안드레나 속에 속하는 서로 닮은 여섯 종의 애꽃벌들. 이 집단 내에서는 특정 형태의 꽃만을 배타적으로 찾는 특성 때문에 이따금 새로운 종이 분화된다. 그림 안드레나 크뤼소스켈레스 A. chrysosceles, 안드레나 타르사타 A. tarsata, 안드레나 후밀리스 A. humilis, 안드레나 라비알리스 A. labialis, 안드레나 나나 A. nana, 안드레나 도르사타 A. dorsata. 에드워드 손더스, 『영국제도의 벌목 Hymenoptera Aculeata』(1896년).

가 있다. 그러나 대다수 벌은 다양한 종류의 꽃을 찾아다닌다는 점, 그리고 대다수 꽃은 다양한 꽃가루 매개자를 불러들인다는 점을 언급할 필요가 있다.

특화된 종의 경우 독점적 상대를 갖는 이점이 있는 반면 그에 상응하는 의존의 위험성도 있다. 질병이나 폐해, 악천후 등으로 관계의 한쪽을 잃으면 다른 쪽 역시 마찬가지로 줄어들 수 있다. 다양한 종을 상대하는 것은 좋은 보험을 드는 것과 같다. 또 국화과나 장미과처럼 종이 다양하고 커다란 성공을 거둔 식물 과뿐 아니라 많은 벌, 특히 꿀벌이나 뒤영벌, 안쏘는벌과 같이 먹여 살려야 할 입이 많은 사회성 벌 집단에서도 다양한 종을 상대하는 것이 지배적인 생활 방식이다.

아울러 두 가지 전략 사이의 진화적 긴장 상태 역시 다양성에 기여해 왔다. 두 가지 접근법 모두 성공을 거둘 수 있으므로, 다양한 종을 상대하는 종의 후손이 종 분화의 방향으로 진화할 때도 많고 반대 방향으로 진화할 때도 많다. 이는 가까운 친척 관계의 벌이나 식물이라도 먹이를 구하는 방식이나 꽃가루받이 전략에서 엄청난 차이를 보일 수 있다는 걸 의미한다.

벌과 꽃식물 사이의 특수 관계가 각 집단에 보이는 모든 종 다양성을 설명해주지는 않는다. 꽃가루 매개자 때문에 생긴 종 분화의 경우 지리나 영역 확대, 혹은 새로운 생태적 지위나 환경 조건에 대한 급속한 적응으로 새로운 형태가 생겨나는 또 다른 상황도 있다. 그러나 꽃가루 매개자와의 상호작용이 진화 연구의 비옥한 토양이라는 점은 아무도 의심하지 않는다. 실제로 찰스 다윈은 좀 덜 알려지기는 했지만 『종의 기원』 후속 작업으로 『난초가 곤충을 통해 꽃가루받이를 하는 다양한 방법들』이라는 제목의 책을 냈다. 판매량은 대단치 않았지만 그가 자연선택의 설득력 있는 사례를 찾기 위해 그토록 빨리 벌과 식물에 눈을 돌렸다는 것을 확실하게 말해준다.

또 『종의 기원』이 비글호를 타고 먼 곳을 돌아다닌 경험에 많은 부분을 의존하고 있다면 꽃가루 매개자에 대한 다윈의 관찰은 많은 부분 집 정원이나 부근 들판과 숲에서 이루어졌다. 이렇게 가까운 곳에서 관찰할 수 있었다는 것은 벌과 꽃의 공진화가 매우 장구한 세월에 걸쳐 이루어진 반면 그 결과와 의미는 우리 주변 곳곳에서 볼 수 있다는 것을 적절하게 일깨워준다.

나는 사막에서부터 열대 우림이나 산악지대 초원, 아프리카 사바나에 이르기까지 곳곳에서 벌을 찾아다녔지만 내가 아는 가장 인상적인 벌 군락 중 두 곳은 내가 사는 섬에서 당일 일정으로 다녀올 수 있는 거리에 있었다. 이러한 사실은 자연이 꽃과 벌에게 필요한 모든 것을 제공하는 경우에 어떤 일이 일어나는지 내가 깨닫는 데 도움이 되었다.

제5장

꽃이 피는 곳

공급이 수요를 만들어낸다.

세이의 시장의 법칙, 장 바티스트 세이의 말(1803년)

뒤영벌은 일찍 일어나는데, 이 점에서는 유아 시절의 아들 노아도 마찬가지이다. 벌의 경우 때가 되어 남보다 먼저 시작하면 대다수 경쟁자가 아직 추워서 날지 못한 채 잠들어 있는 동안 먼저 먹이를 찾아 나서는 기회가 생긴다. 뒤영벌은 몸을 떨어 비행 근육에 온기를 불어넣음으로써 이러한 재주를 발휘하는데, 이는 보기 드문 능력으로 이후 7장에서 다시 살펴보게 될 것이다.

온혈 포유류인 어린 노아의 아침 습관은 체온과 무관하다. 아들은 그저 잠을 불편한 것, 한 번에 몇 시간씩 마지못해 치러야 하는 일로 여기는 것뿐이다. 삶에 대해 이러한 접근법을 가지는 한 나의 꼬마 가족이 이른 아침 잠에서 깨어 뒤영벌이 날아다니는 주변을 산책하는 것이 특이하다고 할 만한 점은 없다.

우리가 사는 섬에서 그리 멀지 않은 작은 섬을 찾아가는 길이었다. 그곳 숲속 깊숙이 자리한 다양한 오두막 집에 아내의 친척 상당수가 살고 있었다. 익숙한 오솔길을 걸어 도중에 나오는 자연보호구역을 지나면 인정 많은 이모와 이모부 집으로 이어졌다. 아침형 인간으로 둘째가라면 서러워할 두 분은 일어나서 진한 커피를 끓여 마셨다.

길옆으로 높다랗게 자란 들장미 덤불이 이어져 있는데, 노란 얼굴에 검은 꼬리가 달린 뒤영벌이 분홍색 꽃들 사이에서 느릿느릿 움직이고 있었다. 다른 종은 몇 개나 될지 어렴풋이 궁금한 마음이 들긴 했지만 대체로 머릿속은 커피 생각이었다. 집으로 돌아오는 길에서야 벌이 발길을 그 자리에 딱 멈추게 했다.

자연 관찰 산책에 나서서 좀 더 많은 것을 보고 싶다면 휴대용 도감 말고 아이를 데려가라고 사람들에게 종종 말하곤 한다. 벌에 대한 관심이 아직 생겨난 것은 아니었지만 아장아장 걷는 노아의 걸음에 맞춰 움직이기만 해도 어린아이의 속도는 내 걸음을 늦추게 해주어 우리 옆으로 지나가는 모든 것을 자세히 살필 수 있게 했다.

아침 햇살에 온기를 띠는 장미 덤불이 이제 윙윙거리는 생명으로 고동쳤다. 모든 꽃마다 벌들이 붙어 있는 것처럼 보였다. 벌들이 꾸준하게 흐름을 이루어 공기 속을 계속 날았고 우리 곁을 빠르게 스쳐 갈 때는 마치 오솔길이 자신들만을 위한 것인 양 쏜살같이 쌩쌩 날아갔다. 노아의 손을 잡고 이런 움직임 전체를 지켜보는 동안 나는 두 가지 사실을 문득 잇달아 깨달았다. 첫째, 내 생애에 이렇게 많은 뒤영벌을 본 적이 없었다. 둘째, 이 벌들은 뒤영벌이 아니다.

우리가 친척 집을 찾아가 커피를 마시느라 실내에 있던 몇 시간 동안 길을 따라 모여 있는 꽃가루 매개자 군집이 완전히 바뀌어 있었다. 분명 아직은 몇몇 뒤영벌이 장미꽃들 사이에서 자기 길을 헤쳐 가느라 애쓰고 있었지만 윙윙거리는 무리의 절대다수는 단지 생김새만 뒤영벌을 닮은 종이었다.

전에 유타주 로건에 위치한 미 농무부 '벌 실험실' 소속 전문가 몇 명과 나선 채집 여행에서 이 벌을 본 적이 있었다. 처음에는 전문가조차 속았다. 이 흉내쟁이는 크기와 생김새, 노란색과 오렌지색 털 모두 뒤영벌 사촌과 정확히 일치했고 뒷다리만 본모습을 드러내었다. 진짜 뒤영벌은 각 정강이뼈 부근에 바구니처럼 생긴 구조 속에 꽃가루를 담아 운반하는 반면 뒤영벌 행세를 하는 사기꾼은 솔처럼 생긴 털이 터부룩하게 덮인 가장자리에 꽃가루를 집어넣었다. 이러한 차이 덕분에 이 벌이 안토포라Anthophora 속의 청줄벌이라고 알아볼 수 있었지만, 믿을 수 없을 만큼 많은 이 벌의 수는 설명할 길이 없었다.

통상적으로 이 벌은 기껏해야 어쩌다 가끔 보이는 벌인데 이곳에는 사방으로 수없이 널려 있었다. 부근 연못의 물가에서부터 오솔길을 지나 만이 내려다보이는 높은 절벽 가장자리까지 쭉 이어진 덤불에 벌이 가득했다. 그리고 바로 그 순간 머릿속에 생각이 스쳤다. 노아가 엄마와 함께 앞장서서 아장아장 걷는 동안 나는 그 자리에 멈춰 서서 발밑의 땅을 응시했다. 그러다 불현듯 저 벌들이 모두 어디서 왔는지 정확히 깨달았다.

옥스퍼드 영어사전에서는 'Duh(저런)!'이라는 표현이 1943년

〈메리 멜로디즈Merry Melodies〉라는 만화영화에서 시작되었다고 어원을 밝히고 있다. 이와 비슷한 표현인 'Doh(이런)!'은 그로부터 몇 년 뒤 BBC 라디오프로그램에서 처음 시작되었으며 이를 대중화시킨 것은 호머 심슨이었다. 이 두 가지 표현 중 어느 쪽이든 간에 앞서 내가 이마를 딱 치게 만든 순간에 아주 잘 들어맞았을 것이다.

이름에 함축되어 있듯이 청줄벌은 땅을 파는 벌(청줄벌의 영어 일반명은 digger bee이므로 이 이름을 그대로 번역하면 땅을 파는 벌이 된다_옮긴이)이며 맨땅, 점토 경사면, 도랑이나 말라버린 강바닥의 벽, 그리고 혹시 있다면 모래 절벽의 깎아지른 듯한 절벽 면 등 조그만 땅에도 구멍을 파서 둥지를 짓는다.

프랑스 곤충학자 장 앙리 파브르는 이 벌에 적절한 별명을 붙여 "흙으로 된 가파른 경사면의 저 아이들"이라고 일컬었다. 나는 오래전부터 이 오솔길을 거닐며 지천으로 널린 꽃 위의 벌을 여유롭게 관찰해 왔으면서도 이 오솔길이 바로 그런 흙으로 된 경사면의 꼭대기 부분을 따라 이어져 있다는 사실을 한 번도 연결 짓지 못했다. 이 경사면은 모래와 자갈로 이루어진 가파른 흙 비탈길로 그 아래 바닷가 위로 15미터 높이로 솟아 있었다.

그날 오후 노아가 깊이 잠들지는 못해도 나름 낮잠이라고 할 만한 시간 동안 잠들어 있을 때 나는 노트북을 들고 급히 허둥지둥 바닷가로 내려가서 우리 가족이 여전히 '아빠의 벌 절벽'이라고 부르는 곳을 찾았다. 이제껏 수없이 바닷가를 왔지만 이 절벽을 찾아간 것은 처음이었다.

바닷가를 찾는 사람들은 물과 관련하여 눈에 띄게 평온해지는 느낌, 즉 신경과학자들이 일컫는 이른바 '푸른 마음blue mind'에 이끌려 거의 언제나 시선을 바다로 향한 채 바다 경관을 응시한다. 이전에 이 바닷가를 수없이 걸었음에도 육지 쪽으로 불과 1~2미터 앞에 이상적인 벌 서식지가 800미터가량 길게 뻗어 있는 것을 한 번도 알아차리지 못한 것도 이런 이유로 설명할 수 있을 것이다. (이 바닷가에서 보여준 나의 두뇌 상태에 대해서는 아마도 '푸른 정신나감'이라는 이름을 붙여야 더 적절할 것이다.)

이제 아래쪽에서 다가가 보니 절벽은 마치 옅은 황토색 벽처럼 솟아 있고 여기저기 마마 자국 같은 것이 나 있는 것 외에는 별다른 특징이 없었다. 벌과 관련한 많은 것이 그렇듯이 멀리 떨어진 곳에서는 알 수 있는 것이 거의 없었다. 바닷가에 널린 통나무들을 넘어 절벽 바로 밑에까지 가서 선 다음에야 한데 모여 있는 저 모든 생명의 압도적인 웅웅거림을 보고, 듣고, 느낄 수 있었다. 위쪽 오솔길에 벌이 개울처럼 졸졸 이어져 있었다면 이곳 아래쪽에는 맹렬한 기세의 급류를 이루고 있었고 벌들이 서둘러 자기 둥지 구멍으로 가기 위해 전속력으로 달리다가 종종 내 몸에 부딪히기도 했다. 경사면 아랫부분을 붙들고 간신히 올라간 내가 앉을 만한 자리를 찾아 따뜻한 모래에 등을 기대고 있는 동안 주위에는 정신없이 부산한 커다란 벌 군집이 펼쳐졌다.

이 청줄벌에 관해 최초로 상세한 설명을 내놓은 것은 1920년 하비 H. 니닝거의 글로 거슬러 올라간다. 니닝거는 나중에 세계에서 가장 많은 개인 소장 운석을 모은 것으로 명성을 얻기도 했다. 그 많은 우주 암석을 발견하는 데 도움을 주었던 관찰 기술이 분명 그를 훌륭한 곤충학자로 만들었을 것이다. 청줄벌에 관한 설명은 지금도 잘 들어맞는다. "화사한 봄날이었고 따스한 햇볕이 이 곤충들 안에 들어 있는 생명의 불꽃에 불을 지펴 아주 멋진 활동에 나서도록 했다… 이들은 땅을 파는 데 몰두하면서 구멍을 파서 둥지의 방을 만들고 알을 낳고 둥지 속의 작은 칸칸마다 먹이를 채웠다. 이 모든 활동을 아주 부지런히 하고 있었다."

나 역시 똑같은 행위와 똑같이 부지런한 활력을 목격했다. 다만 니닝거는 캘리포니아의 샌 가브리엘 산맥에 있는 벌 절벽에서 목격한 개체군을 대략 100마리 정도로 추산했는데 이곳 벌 절벽은 한눈에 봐도 1,000마리 정도는 되었다. 자세히 들여다보니 절벽에 나 있던 마마 자국은 1제곱미터당 630개 정도로 촘촘하게 나 있는 둥지 구멍이 카펫을 이루고 있던 것이다. 그러나 아무리 그렇더라도 이용할 만한 공간에 비해 벌의 수가 훨씬 많았고 둥지 주인 암컷들이 침입자를 막아내고 자기 굴을 지켜내기 위해 싸우느라 끊임없이 몸싸움이 벌어지는 것을 볼 수 있었다. 서로 뒤얽힌 한 쌍이 내 위로 떨어졌다가 다시 아래로 굴러떨어지고 비탈면 아래로 함께 굴러떨어지는 동안에도 계속 싸우는 일이 자주 있었다.

이 벌이 모양만 뒤영벌처럼 생긴 것이 아니라 진짜 뒤영벌이었다면 나는 벌에 쏘일까 봐 걱정했을 것이다. 하지만 청줄벌은 층층이 구멍을 내어 둥지를 만들기는 해도 기본적으로 뿔가위벌과 마찬

그림 5.1. '아빠의 벌 절벽' 전경. 청줄벌, 애꽃벌, 가위벌, 꼬마꽃벌뿐 아니라 이들과 연관이 있는 뻐꾸기벌, 말벌, 그밖에 주변을 어슬렁거리는 것들이 수십만 마리나 윙윙거리는 서식지. 사진© 소어 핸슨.

가지로 여전히 단독성을 지니며 침이 될 만한 것을 지니지 않은데다 사회성 종의 집단 협력 방어도 갖추지 않았다.

실제로 내가 본 절벽의 청줄벌은 한층 더 강한 평화주의적 성향을 보였다. 이 벌은 보다 위험한 종의 생김새를 흉내 냄으로써 고전적인 진화적 허세, 즉 위협적인 생김새를 채택하여 이를 기본적인 방어 수단으로 삼는 방법을 이용했다. 진짜 뒤영벌이 계속해서 침을 쏘는 한 이를 닮은 생김새의 청줄벌은 연상 작용으로 두려움의 대상이 되는 덕분에 자신을 방어할 장비를 갖추거나 행동을 하는 데 에너지를 쏟지 않아도 된다. 청줄벌은 침을 쏘는 기관을 여전히 갖고는 있지만 어느 관찰자가 지적했듯이 이 벌을 아무리 거칠게 다루어도 "좀처럼 침을 쏘도록 유도할 수 없다."

나는 절벽 면 가까이에 얼굴을 대고 암컷 한 마리가 축축해 보이는 흙을 자기 배로 매끄럽게 펴서 입구 구멍의 테두리 모양을 다시 손보는 것을 지켜보았다. 이 벌은 얇고 높다란 테두리가 만들어질 때까지 자기 배를 이용하여 축축해 보이는 흙을 계속 반듯하게 폈다. 부근에 있는 다른 것들과 마찬가지로 이 구조물도 높이는 3~4센티미터 정도로 높아질 것이고 끝부분이 아래로 휘어져 니닝거가 "특이하게 구부러진 점토 굴뚝"이라고 묘사한 형태로 될 것이다.

이 굴뚝 형태가 기생파리나 말벌 등이 둥지를 발견하지 못하도록 숨기는 데 도움이 된다고 생각한 전문가들이 있는가 하면 또 다른 전문가들은 이 굴뚝 형태가 둥지의 온도를 조절하는 것일 수도 있고, 혹은 단순히 빗방울이 들어가지 못하도록 하거나 주변에서 구

그림 5.2. 청줄벌은 둥지 구멍으로 들어가는 입구에 끝이 휘어진 정교한 굴뚝이나 작은 탑을 세우는 데 상당한 시간과 에너지를 들이며, 이런 구조물은 기생충이 둥지 구멍을 보지 못하게 숨겨주거나 기후로부터 둥지 구멍을 보호하는 데 도움이 될 수 있다. 한철이 끝날 때가 되면 작은 탑의 재료 중 일부는 새로운 용도에 맞게 굴의 구멍을 막는 마개로 만들어질 것이다. 사진© 소어 핸슨.

멍을 파는 작업 때문에 날아온 흙먼지를 막기 위한 것일 수 있다고 주장하기도 한다. 목적이 뭐든 간에 이 굴뚝 형태는 벌의 관점에서 볼 때 필시 흙벽으로 된 작은 탑들의 거대한 사막 도시처럼 보일 군집에 매력적인 구조적 요소를 더해 준다. 이 복잡한 지형은 어미 벌이 꽃꿀로 가득한 꿀 수확물과 꽃가루를 다리에 묻혀 자신의 특별한 구멍까지 길을 찾아 돌아올 수 있게 해주는 매우 중요한 길 찾기 도구가 된다.

청줄벌의 생활 주기는 뿔가위벌이나 여타 단독성 벌과 비슷하지만 직선형 관에 난자를 가득 채우는 대신 굴 말단부에서 갈라져 나온 개별 방들의 연결망 구조를 만든다는 점에서 다르다. 어미 벌은 각 방 안쪽 벽에 셀로판처럼 얇은 분비물을 바르는데, 이 분비물은 방수 및 부패 방지 기능이 있어 꽃가루와 꽃꿀을 반죽해 놓은 축축한 혼합물 위에 한 개씩 낳아놓은 알을 보호한다. (청줄벌이 마련해놓은 식량은 전형적인 벌 빵보다는 슬러리에 더 가까워 보여서 때때로 '벌 푸딩'이라는 멋진 이름으로 불리기도 한다.)

굴을 파거나 식량을 마련하는 이 모든 작업으로 미루어볼 때 겉보기로는 지면에서 매우 활기찬 모습을 보임에도 불구하고 이 벌 절벽에서 이루어지는 진정한 활동은 눈에 보이지 않는 땅속에서, 통로와 굴로 이루어진 헤아릴 수 없는 미로 속에서 벌어진다. 벌들이 무슨 일을 하고 있는지 겉면의 흙을 벗겨내고 확인할 수는 없지만 최소한 거기 몇 마리가 있는지는 알고 싶었다. 이제껏 이와 같은 것은 한 번도 본 적이 없었고 현장 생물학의 세계에서 이는 흔히 중요한 뭔가를 우연히 발견했다는 의미가 된다.

실험실에서 박테리아를 실험하여 박사학위를 딴 처제는 야외 자연에서 이루어지는 활동을 놓고 종종 나를 놀리곤 한다. "형부 분야의 사람들이 하는 일이라고는 그저 수를 세는 거뿐이지요." 타당한 조롱이 그렇듯이 이런 논평에도 일말의 진실이 들어 있다. 나는 활동 경력을 쌓는 내내 씨앗이나 양치류 포자에서부터 야자나무, 곰, 나비, 고릴라 똥, 그리고 독수리가 먹이를 쪼아먹는 동작에 이르기까지 모든 것의 수를 셌다.

처제에게는 '벌 절벽' 프로젝트 이야기를 하지 않겠노라고 마음속으로 다짐했다. 내가 구멍 개수나 세고 있었다는 것을 알게 된다면 아마 두고두고 이 이야기를 할 것이다. 그러나 숫자를 세는 방법이 솔직히 지루하기는 해도 애써 공들여 측정하는 방식만이 저렇게 벌들이 떼 지어 있는 시각적 혼란상을 극복하게 해주고 정확한 추정을 가능하게 해준다.

'아빠의 벌 절벽'에서 구멍 개수를 세는 일은 우리 가족이 나들이를 할 때면 의례적으로 거치는 부가 활동이 되었고 마침내 나는 최소한 125,000마리의 암컷 청줄벌이 이곳을 본거지로 삼고 있다고 자신 있게 말할 수 있게 되었다.

수컷 벌은 장미 덤불을 비롯하여 다른 꽃 구역을 자기 영역으로 삼은 채 기회를 기다리면서 부근에서 살았다. 일반적으로 수컷은 암컷에 비해 최소 2대 1의 비율로 수가 많으므로 어느 특정한 봄날의 어른 벌 전체 개체수는 거의 40만 마리에 이른다. 이는 어마어마한 수치로 이제껏 알려진 종 개체수에 비해 두 자릿수나 많은 것이다. 그러나 그곳에서 더 많은 시간을 보낼수록 청줄벌은 그저 시작에 불과하다는 것을 깨달았다.

처음 절벽을 찾았던 날 오후에는 바닷가에서 발견한 빈 잼 병에 표본 두 마리를 채집해 왔지만, 그 후 절벽을 다시 찾을 때면 반드시 내가 애용하는 곤충망을 가져갔다. 접을 수 있는 모델로, 어디에서든 빠르게 힘껏 내리치면 제 모양을 되찾는 곤충망이었다.

벌을 살금살금 쫓는 것이 벌을 이해하는 매우 중요한 관점이라는 것을 깨달은 것은 제리 로젠의 곤충 채집 수업 첫 번째 강의를 듣고 나서였다. 유아와 함께 걸을 때 그렇듯이 천천히 주의 깊게 뭔가를 쫓다 보면 감각이 예민해지고 완전히 새로운 관점이 생긴다. '벌 절벽'에서 나는 청줄벌이 일정한 알갱이 크기와 밀도를 지닌 땅에 무리 지어 있는 것을 금방 알아차렸다. 모래가 너무 많거나 지나치게 빽빽한 땅에는 가위벌, 애꽃벌, 긴뿔벌(이 벌 이름은 영어의 일반명 long-horned bee를 한국말로 옮긴 것으로 학명은 에우케리니[Eucerini] 이다. 특이하게 긴 더듬이를 가진 탓에 이런 일반명이 붙었으며 전 세계적으로 32개 이상의 속이 이 벌류에 속한다_옮긴이), 꼬마꽃벌 등 다른 벌들이 등장했다. 나나니벌도 있었으며 비탈면 전체를 돌아다니는 포식자 길앞잡이도 있었다. 활동기 후반부로 가면 뻐꾸기벌과 다양한 기생말벌도 등장하여 어미 벌이 둥지를 비울 때면 이런저런 둥지 구멍을 몰래 들락거렸다.

처음에는 청줄벌 때문에 절벽에 관심을 가지게 된 것이지만 나중에 알고 보니 이 이야기는 훨씬 복잡한 양상을 띠었다. 곤충들의 전체 군집이 주변의 꽃을 서로서로 이용했을 뿐 아니라 둥지를 짓는 서식지로 삼을 만한 적합한 환경이라면 뭐든 이용했다. 심지어는 절벽 위쪽에서 굴을 파느라 아래로 떨어진 부스러기가 마구잡이로 쌓여 비스듬한 더미를 이룬 절벽 아래쪽에 굴을 파는 녀석들도 있었다.

이 모든 관계를 낱낱이 해부하기 위해서는 내가 아는 일반적인 곤충학 지식보다 훨씬 많은 것이 필요하다는 생각이 들었다. 말벌과 파리와 여타 종은 말할 것도 없고 이 모든 벌의 이름을 알기 위해서는 전문 분류학자의 도움이 필요했다. 다행히 나는 누구에게 전화해야 하는지 알고 있었다.

'벌 강좌'를 수강하는 동안 만난 존 애셔는 당시 강좌의 강사진 가운데 거의 20년 나이 차가 나는 가장 젊은 강사였다. 당연하게도 우리는 벌을 매개로 친해졌으나 또 존이 연구소에 있던 오래된 낡은 업라이트 피아노에 앉아 기억에 의존하여 즉흥 연주를 하는 것을 우연히 듣게 된 이후로는 음악을 매개로도 친해졌다. 연주는 아름다웠다. 내가 동네에서 재즈 밴드 활동을 하고 있다고 말하자 존은 젊은 시절 음악과 곤충학이라는 서로 엇비슷한 정도의 열정을 놓고 선택하느라 힘들었던 경험을 이야기했다.

"대학을 마친 뒤 뉴욕에서 음악가 친구 무리와 어울려 지냈지요." 존은 이렇게 말하면서 긴 즉흥 연주를 회상하고 공연이 있는 곳이면 어디서나 공연을 했던 기억을 떠올렸다. 그러나 그는 재즈를 사랑하는 만큼 자신에게 없는 뭔가가 다른 이들에게 있다고 느꼈다. "아무리 열심히 연습해도 그들만큼 잘하지 못할 거라는 걸 알 수 있었어요." 그는 강렬한 눈빛으로 나를 꼼짝 못 하게 사로잡으며 말했다. "하지만 벌에 집중한다면 최고가 될 수 있다는 걸 알았지요!"

어느 모로 보나 존은 이미 자기 길을 잘 가고 있었다. 우리가 만났을 당시 그는 오랫동안 제리 로젠과 함께 일해 오면서 미국자연사 박물관에서 방대한 벌 수집품을 관리하는 큐레이터로서의 기량을 닦았다. 이후 싱가포르 국립대학으로 옮겨 교수 생활을 하면서 아시아 벌에 대해 연구하는 한편 페더럴익스프레스를 통해 그에게 전달된 북미 종의 식별 작업도 계속 이어갔다. (다행히 말린 벌은 무게가 많이 나가지 않으며 "죽은 곤충 표본"이라고 딱지가 붙은 상자는 관세 없이 세관을 통과한다.)

존의 등록상표라고 할 수 있는 분류학은 자연과학의 근본적 관점이며 종을 식별하고 각 종이 생명의 나무에서 서로 어떤 관계에 있는지 배우는 분야이다. 그러나 테크놀로지에 기반한 기법과 전문 분야가 더욱 지배적 영향력을 갖는 시대에 분류학은 그다지 관심을 끌지 못한다. 점점 더 많은 전통적 분류학자가 은퇴 나이에 이르면서 존 같은 젊은 현역이 감당해야 할 작업이 계속 늘어나고 있다. 현장 프로젝트에서 표본에 대한 전문가의 확인을 얻기까지 수년씩 기다려야 하는 경우도 흔하다. 그러나 내가 벌 절벽에 있는 청줄벌의 수에 대해 이야기하자 존은 하던 일을 제쳐두고 곧장 보고 싶어 했다. "그 종들이 활동하는 걸 본 적이 있어요." 그가 이메일에 썼다. "하지만 한 번에 겨우 수십 마리 정도였지요."

벌 절벽에 기이할 만큼 벌이 많았다는 사실은 많은 점에서 볼 때 결국 수요와 공급이라는 간단한 교훈으로 정리할 수 있다. 생물학자 베른트 하인리히는 1979년에 쓴 고전적인 저서 『뒤영벌 경제학』에서 이와 비슷한 개념을 탐구한 바 있다. 하인리히는 벌 둥지의 생명 주기를 관통하는 에너지 흐름을 추적함으로써 투입량(꽃꿀과 꽃가루)이 산출량(번식 성공)과 직접 관련이 있다는 것을 보여주었다. 이용할 수 있는 꽃 자원이 늘어나면 둥지에서 더 많은 벌이 생겨난다.

내가 사는 바닷가 환경에 서식하는 청줄벌의 경우 둥지를 짓기에 적합한 절벽은 한쪽에 소금물이 있고 다른 쪽에 울창한 침엽수 숲이 있어서 대개는 꽃의 불모지가 될 만한 곳에 자리했다. 그러나 간단한 행운이 작용함으로써 벌 절벽 위쪽에 자리한 드넓은 버려진 농장 밭에는 나무들이 다시 자라는 대신 장미, 블랙베리, 인동딸기, 체리 등 완벽한 모음의 벌 꽃들이 자라났다. 이 꽃들은 봄에서 초여름까지 차례차례 꽃을 피워 광활하게 펼쳐진 둥지 터에 풍부한 꽃꿀과 꽃가루를 제공했다.

투입 에너지는 곧 산출 에너지이며 벌 군집은 이용 가능한 자원에 적합한 수준까지 확대되었다. 존은 내가 보낸 표본 중에서 청줄벌 외에도 절벽과 땅에 둥지를 짓는 10종뿐 아니라 9종의 여러 뻐꾸기벌을 추가로 확인해 주었다. 이 개체군은 모두 꽃의 경제학이라는 동일 원칙을 따를 것이다. 장미꽃이 줄지어 있는 길을 따라 벌들이 윙윙대는 소리로 활기가 가득했던 것은 놀라운 일이 아니었다. 구불구불 이어진 길을 따라 다양한 종으로 이루어진 풍성한 벌 군집 하나가 형성되었고 그 안에는 분명 수백만 마리의 벌이 모여 있었을 것이다.

자연 속에 풍부한 꽃과 둥지 터가 우연히 어우러지면서 커다란 벌 군집이 형성된다. 이러한 공급은 질병이나 악천후로 인한 차질을 막아주며 수요를 만들어낼 것이다. 양봉용 꿀벌을 키우는 사람들은 수천 년 동안 이러한 관계를 잘 이해하고 있었으며 개화한 꽃을 찾아 여기저기 벌통을 옮기면서 모험을 감행했다. 이렇게 함으로써 더 많은 벌을 보상으로 안겨주었을 뿐 아니라 이 벌들이 자신의 먹이로 생산한 황금빛 꿀과 그 꿀을 저장하는 벌집의 양도 늘었고 이 두 가지를 수확하여 내다 팔 수 있었다.

이에 못지않게 중요한 것은 조직적인 꽃가루받이가 하나의 산업 규모로 가능해졌다는 점이다. 수십만 또는 수백만 제곱미터의 땅에 단일 작물을 재배하는 농장이나 과수원의 경우 꽃 피는 시기가 단기간에 집중되어 종종 지역 벌 개체군을 압도할 정도이며, 둥지 서식지가 한정되고 경작지 비율이 높은 자연환경에서 특히 심하다. 이에 대한 해결책이 꽃가루받이 용역이라는 수익성 높은 시장이며 많은 상업적 양봉가가 농장주에게 벌집을 빌려주는 사업으로 연간 수입의 절반 이상을 벌어들인다.

봄철과 여름철 내내 아몬드(이에 대해서는 10장에서 살펴볼 것이다)에서부터 사과, 호박, 체리, 수박, 블루베리 등등에 이르기까지 벌 의존 작물이 꾸준히 이어지는 가운데 벌통을 높다랗게 쌓아 올린 세미트레일러가 이 작물들을 따라 시골 지역을 종횡으로 누빈다. 벌통을 실은 트럭은 마치 이동식 벌 절벽처럼 풍부한 둥지 서식지를 제공하는 반면 연속적으로 이어지는 밭과 과수원은 꽃꿀과 꽃가루를 안정적으로 공급한다. 그 결과 트럭 한 대 화물칸에 실리는 꿀벌 개체수가 1천만 마리 이상이 되기도 한다.

이들 화물차가 전복될 때마다 현장에 출동하는 고속도로 순찰대의 불운한 경찰관 말고는 이런 사실을 제대로 알기 힘들 것이다. 교통 장애를 제쳐놓더라도 벌통의 장거리 수송은 벌 건강에 심각한 위험을 제기한다. 이에 대해서는 9장에서 논할 것이다.

적어도 몇몇 작물의 경우 토종벌 개체군을 늘리는 것이 매력적인 방안이 될 수 있다. 브라이언 그리핀이 깨달았듯이 뿔가위벌은 인공 나무토막에도 기꺼이 둥지를 틀며 아무 과일나무든 가리지 않고 꽃가루받이를 한다. 현재 일본 사과 재배자는 이 벌을 널리 이용하고 있다. 몇몇 가위벌도 비슷한 가능성을 보이며 아무도 건드리지 않는 생울타리를 단지 유지하는 것만으로도 다양한 벌을 불러들여 블루베리에서부터 호박에 이르는 모든 작물의 꽃가루받이를 늘릴 수 있다는 증거가 점점 늘어나고 있다. 심지어는 제꽃가루받이를 하는 것으로 추정되는 콩의 경우도 여러 종이 섞인 벌이 참여하는 경우 훨씬 나은 수확을 올리는 것으로 보인다.

현장 시험이 계속 이루어지고 있지만 시대를 통틀어 가장 성공적인 토종벌 운영계획 중 하나로 꼽히는 방법은 결코 새로운 것이 아니다. 이 방법은 반세기 이상 거슬러 올라가며 미국 서부지역 농부의 작은 집단에서 비롯되었다. 이 농부들은 나 못지않게 특정 벌의 매력에 흠뻑 빠졌던 이들이라고 말해두고 싶다. 알파파 재배 농부들이 노미아Nomia 속(꼬마꽃벌과의 속_옮긴이)에 속하는 수백만 마리의 알칼리벌을 위해 둥지 터를 마련했다는 이야기를 듣자마자 나는 직접 가서 눈으로 봐야 한다고 생각했다.

"꽃이 더 많아지면 벌이 더 많이 생겨요. 꽃이 더 많아지면 벌이 더 많이 생겨요." 마크 웨거너는 이 주문을 반복하는 동안 한 손을 올리고 다시 다른 손을 올리면서 마치 계단을 오르는 것처럼, 또한 가족의 사업 규모가 눈에 띄게 커가는 것처럼 몸짓을 취했다. 요컨대 여러 세대를 거쳐오는 동안 이런 원리가 들어맞았던 것이다.

"할아버지는 산쑥지대의 한 부분을 떼어내어 이 장소를 마련했어요." 활짝 핀 알팔파가 허리 높이까지 무성하게 자라 있는 밭을 둘러보면서 마크가 말했다. 마크의 아들 역시 이 사업에 전업으로 뛰어든 동업자였으며 심지어는 손자도 장래가 촉망되는 출발을 보여주는 것 같다. 가장 나이 어린 두 살짜리 웨거너가 가장 즐겨 하는 활동 중에 벌써 스프링클러를 옮기는 작업이 들어 있다. 이런 식으로 가족이 오랜 기간 농업에 전념하는 경우는 미국 시골에서 점차 사라지고 있다. 하지만 컬럼비아 분지 한가운데 위치한 관개 오아시스인 워싱턴 주 투셰 계곡의 알팔파 재배 농장에서 특이한 점이 이것만은 아니다.

"대략 120톤의 소금을 사용해요." 우리가 밭 가운데 또 다른 곳을 바라보는 동안 마크가 설명했다. 토양을 바꾸는 성분으로서 소금은 대개 적의 경작지를 불모지로 만들기 위한 용도이지만 마크의 농장 한쪽 구석에 위치한 이곳에서 키우는 것은 일반적인 작물이 아니다. 벌을 키우고 있는 이곳에서 소금은 흙의 수분이 날아가지 못하도록 막아주는 층을 형성한다. 벌 밭을 설계할 때 모델로 삼았던 알칼리 평지 위에서 소금이 자연적으로 하는 기능과 같다. 벌의 반응으로 판단하건대 그는 실제와 꽤 근접한 수준에 이른 것으로 보였다.

소금을 뿌린 땅 위에 아지랑이가 피어 있는 것처럼 벌이 떼 지어 맴돌고 있었다. 눈으로 쫓기 힘들 만큼 아주 빠른 속도로 움직이는 작은 몸체들이 헤아릴 수 없을 만큼 몰려들어 광란의 장면을 연출했다. 우리 집 근처의 벌 절벽과 같았지만 다만 옆으로 평평하고 10배가량 넓었다. 또 이곳의 벌은 둥지 구멍 주변에 작은 석탑을 세우는 대신 땅에서 파낸 흙으로 작은 원뿔형 더미를 쌓아 올렸다. 마치 수천 개의 작은 광산에서 파낸 선광 부스러기 같았다. 그러나 벌 절벽과 벌 밭의 가장 큰 차이는 둥지의 정렬 방식이나 그 이유와는 관련이 적었다. 이 벌은 어쩌다 우연히 생겨난 것이 아니라 의도적으로 조성한 것이며 마크는 열심히 일하며 벌에게 필요한 것은 무엇이든 제공해주었다.

"땅속 50센티미터 깊이에서 지하관개를 하고 있어요." 마크가 여러 줄로 늘어선 수도꼭지와 흰 PVC 파이프를 가리키며 말했다. 여기에서는 딱 알맞은 양의 물이 방울방울 떨어지고 있었다. 토양을 시원하게 해주고 땅을 파기 좋을 정도의 단단함을 유지하기에는 적당한 양이지만 그렇다고 둥지가 물에 잠기거나 썩을 정도로 많은 양은 아니었다.

"벌이 우선순위예요." 마크가 이렇게 덧붙이면서 지난 활동기에 겪었던 가뭄에 대해 이야기했다. 당시 상수도 지구에서 작물에 관개용수를 차단하자 사람들은 샤워를 제대로 하지 못했으며 잔디밭은 말라 죽었다. 그러나 벌 밭에서는 한창 둥지를 짓는 절정기 내내 적당량의 물이 계속 배급되었다. "누구보다 벌이 오래 물을 공급받았지요.” 그는 흐뭇해하며 말했고 조금은 자랑스러운 부모처럼 보였다.

바로 그때 아들, 당시에는 벌에 미쳐 있던 일곱 살짜리 꼬마였던 노아가 윙윙거리는 암벌 한 마리를 투명 플라스틱 관 속에 담는데 성공했다. 바로 이런 목적으로 우리는 늘 플라스틱 관을 갖고 다녔다. (벌을 잡았다가 놓아주는 이 일상적 활동을 우리 가족은 ‘관에 벌 담기’라고 불렀다.) 노아가 들어올린 플라스틱 관을 보니 내가 좋아하는 벌의 멋진 오팔색 줄무늬가 바로 눈에 들어왔다.

그러나 내가 딱 한 번 보고 채집했으며 늘 희귀하다고 여겼던 종과 지금 우리 주변에서 붕붕거리는 수많은 벌을 같은 종이라고 연결 짓기는 힘들었다. 마크의 벌 밭, 그리고 알팔파를 재배하는 그의 이웃들이 운영하는 벌 밭은 “당신이 그것을 지으면 그들이 올 것이다”라는 문화적인 밈을 구현한 것이다.

군데군데 흩어져 있는 이 벌 밭은 모두 120만 제곱미터가 넘으며 대략 1,800만에서 2,500만 마리의 둥지 짓는 암벌을 비롯하여 짝을 찾는 최소한 그 정도 수의 수벌에게 기본 서식지를 제공한다. 상업용 꿀벌을 제외하면 이 수치는 이제껏 측정한 것 가운데 가장 큰 규모의 꽃가루 매개체 개체군을 형성하며 윙윙거리는 벌의 메트로폴리스로, 벌 연구자 사이에서는 제8대 세계 불가사의라고 알려져 있다.

웨거너 농장을 둘러본 결과 이 특별한 토종벌이 사업과 관련해 대단한 중요성을 지니게 된 점과 그 이유가 금방 설명되었지만 내가 맨 처음 깨달은 것은 이보다 근본적인 것이었다. 마크 웨거너가 나보다도 훨씬 알칼리벌을 사랑한다는 점이다.

“그건 가질 수 없어, 내 암벌이거든.” 마크가 진지하게, 그러면서도 거칠지는 않게 노아에게 말했고 우리 모두는 작은 벌이 플라스틱 관에서 나와 윙윙대는 벌떼 속으로 순식간에 사라지는 것을 지켜보았다. 나중에 또 다른 벌 밭의 토양 수분을 검사하는 동안 나는 그가 어쩌다가 둥지 구멍에 흙 한 삽을 떨구었을 때 자신을 향해 욕설을 하는 것을 우연히 들었다. 마크에게 알칼리벌에 마음을 쓴다는 것은 곧 벌 한 마리 한 마리에게 마음을 쓴다는 의미였다. 마크가 노아만큼 어렸을 적부터 아버지의 말을 따라 배고픈 새를 쫓기 위해 BB탄 총을 가지고 벌 밭에 나갔다고 하니 아주 어릴 때부터 이 윤리를 실천해온 것이라 할 만했다.

농장을 물려받은 이후 마크는 이웃 및 지역 지도자와 함께 비단 알팔파 재배농뿐 아니라 전체 공동체에서도 알칼리벌이 최우선이 되도록 지칠 줄 모르고 일했다. 계곡 전역에 ‘알칼리벌 구역’이라고 적힌 도로표지판을 세우고 시속 32킬로미터로 엄격한 속도 제한을 두었다. 그러나 마크는 이보다 더 느리게 운전을 하며 벌이 휭 하고 차창 옆을 지날 때면 아주 천천히 달리면서 “창문 올려요, 벌이 차 안으로 들어와요!”라고 주의를 주었다.

64세의 마크는 다부진 체구에 평생을 야외에서 보내느라 얼굴이 햇볕에 탔고, 오랫동안 익숙하게 입어서 편안해 보이는 옷차림으로 진 바지에 부츠를 신고 야구모자를 썼다. “우린 500만 제곱미터의 알팔파 농장을 갖고 있었어요.” 허리 높이로 빽빽하게 늘어선 초

그림 5.3. 워싱턴주의 작은 도시 투셰 외곽에서는 자동차와 트럭이 달팽이 속도로 다닌다. 교통 체증 때문이 아니라 이 지역의 알팔파 재배에 없어서는 안 되는 토종벌을 보호하기 위한 것이다. 사진 © 소어 핸슨.

록색 밭쪽으로 고개를 끄덕이면서 그가 말했다. 마크가 건초용으로 작물을 재배했다면 아마 이야기는 거기서 끝났을 것이다. 하지만 투셰 계곡의 알팔파 재배농은 씨앗 생산을 전문으로 하며 그러기 위해서는 꽃가루받이가 필요했다.

마크의 경작지에는 작은 송이를 이루는 자주색 꽃이 활짝 피어 눈부시게 빛났고 공기 중에는 자극적인 꽃향기가 가득했다. 필시 이 향기에 벌도 취했을 것이고 이에 이끌려 둥지를 나와 사방으로 펼쳐진 풍부한 꽃가루와 꽃꿀을 찾아 나섰을 것이다. 그러나 벌이 알팔파 꽃송이에 닿았을 때 단순히 보상만 쏙 빼서 가져갈 수 있는 상황은 아니었다. 알팔파 꽃은 접힌 꽃잎 속에 꽃가루와 꽃꿀을 숨겨두며 벌이 닿으면, 놀랍게도 꽃잎이 탁 펼쳐져 수술과 암술을 드러내면서 위로 솟구쳐 오른다. 그 결과 대다수 벌 종이 머리나 몸체에 견디기 힘들 정도의 센 타격을 입는다.

예를 들어 꿀벌은 이렇게 세게 때리는 부위를 우회하여 꽃잎 사이 틈새로 꽃꿀을 훔치는 법을 재빨리 배웠는데, 이 때문에 꽃에는 벌의 발조차 닿지 않고 수정도 이루어지지 않는다. 그러나 알칼리벌은 세게 맞아도 개의치 않는 것처럼 즐겁게 이 꽃 저 꽃을 찾아다니며 거의 순전히 알팔파만을 즐겨 먹는 것처럼 보인다. 이 작은 벌이 무엇을 하는지 깨달은 투세 계곡의 농부들은 완벽한 꽃가루 매개체가 생겼다고 믿었다.

"시간을 거슬러 1930년대로 돌아가 알칼리벌을 찾아보고 싶어요." 어느 지점에선가 마크는 알팔파 생산이 확실하게 자리 잡기 직전의 시대에 대해 곰곰이 생각하면서 이렇게 말했다. "분명 이 지역 어디에선가 살고 있었을 거예요."

이 계곡의 관개용수를 공급하는 부근 왈라왈라 강의 강둑을 따라 지금도 자연적인 벌 밭이 몇 군데 형성되어 있으며 이 가운데 몇몇 알칼리벌이 인근의 건조한 덤불 지대에 피어 있는 토종 야생화들을 찾아가기도 한다. 그러나 개체군의 대다수는 이 지역에 자라는 토종 식물보다 늦게, 그리고 더 오래 꽃이 피는 알팔파를 주로 찾느라 활동기가 바뀌었다. 둥지에서 나오는 시기를 바꾼다는 것은 벌의 입장에서 커다란 생태적 변화이지만 마크를 비롯한 지역 재배농들 역시 이 벌에게 적합하도록 재배 방법을 수정함으로써 변화를 꾀했다.

어둠이 깔리고 벌이 안전하게 둥지 속에 틀어박힌 뒤에도 농부들은 밤늦게까지 잠을 자지 않고 밭에 물을 뿌렸다. 벌 밭의 설계와 운영 방식을 끊임없이 수정했으며 곤충학자들이 협력하여 그 결과를 연구했다. 아울러 주 정부와 연방 정부 기관에도 로비활동을 벌이고 벌 친화적인 살충제를 연구하는 대학에 기금을 제공하기 위해 공동으로 자원을 마련하기도 했다. 마크의 노력이 인정받아 최근 북미 꽃가루 매개자 보호 캠페인에서 상을 받았는데 이 상은 대개 전문 학자, 정부 기관 과학자, 환경보호 활동가, 혹은 소규모 유기농 사업 등에 수여되는 상이다.

이제 투셰 계곡은 집약적 경작과 높은 생산성의 농업 환경에서 토종벌을 이용하는 사례 연구로 널리 알려져 있다. 그러나 사람들의 주목을 받고 명예를 얻었음에도 그는 여전히 알칼리벌을 겉핥기식으로 다루고 있을 뿐이라고 느낀다. "아는 것에 비해 모르는 것이 훨씬 많아요."

농장을 다 돌아보았을 무렵 마크는 픽업트럭의 속도를 늦추었다. 그러고는 한쪽 옆이 트여 있는 여러 헛간 중 한 곳을 가리켰다. 마크는 이곳이 일종의 보험증권이라고 했다. 헛간에는 수입된 유럽종 가위벌이 가득했다. 악천후, 질병, 살충제 사고, 그 밖에 자신의 벌 밭에 피해를 줄지도 모르는 여러 위기에 대한 대비책으로 마크가 매년 사들인 벌이었다.

뿔가위벌의 사촌인 가위벌도 나무토막이나 종이 관에 둥지를 지으며, 이런 나무토막이나 관은 어디든 옮길 수 있다. 이 벌을 구매하는 알팔파 재배농은 대개 캐나다에서 상업적으로 벌을 키우는 업자로부터 수백만 마리씩 사들인다. 알칼리벌과 마찬가지로 가위벌도 꽃잎에 세게 얻어맞아도 개의치 않는 것처럼 보이며 이 벌이 알팔파의 주된 꽃가루 매개자가 되는 지역도 있다. 그러나 마크에게 이 벌은 결코 그의 지역에 있는 종과 같지 않다

"이 벌을 사 오지만 사랑하지는 않아요." 그가 이렇게 말하고는 알칼리벌을 향한 자신의 감정을 말로 표현해보려고 애썼다. "달라요. 알칼리벌은 가족의 일부 같아요 … 설명하기 힘드네요." 마크는 잠시 말을 멈추었다가 다시 짤막하게 덧붙였다. "알칼리벌은 내가 알팔파 재배농으로 살아가는 이유예요."

차를 몰아 투셰 계곡을 나오기 전 노아와 나는 마지막으로 멈춰서 벌 소리에 귀를 기울였다. 시동을 끄고 차창을 내리니 벌 소리는 마치 커다란 진동 소리 같았고 들판 위로 쉬지 않고 웅웅거리는 낮은 활악기 음처럼 들렸다. 마크를 비롯한 지역 재배농들에게 이 음악은 생계의 소리이며 삶의 배경음이었다. 이 소리는 벌과 꽃의 관계를 상징할 뿐 아니라 우리가 이 책에서 다음으로 살펴보게 될 또 다른 깊은 연관성을 상징했다. 바로 벌과 사람 사이의 매우 중요하고도 놀랄 만큼 유서 깊은 연결 관계이다.

벌과 사람

그러나 그대가 벌에게 쏘이지 않는 호의를 얻고자 한다면 벌을 성나게 하는 일을 삼가야 한다. 불결하거나 더러워서는 안 된다. 벌은 불결함과 더러움을 정말로 혐오하기 때문이다(벌 자신이 순결하며 깔끔하다). 벌이 모여 있는 곳에 땀 냄새를 풍기며 들어가도 안 되고 부추나 양파, 마늘 등을 먹고 나서 입 냄새를 풍기며 들어가도 안 된다… 과식을 하거나 술에 취해서도 안 되며, 그들이 있는 쪽으로 입김을 내뿜으며 숨을 헐떡여도 안 되고, 급히 서두느라 그들 무리를 휘저어놓아도 안 되며 벌이 그대를 위협하는 것처럼 보일 때에도 거칠게 방어해서는 안 되고 그저 그대의 얼굴 앞에서 손을 부드럽게 움직이며 벌을 옆으로 살살 밀어내야 한다. … 한마디로 그대는 순결하고, 깨끗하고, 부드럽고, 맑은 정신을 지니며, 조용하고, 친숙해야 한다. 그러면 벌은 그대를 사랑하고 다른 모든 사람 속에서 그대를 알아볼 것이다.

찰스 버틀러, 『여성 군주』(1609년)

제6장

벌꿀길잡이새와 초기 인류

벌이 없으면 꿀도 없다.

에라스무스, 『격언집』(1500년경)

매년 거의 2천 명의 보존생물학협회 회원들이 닷새 일정의 학회 모임에 모여 인맥을 쌓고 각자가 발견한 것을 공유하며 멸종위기에 몰린 종과 자연환경을 연구하고 보호하는 일의 어려움에 대해 논한다. 학회 장소는 매년 바뀌지만 아무리 이국적인 장소라고 해도 필시 답답한 실내에서 모임이 이루어진다는 근본적인 역설이 바뀌지는 않는다. 이런 답답한 실내야말로 현장 과학자 집단이 가장 머물고 싶지 않은 장소이기 때문이다. 하루 이틀 지나면 안달이 나기 시작하고 몇몇 무리가 렌터카로 우르르 몰려가 가장 가까운 국립공원을 몰래 찾는 모습을 흔치 않게 볼 수 있다. 그러나 때로는 회의실 창문 바로 바깥에 최고의 풍경이 펼쳐지기도 한다.

몇 년 전 남아프리카공화국에서 학회를 주최했을 때 포트엘리자베스 외곽에 위치한 넬슨 만델라 메트로폴리탄대학에서 학회가 열렸다. 주요 건물군을 제외하면 830만 제곱미터에 달하는 캠퍼스의 대부분이 여전히 사람 손에 거의 닿지 않은 핀보스였다. 핀보스란 '훌륭한 덤불'이라는 의미의 아프리칸스어(네덜란드어에서 발달한 언어로 남아프리카공화국에서 사용된다_옮긴이)를 따와 이름을 지은, 건조한 덤불 서식지를 말한다.

둘째 날 오후 논문을 발표하고 몇 가지 질문에 답을 끝낸 나는 다음 순서가 진행되는 동안 창밖을 응시하고 있었다. 멀리서 바라보니 핀보스는 별 특징 없는 곳으로 보였고 햇볕이 쨍쨍 내리쬐는 황야가 부드럽게 물결치듯 드넓게 펼쳐져 있었다. 그런데 어느 순간 푸른색이 펼쳐진 황야에 다른 색깔을 띠는 부분들이 여기저기 흩어져 있는 것이 눈에 들어왔다. 핀보스는 꽃이 피는 시기를 맞고 있었고 문득 나는 아주 멋진 광경을 목격하기에 알맞은 장소에 때 맞춰 와 있었다. 나는 자리에서 일어나 밖으로 뛰쳐나갔다. 창문 밖을 내다보고 있던 사람이라면 분명 얼마 뒤 내가 벌과 인간의 관계가 형성되던 가장 오래된 뿌리 단계의 상호작용을 찾아보려고 덤불 속으로 사라지는 모습을 보았을 것이다.

벌을 발견하는 데는 그리 오랜 시간이 걸리지 않았다. 풀협죽도와 비슷하게 생긴 분홍빛 꽃의 덤불에서 내가 찾던 종의 벌 무리를 찾았다. 북미에서는 이 광경만으로도 아주 진귀한 일이다. 원산지 서식지에 사는 꿀벌이 있었기 때문이다. 우리 섬에서는 꿀벌이 지역 토종에 미치는 영향과 꿀벌의 생물학에 대한 나의 관심이 서로 부딪히면서 이 매력적인 생명체에 대해 갈등을 느끼지 않을 수 없었다. 한

번 추산해보니 양봉용 벌통 한 개의 꿀벌은 청줄벌이나 뿔가위벌, 가위벌, 여타 토종벌의 둥지 10만 개 칸에 먹이를 공급할 정도의 꽃가루와 꽃꿀을 소비했다.

그러나 이곳의 꿀벌은 원래 있던 곳에 살면서 이 종이 생겨난—그리고 우리 인간 종도 생겨난—건조한 아프리카 자연환경과 똑같은 곳을 이리저리 날아다니고 있었다. 나는 이 벌들이 이따금 꽃 한 송이에 두 마리씩 앉기도 하면서 꽃꿀을 빠는 동안 가만히 지켜보았다. 그러다 벌이 날아가면 이 벌이 사는 벌집까지 쫓아갈 수 있는지 알아보려고 시험 삼아 뒤따라 가보기도 했다. 그러나 소용이 없었다. 몇 발짝 가지 못해 빼곡한 덤불 속으로 날아가 버리는 벌들을 번번이 놓치고 말았다. 그래서 나는 도움의 손길이 찾아오기를 희망하면서 자리에 앉아 귀를 기울이며 기다렸다.

만일 내가 소설을 쓰는 중이라면 바로 이 대목에서 지빠귀만 한 갈색 새 한 마리가 부근 나뭇가지에 앉아 나의 관심을 끌려고 흥분해서 재잘거렸다고 썼을 것이다. 그런 다음 이 새가 이 가지에서 저 가지로 핀보스 이곳저곳을 폴짝폴짝 뛰어다니고 날개를 파닥거리면서 나를 곧바로 벌이 윙윙대는 벌통으로 이끄는 동안 내가 어떻게 그 새의 뒤를 따라갔는지 묘사했을 것이다. 그런 일은 없었다. 하지만 이상한 점은 그런 일이 일어날 가능성이 있다는 것이다.

벌꿀길잡이새는 앞서 내가 묘사한 것과 똑같은 행동을 한다고 해서 이런 이름을 얻었다. 활기차게 폴짝폴짝 뛰거나 날개를 파닥거리고, 새 관련 책에서 "케, 케, 케, 케, 케, 케, 케!!!"라고 묘사하는 울

그림 6.1. 원산지의 꿀벌. 토종 양봉꿀벌의 일벌이 남아프리카공화국의 토종 칼잎막사국 꽃에서 꽃꿀을 모으고 있다. 위키미디어공용에서 찾은 데릭 키츠의 사진

음소리를 쉬지 않고 내면서 사람들을 벌집까지 안내한다. 이 새는 아프리카 사하라 사막 이남 지역에 널리 분포해 있는데, 이 새가 발견되는 곳에서는 그곳이 어디든 간에 전통적인 꿀 채집자들이 새의 독특한 재능을 이용했다.

한 연구에 따르면 벌꿀길잡이새를 따라갈 경우 벌 둥지를 찾을 확률이 560퍼센트 증가하며 이 새들은 벌꿀 채집자가 독자적으로 찾아낸 것보다 훨씬 크고 생산물도 더 많은 둥지로 늘 안내해주었다. 벌통이 발견되어 파괴되고 나면 벌꿀길잡이새는 남은 음식과 찌꺼기를 마음껏 먹을 수 있는 이점을 누린다. 특정 먹이만 전문적으로 먹은 결과 이 새는 밀랍을 소화할 수 있는 특이한 능력을 지니게 되었다.

유럽의 어느 초기 관찰자가 지적했듯이 사람들은 계산된 양만큼만 벌집을 선물함으로써 습관적으로 조류 협력자에게 보상을 주었다. “채집자들은 늘 잊지 않고 안내자에게 적은 양을 남겨주었는데 대개는 허기를 다 채울 정도로 많은 양은 남겨주지 않으려고 신경을 쓴다. 이런 인색함은 새의 식욕을 더욱 돋우기만 할 뿐이어서 새는 더 많은 보상을 얻겠다는 희망으로 또 다른 벌 둥지를 찾아냄으로써 어쩔 수 없이 두 번째 배신을 감행하고 만다.”

그날 오후 핀보스에서 벌꿀길잡이새가 불쑥 나타나 나를 도와주는 일은 없었다. 그러나 이 새의 습성은 흔히 볼 수 있으며 조류학자에게도 잘 알려져 있고 시대를 통틀어 가장 멋진 학명인 인디카토르 인디카토르Indicator indicator(가리켜서 알려주는 것이라는 의미를 갖고 있다_옮긴이) 속에 영원히 새겨져 있다.

벌꿀길잡이새에 관한 최초의 연구 논문은 1776년 12월 런던왕립학회 모임에서 발표되었다. 이 논문에서는 자연적으로 생겨난 이 새의 상대역을 추정하여 언급하면서 라텔 혹은 벌꿀오소리라고 불리는 벌집 습격자 포유류를 지목했다. 두 세기가 넘도록 일반적인 과학 지식에서는 새와 오소리 사이에 길잡이 행위가 진화해왔고 사람은 그저 등장하여 이 행위를 이용하는 법을 배운 것뿐이라고 주장해왔다.

1980년대가 되어서야 남아프리카공화국의 한 생물학자 집단이 그동안 줄곧 당연하게 인정했어야 하는 사실, 즉 벌꿀오소리가 거의 전적으로 야행성이라는 사실을 지적했다. 벌꿀오소리가 깨어 있는 시간에 벌꿀길잡이새를 만날 기회는 어스름 저녁 잠깐뿐인데 그처럼 제한된 기회가 훌륭한 공진화의 출발점이 되었을 것 같지 않으며 특히 이처럼 복잡한 상호작용에서는 더더욱 그렇다.

의혹을 품은 이들이 조금 더 깊이 파고들면서 벌꿀오소리가 근시안이며 거의 듣지도 못한다는 점, 또한 새들은 흔히 나무 위의 벌집을 찾아내는 데 반해 벌꿀오소리는 나무에 기어 올라가는 일이 드물다는 점도 알게 되었다. 벌꿀길잡이새의 울음소리를 녹음하여 우리에 갇힌 벌꿀오소리에게 들려주어도 아무 반응을 보이지 않았다.

들판에서 이 두 종이 서로 연관되는 이야기를 담은 모든 출판물은 그것이 전해 들은 이야기에서 비롯된 것이든 민담에서 유래한 것이든 모두 알고 보면 입증되지 않은 내용이다. 생물학자, 동식물연구가, 벌꿀 채집자, 심지어는 사파리를 찾는 관광객 중 누구도 오소리를 벌꿀 있는 곳으로 안내해주는 새를 목격한 적 없었다. 자연사 논문 심지어는 베스트셀러 아동서적에도 근거 없는 믿음이 끈질기게 남아 있기는 하지만 벌꿀길잡이새의 행위 뒤에 깔린 진짜 이야기를 알아내려면 다른 과학 분야의 문을 두드리는 생물학자가 있어야 한다.

"내가 기반으로 삼는 것은 영양이에요." 앨리사 크리텐든이 말했다. "그 위에 모든 것이 세워지지요. 음식은 인간 진화 이야기가 끝나는 지점이 아니라 시작되는 지점이에요." 앨리사의 연구실은 라스베이거스에 있는 네바다대학 인류학 건물의 좁은 복도 끝에 있었다. 앨리사의 자격증에는 영양학적 인류학이라는 명예로운 이름의 교수직이 들어 있지만 그녀는 생태학도 함께 연구했다. 이 두 가지 관점 덕

그림 6.2. 벌꿀길잡이새(위)는 낮에 활동하고 벌꿀오소리(아래)는 대체로 야행성이라는 엄연한 사실이 있는데도 오래전부터 사람들은 벌꿀오소리를 벌집까지 안내하는 놀라운 길잡이 습성이 벌꿀길잡이새에게 생겨났다고 가정했다. 이제 대다수 전문가는 이 새가 인간 조상과의 협력으로 이 놀라운 특성을 갖게 되었다는 데 동의한다. 위키미디어 공용

분에 그녀는 환경이라는 맥락에서 인간의 식습관에 관한 물음을 제기할 수 있었다.

대화를 나누는 동안 앨리사는 "사람과 그들의 식량 자원을 연결시킨다"는 흥미로운 표현을 사용하며 우리 조상이 무엇을 먹기로 선택했는가가 오늘날의 우리를 규정하는 데 도움이 된다는 설득력 있는 주장을 내놓는다. 이 주장이 옳다면 사람과 벌꿀길잡이새는 아마 많은 공통점이 있을 것이다.

"사람이 진화하던 곳과 똑같은 자연 속에서 살아가는 수렵채집인을 연구한다면 순식간에 범위가 좁혀져요." 앨리사는 이렇게 말하면서 자신이 탄자니아의 하드자족과 오랜 유대를 쌓아온 과정을 설명했다. 하드자족 가운데 대략 300명이 에야시 호수 주변의 건조한 평원과 숲 곳곳에 작은 무리를 이루어 매우 전통적인 생활방식으로 살고 있다. 이들의 거주 구역은 올두바이 협곡에서 라에톨리까지 40킬로미터도 채 되지 않으며 이 구역의 여러 터에서 발굴된 화석, 발자국, 석기들이 300만 년도 더 전에 인간 조상이 존재했다는 것을 입증해주었다. 앨리사는 하드자족 같은 집단은 현대적이며 문화적으로 구별된다고 재빨리 덧붙이며 지적했다. 그러나 이 집단은 우리 종이 발생했던 바로 그 지역에서 최소 생계의 생활방식으로 영양을 얻는 이들로, 우리에게 가르쳐줄 것이 많다.

하드자족을 대상으로 하는 첫 활동기에 앨리사는 여성과 아동이 구해오는 과일과 덩이줄기에서부터 남성이 잡아 오는 여러 영양과 새와 그 밖의 동물에 이르기까지 일일 수확물의 무게를 재고 목록을 작성했다. 그녀는 식량 자원의 계절적 변동이 가족생활, 특히 여성이 언제 누구와 아이를 가질 것인지 정하는 결정에 어떤 영향을 미치는지에 관심을 가졌다.

당시 인류학의 영양학 연구는 대부분 앨리사가 '고기 대 감자 논쟁'이라고 일컫는 문제에 전념하고 있었으며, 이는 사냥과 채집 중 어느 쪽에서 얻은 칼로리가 초기 인류의 행위와 발달에 더 많이 기여했는가를 둘러싼 오래된 충돌이었다. 그녀는 그 이야기 속에 더 많은 것이 있을 거라고 여기면서 여느 훌륭한 과학자가 그러듯이 두 눈과 귀를 활짝 열어두었다.

"나는 늘 데이터를 따라가요." 그녀가 말했다. 그러나 이런 앨리사조차 데이터가 벌꿀을 가리키기 시작하여 자신의 연구가 전환기를 맞았을 때 무척 놀랐다.

"벌어진 입을 다물지 못했어요." 앨리사는 이렇게 회상하면서 하드자족의 전통적인 벌꿀 채집을 처음으로 잠깐 접했던 일을 설명했다. 남자들이 거대한 바오밥나무 몸통에 대강 만들어 박은 일련의 나무 말뚝을 밟고 나무 몸통을 기어 올라가 횃불로 벌집의 벌 떼에게 연기를 쐬어 황금빛 벌꿀이 뚝뚝 떨어지는 벌집을 차례차례 떨어뜨리는 광경을 그녀는 넋을 놓고 지켜보았다. 그러나 이 소중한 것을 막사로 가져왔을 때 사람들이 보인 반응에 비하면 아무것도 아니었다.

"아이들이 모두 노래를 부르면서 춤을 추고 장난을 치기 시작했어요. 다들 이것을 함께 나눌 생각에 몹시 흥분했으며 서로에게, 그리고 내게도 좋은 부분을 골라서 주었지요. 그때까지 나는 이 비슷한 것도 본 적이 없었어요." 이 일화는 머릿속에서 떠나지 않았고 계속 맴돌았다. 하드자족은 얼마나 많은 벌꿀을 먹었을까? 엘리사와 동료들은 중요한 칼로리 원천을 알아차리지 못한 것인가? 더 깊이 들여다볼수록 점점 확신이 들었다.

"우리가 데이터를 확보한 모든 채집 생활자가 벌꿀을 목표물로 겨냥해요. 모든 유인원이 벌꿀을 먹고요." 그녀가 이렇게 말하면서 목록에 강조점을 찍는 것처럼 자신의 생각을 되짚어 나갔다. "벌꿀은 영양이 풍부해요. 많이들 좋아하고요. 벌꿀은 지금이나 우리가 진화하던 과거에나 전 세계적으로 중요한 음식이지요. 우리는 확실히 뭔가를 놓치고 있었던 거예요!"

앨리사도 거의 놓칠 뻔했다. 대학에 입학했을 때 인류학은 관심 대상에 있지도 않았다. 그녀는 의사가 되고 싶었고 의과대학 예과 과정을 잘 다니고 있다가 우연히 인간 진화 개론이라는 제목의 강좌를 수강하게 되었다.

"머리가 갑자기 확 열렸어요." 그녀는 당시 수업이 이제껏 줄곧 생각해왔던 모든 것을 한꺼번에 다 연결해주는 것 같았다고 회상했다. 갑작스러운 진로변경은 마치 앨리스가 토끼굴을 통해 이상한 나라로 내려간 것과 같았다.

"화급을 다투는 중요 문제들이 아주 많았어요." 그녀가 말했다. 또 한편으로 대화하면서 어렴풋이 알 수 있었듯 여전히 앨리사에게는 중요한 문제가 남아 있었다. 그동안 쌓은 업적에 비해 놀라울 정도로 젊은 그녀는 영양에 관한 전문가에게서 기대할 법한 정돈된 적

합성과 끝없는 에너지를 쏟아 붓고 있다.

캠퍼스 커피점에 다녀오느라 대화가 잠시 중단된 것을 제외하고 우리는 2시간 반 동안 벌꿀의 화학에서부터 하드자족이 화살에 깃털을 붙이는 것, 그리고 학문적 글쓰기의 어려움에 대한 것까지 폭넓은 주제를 이야기했다. 내가 그녀의 연구에 대해 호기심을 갖고 알고 싶어 하는 것만큼이나 그녀 역시 내 연구에 대해 알고 싶어 하는 것처럼 보일 때가 많았으며, 끈질기면서도 형식에 구애되지 않는 친근함으로 여러 가지 질문을 던졌다. 그녀가 하드자족에게서 그토록 많은 것을 깨달을 수 있었던 것도 아마 이러한 태도 때문일 것이다.

"벌꿀은 그들에게 1순위로 꼽히는 음식이에요." 앨리사의 말이

그림 6.3. 하드자족의 한 벌꿀 채집자가 야생 꿀벌 둥지에서 갓 따온 벌집을 들고 자세를 취하고 있다. 사진© 앨리사 크리텐든.

었다. 그녀가 진행한 모든 인터뷰에 이 말이 일관적으로 등장했다. 아이는 말할 것도 없고 모든 나이대의 여자와 남자가 온갖 종류의 과일과 고기를 제쳐두고 가장 좋아하는 음식 1순위로 벌꿀을 꼽는다.

남자와 나이 든 소년들이 매일 벌꿀을 찾으러 나서 꿀벌 벌집뿐 아니라 적어도 여섯 종의 안쏘는벌 둥지를 습격한다. 여자들의 경우 통상적으로 나무나 그루터기에 있는 큰 둥지를 떼어내는 데 필요한 도끼를 가지고 다니지는 않지만 그래도 몇몇 안쏘는벌의 꿀을 채집했다.

앨리사와 동료들이 몇 년간의 관찰을 바탕으로 자료를 모을 때 꿀이 하드자족 음식의 칼로리 중 15퍼센트를 공급한다는 것을 알아냈다. "이 수치는 너무 적게 잡은 거예요." 그녀가 주의를 주었다. 이 수치에는 열심히 먹는 벌 유충과 꽃가루의 영양은 하나도 포함되지 않았기 때문이다. 또 이 수치는 야영지 밖에서 먹는 것도 고려하지 않았다. 남자의 경우 벌꿀을 발견할 때마다 통상적으로 마구 먹어대는데, 다 함께 나눠 먹기 위해 집으로 가져오는 양의 3분의 1에서 많으면 세 배까지 먹게 되므로 벌꿀에서 얻는 칼로리가 훨씬 높을 것이다.

"남자들은 밖에서 목이 마르다고 늘 불평을 해요." 앨리사는 웃으면서 이렇게 말한 뒤 이 모든 당분을 처리하기 위해서는 신체에 수분 섭취가 필요하다고 지적했다. "핼러윈데이의 우리 딸처럼 말이에요." 그러나 핼러윈데이에 과자를 안 주면 장난을 칠 거라고 집집마

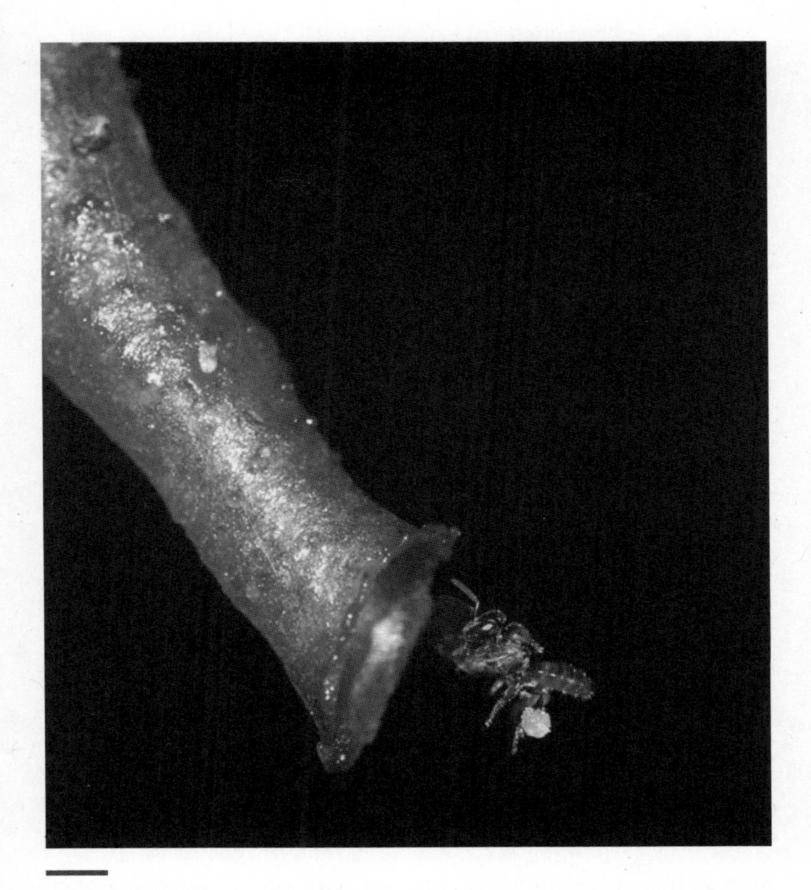

그림 6.4. 하드자족의 벌꿀 채집자는 일곱 가지 토종벌의 둥지를 노리며 그중에는 둥지로 들어가는 입구에 수진으로 정성스럽게 굴을 만드는 히포트리고나Hypotrigona 속의 벌도 있었다. 한 지역의 방언에서 안쏘는벌을 일컫는 이름은 "커피 꽃을 찾는 평화롭고 작은 곤충"이라고 번역되었다. 사진 © 마틴 그림.

다 다니는 아이들이 일 년에 하룻밤 단것을 마음껏 즐긴다면 하드자족은 매일 벌꿀을 찾아다닌다. 또 우리 조상이 이 서식지를 차지하고 살던 시절에 하드자족과 똑같이 했다면 벌꿀길잡이새의 기이한 습성을 포함하여 많은 것이 설명될 것이다.

"사실 새에는 그다지 관심이 없어요." 하드자족은 기회가 될 때마다 새를 쫓아가지만 앨리사는 새에는 관심이 없다고 인정했다. 앨리사는 벌꿀길잡이새와 인간의 상호작용에 관한 연구를 다른 이들의 몫으로 남겨두었으나 이 상호작용이 어떻게 시작되었는가 하는 문제에 관한 그녀의 연구에는 의혹이 거의 없었다. 그녀는 벌꿀을 좋아하는 우리의 기호가 저 먼 영장류 시절의 과거에서 왔다는 견해를 옹호한다. 살아 있는 모든 커다란 유인원 종이 많은 노력을 기울여 벌꿀을 찾아낸다는 사실이 이 주장을 뒷받침한다.

유전적 증거가 암시하듯 벌꿀길잡이새가 300만 년 전에 진화했다면 우리 조상이 동아프리카 숲과 사바나의 거주자로 이미 확고하게 자리 잡고 부근에 두 발로 걸어 다니는 발자국을 남기고 있었을 때 이 벌꿀길잡이새가 등장한 것이다. 이러한 정황에서 최초의 벌꿀길잡이새가 야행성인 오소리의 관심을 끌려고 굳이 힘들게 애쓸 이유가 있었을까? 현재 널리 인정받는 이론에서는 직립보행하는 당시의 초기 인류가 온종일 벌꿀을 찾아다니느라 이미 쉽게 눈에 띄었고 이 새가 이러한 초기 인류와 함께 공진화했다고 보고 있다.

현대의 벌꿀길잡이새가 전적으로 사람에게만 온 관심을 집중하는 것은 놀라운 일이 아니다. 이 새가 아주 아주 오랜 시간 동안 호모속을 상대로 벌여온 재주이기 때문이다. 그러나 벌꿀 이야기와 관련하여 앨리사를 비롯한 다른 영양학적 인류학자에게 가장 큰 흥미를 끄는 부분은 결코 새와는 관련이 없으며 우리 종을 규정하게 된 결정적인 진화 단계와 관련이 있다.

"뇌는 절대적인 포도당 소모자예요." 앨리사가 인간 생물학의 기본 가르침을 내게 일깨우며 말했다. 뇌는 기본적인 세포 기능뿐 아니라 신경 전달을 위해 에너지를 쓰기 때문에 생리학자는 뇌 조직을 가리켜 "물질대사 측면에서 비용이 많이 드는" 조직이라고 일컫는다. 평균적인 인간 뇌는 몸무게의 2퍼센트밖에 되지 않지만 일일 에너지 요구량의 20퍼센트를 소비한다. 또 그 모든 에너지를 포도당 형태로 요구한다.

우리 몸을 유지하기 위해 우리가 먹은 음식의 탄수화물을 분해하거나 혹은 간과 신장의 도움으로 단백질과 지방질에서 발견하는 에너지를 재구성한다. 그러나 인간의 식단에 포함된 천연 음식 가운데 벌꿀만큼 순수하고 소화하기 쉬운 형태의 포도당을 함유한 것은 없다. 한 숟가락 분량의 벌꿀에 들어 있는 칼로리의 3분의 1 전부가 순수 포도당이며 나머지의 상당 부분도 설탕과 비슷한 과당의 형태로 되어 있다.

"자연에서 구할 수 있는 가장 풍부한 에너지의 음식이지요." 앨리사가 지적했다. 굶주려 있는 커다란 두뇌에 먹을 것을 주어야 하는 필요성 때문에 아마도 우리는 에너지가 풍부한 음식을 갈망하게 되었을 것이다.

인간 진화에 관해 설명한 모든 훌륭한 교과서에는 '호두까기 인간'이라고 알려진 두개골 그림이 실려 있는데, 이것은 1959년 올두바이 협곡 부근에서 메리 리키가 발견한 오스트랄로피테쿠스 속의 표본이다. 두개골의 크기가 상대적으로 작고 커다란 어금니가 있는 아래턱이 돌출되어 있기는 해도—어금니와 아래턱의 모양에서 영감을 받아 호두까기 인간이라는 별명을 붙였다—거의 인간처럼 보인다.

이와 대조적으로 호모 속의 두개골은 이보다 작은 턱과 이빨을 지니고 있고 얼굴이 평평하며 회백질이 들어갈 공간이 훨씬 넓어서 비전문가의 눈으로 보아도 뚜렷하게 다르다. 현대 인간이 오래전의 호두까기 인간보다 두 배 반이나 큰 두뇌 용량을 자랑할 정도로 두뇌 크기가 갑작스럽게 비약적으로 커진 것이야말로 우리 혈통의 보증 마크이다.

앨리사 같은 영양학적 인류학자가 보기에 우리 조상의 두개골에 나타난 모든 변화는 식습관과 관련한 중요한 물음을 제기한다. 칼로리 증가가 수반되지 않았다면 초기의 인간들은 커진 두뇌의 물질대사 소비량을 충당할 수 없었을 것이다. 치아 크기가 작아진 변화가 이를 어느 정도 설명해주는데, 이것은 보다 부드럽고 영양이 풍부한 음식으로 옮겨갔다는 것을 암시한다.

오늘날까지 대다수 이론에서는 사냥을 통한 고기 소비의 증가, 혹은 덩이줄기나 그 밖의 새로운 음식을 얻고 준비할 수 있는 도구의 등장 덕분에 그런 변화가 가능했다고 보았다. 불을 통제하게 됨으로써 요리의 영양학적 이점을 얻었다는 이야기 역시 가능성 있는 요인이었다. 앨리사와 동료들은 이러한 식습관 혁신의 목록에 벌꿀을 포함하며, 벌꿀이야말로 두뇌 기능을 향상시키는 영양 음식 가운데 가장 강력한 것이라고 말한다.

"이제 탄력을 받고 있어요." 어느 지점에선가 앨리사가 말했다. "벌꿀이 주목을 끌고 있지요." 먼 과거에 벌꿀을 소비했다는 사실을 입증하는 일이 최근까지도 불가능했다고 그녀는 설명했다. 식생활의 다른 습성이나 발전과 달리 벌꿀은 특색 있는 도구나 검게 탄 재받이돌, 혹은 뼈에 뚜렷하게 새겨진 도축 흔적 등을 남기지 않았다. 이 역시 인공물의 뚜렷한 흔적을 남긴 사건만 지나치게 강조하는 보존 편향의 또 다른 사례일지도 모른다.

최근까지 벌꿀은 흔적이 보이지 않았기 때문에 간과되어 왔다. 그러나 이제 새로운 기법을 도입하여 아주 작은 얼룩이나 잔여물에서도 오래도록 남아 있는 화학적 지문을 정확히 찾아낼 수 있게 되었다. 수천 개의 질그릇 조각뿐 아니라 세계 최초의 치아 충전제로 보이는 것에서 신빙성 있는 밀랍의 증거들이 이미 여러 연구에서 나왔으며, 이 증거들은 신석기가 시작될 무렵 인류가 벌꿀과 강한 관련이 있음을 확인해준다. 자신이 관심을 갖는 더 먼 과거의 시기를 알아보기 위해 앨리사는 예전의 인류학자들이 흠집이라고 여겼던 것, 즉 치석에 희망을 걸고 있다.

"우리는 늘 치아 표본을 세척하곤 했어요." 그녀가 두 손으로 문질러 닦는 시늉을 하면서 말했다. "하지만 이제는 어리석지 않아요." 얼룩 없이 깨끗한 화석이 박물관 전시용으로는 좋아 보일지 모르지만 구석구석 끼어 있는 중요한 자료까지 제거된다.

화석 치석에는 먼 옛날의 식습관을 알려주는 놀라울 만큼 많은 정보가 있으며 심지어는 사회적 행위에 대한 암시도 제공한다. 예를 들어 네안데르탈인의 치석에서 최근 명백하게 인간의 것인 구강 미생물을 발견함으로써 두 종이 한때 식사를 같이했거나 혹은 이보다 논란의 여지는 많지만 서로의 침이 섞이는 선사시대의 키스를 나누었을 가능성이 제기되었다.

앨리사는 적절한 시기에 속하는 치석을 분석하면 인류 진화 역사의 모든 핵심 지점에서 벌꿀의 흔적을 찾을 거라고 확신한다. 벌집 사냥을 하는 동물들이 그렇듯이 우리 조상의 경우도 벌꿀을 발견하면 복잡한 과제를 완수한 데 따른 풍부한 영양의 보상을 얻었다. 이런 점이 도구 사용 및 불에 대한 통제력뿐 아니라 서로 협력하고 함께 나누는 행위를 자극하는 동력이 되었을 것이다. 손도끼, 얇은 돌조각, 그 밖에 사냥감을 죽이고 도축하는 데 효율성을 가져다준 석기 역시 나무 속에 감춰진 보다 큰 벌 둥지에 접근할 수 있도록 해주었을 것이다. 또 불을 사용함으로써 요리를 통한 영양 증대를 꾀할 수 있었다면 불에서 나오는 연기로 꿀벌을 진압할 수도 있었을 것이다. 실제로 우리 조상이 오늘날의 하드자족만큼이나 자주 벌꿀을 찾아다녔다면 이러한 발전이 이루어질 때마다 당질 칼로리의 엄청난 증가가 수반되었을 것이다.

또 대화를 나누는 동안 앨리사가 몇 차례 상기해주었듯이 벌 둥지에는 유충과 꽃가루도 포함되어 있는데, 이것들은 단백질과 미량 영양소뿐 아니라 추가적인 칼로리도 제공했다. 종합해볼 때 이러한 식습관의 여러 가지 기여가 강력하게 뒷받침하는 바는 우리 조상이 벌(그리고 벌꿀길잡이새)을 뒤쫓는 법을 익힘으로써 점차 커지는 두뇌

그림 6.5. 하드자족이 채집한 야생 벌집은 뜻밖의 소득이 되었다. 액체 형태의 벌꿀은 당분 칼로리를 공급하고 나아가 벌 유충과 꽃가루가 가득 든 방은 단백질과 영양분을 제공한다.

를 보강하고—인류학 용어로 말하면—"영양학적으로 다른 종을 능가할" 수 있게 되어 인간 진화에 영향을 미쳤다는 점이다.

호모 사피엔스가 이렇게 커다란 뇌를 지니고 지배적 우위를 확보하게 된 요인이 무엇인가에 대해 사람들은 앞으로도 계속 논하겠지만 앨리사와 동료들은 벌꿀을 논의의 탁자에 올려 한자리를 차지하도록 하는 데 성공했다. 이들의 이론은 기존의 패러다임을 대체하기보다는 보완하는 내용이어서 빠른 시일 내에 자리를 잡을 수 있었다. 우리가 벌꿀을 먹은 덕분에 인간이 되었다고 믿는 사람은 없지만 우리 조상의 식생활에서 벌꿀이 매우 귀중하고 영양학적으로 강력한 부분을 차지했다는 것을 의심하는 사람은 이제 거의 없다.

애초 나는 우리 인간과 벌의 연관성과 관련해서 이와 같은 견해의 내용 때문에 이끌리게 되었지만 다른 한편으로 앨리사와 그녀의 동료들이 견해를 발전시켜 가는 방식, 다시 말해 흥미로운 관찰을 토대로 보다 광범위한 내용을 간단하게 제시하는 쪽으로 나아가는 방식에 대해서도 감탄하게 되었다. 이 모든 것이 앨리사의 홈페이지에서 볼 수 있는 간행물 목록에 나와 있었으며 그녀와 함께한 공동저자들, 그리고 그녀가 다룬 주제들이 오랜 기간 벌꿀과 소화에서부터 석기와 치아 에나멜에 새겨진 마모 형태에 이르기까지 어떻게 점차 대상과 규모를 늘려왔는지 개괄적으로 나타나 있었다. (다른 사람들의 참고문헌을 자세히 들여다보는 일은 과학을 직업으로 하는 사람의 괴짜 같은 즐거움 중 하나이다.)

앨리사는 맨 처음 했던 말을 다시 되풀이하면서 우리 대화를 마무리했다. 그것은 그녀의 연구 전체를 하나로 묶는 근본적인 물음, '우리는 어떻게 해서 이렇게 생긴 몸으로 걸어 다니고 지금과 같은 방식으로 살게 되었는가?' 하는 물음이었다. 이야기를 마치고 유치원에서 돌아오는 딸을 데리러 가기 위해 자리를 뜬 앨리사의 모습을 보자 그녀가 연구했던 또 다른 주제가 떠올랐다. 바로 하드자족 아동의 채집 습관에 관한 일련의 논문들이었다.

나이 어린 수렵 채집인이 단 것을 좋아하는 것은 전혀 놀라운 일이 아닐 것이다. 어느 곳에서든 아이는 어른에 비해 당분 허용치가 상당히 높으며 특히 활발한 뼈 성장기에 더욱 높다. 이때에는 쉽게 소화되는 칼로리를 통해 빠르게 얻을 수 있는 에너지를 몸에서 강하게 원한다. 어린 하드자족은 처음에 야영지 부근에 있는 무화과, 베리류, 덩이줄기, 바오밥나무 열매를 목표로 삼는 것으로 시작했다가 머지않아 낮게 드리워진 속 빈 나뭇가지나 심지어는 땅속처럼 쉽게 손이 닿는 위치에 몇몇 안쏘는벌이 둥지를 짓는다는 것을 알게 된다.

전통적으로 남성들이 쓰는 도구인 도끼를 휘두를 만큼 나이가 들면 소년들은 나무에 둥지를 짓는 벌을 졸업하고 마침내 가장 크고 풍부한 벌집을 찾아 벌꿀길잡이새를 뒤쫓게 된다. 이 달콤한 보물 가운데 많은 양은 현장에서 곧바로 먹어 치우며 아마도 사춘기 남자아이들에게 흔히 보이듯 한창 급속도로 자랄 때 에너지를 공급하는 데

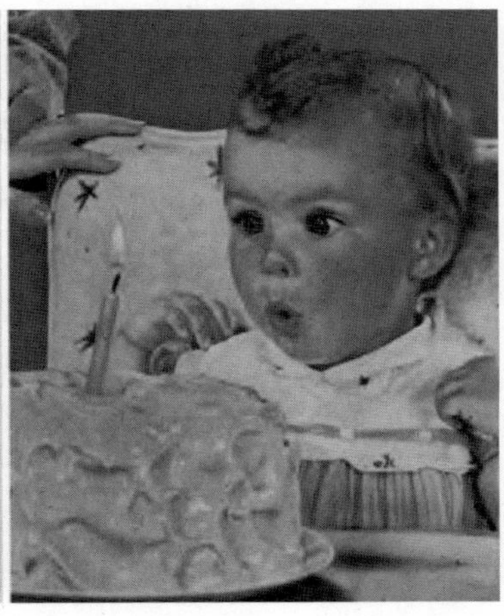

그림 6.6. 당분을 찾는 욕구는 몸이 쉽게 얻을 수 있는 칼로리를 몹시 원하는 활발한 성장기 아이들에게서 눈에 띄게 최고조에 이른다. 위의 고전적인 광고에서 홍보하는 덱스트로스 등 값싼 정제 설탕이 나오기 전까지 모든 시골 지역의 아이들은 흔히 야생 벌의 둥지를 찾아다님으로써 단 것을 좋아하는 집단적인 성향을 충족시켰다. 섈리 에델스타인 소장품에서 무료 제공된 이미지.

기여할 것이다. 야생 벌 둥지를 찾아다니는 관습이 거의 사라지고 나서 오랜 시간이 흐른 뒤에도 전 세계 아이들이 계속 야생 벌 둥지를 찾아다니는 이유를 아마도 이 두 가지 결합—당분에 대한 갈망과 신체 성장—으로 설명할 수 있을 것이다.

양봉을 통해 일찍부터 농업 분야에 꿀벌을 들여오게 되자 정기적으로 꿀벌 채집에 나가야 할 필요성이 대부분 없어졌다. 하지만 농장에서 손쉽게 벌집을 유지할 수는 있었지만 꿀벌이 여전히 방어적이고 사나워서 연기나 그 밖의 기법이 필요했고 이 때문에 벌집 관리(그리고 벌꿀)는 대체로 어른의 통제 아래 놓여 있었다. 그러나 좀 더 유순한 종이 있어서 누구든 손쉽게 얻을 만한 단 것을 찾아다니는 사람에게 여전히 쉬운 대상으로 남아 있었고 아주 최근까지도 모든 시골 지역의 아이들은 이들 종의 습성을 잘 알았다.

저명한 프랑스 곤충학자 장 앙리 파브르는 자신이 곤충에 매료된 계기를 교과서나 대학 수업에서 찾지 않고, 뿔가위벌에게서 달콤한 식량을 훔치는 어린 학생들을 지켜보던 경험에서 찾았다. 일본 아이들은 콩가루에 벌꿀을 섞어 만든 인기 있는 과자의 맛을 벌 빵의 맛에 비유하는데 지금도 지역에 따라서는 흔한 뿔가위벌을 마메코바치, 즉 '콩맛벌'이라고 부르고 있다.

뒤영벌이 은닉해놓은, 수수하면서도 맛있는 액체 상태의 벌꿀은 몇 차례 벌에 쏘이는 위험을 감수하고도 남을 정도로 매력적인 목표물이 되기도 했다. 19세기 동안 뒤영벌 둥지를 습격하는 일은 어린 시절의 아주 일반적인 활동이어서 심지어는 인기 있는 전집 『꼬마 소녀와 소년을 위한 시구와 즐거운 노래』에는 다음과 같은 시가 실리기도 했다.

촐랑촐랑 춤출 준비를 해야지, 너 뒤영벌
날 위해 달콤한 벌꿀을 만들어야지,
그런 다음 멀리 날아가 벌꿀을 더 만들고
네가 저장해 놓은 것을 더 늘려야지…
네가 확실히 살아 있는 한
나도 확실히 너의 벌 둥지를 찾아갈 거야,
아주 대담한 너 뒤영벌에게 감사해
금처럼 빛나는 벌꿀을 만들어줘서.

적어도 과학교실 프로젝트의 일환으로 실시하는 벌 관찰 홍보 기사에 다음과 같은 일화가 소개되었던 1909년까지는 이러한 풍습이 흔했다. "어제 아침 한 소년이 사무실을 찾아와 소년들이 막 훔쳐낸 커다란 뒤영벌 둥지와 자신들이 딴 벌꿀의 양에 대해 말해주었다. … 평범한 시골이나 소도시의 소년이 특히 붉은토끼풀이 연중 두 번째로 활짝 피는 시기에 다른 어떤 곤충보다 많이 아는 이 지역의 곤충이 있다면 그것은 뒤영벌이다."

그러나 20세기 후반기로 접어들면서 뭔가 달라졌다. 나는 1970년대 '평범한 시골이나 소도시'에서 성장기를 보냈지만 단 한 번도 토종벌과 함께한 경험이 없었다. 뿔가위벌 둥지에서 벌 빵을 빼낸 적도 없고 뒤영벌 벌꿀 습격에 나서는 친구와 함께한 적도 없었다. 단 것이 먹고 싶을 때 우리는 다른 모든 아이가 하는 대로 사탕을 사 먹었다. 사고방식이 달라지고 정제 설탕이 아주 흔해지면서 우리 세대의 아이들, 심지어는 자연에 관심을 지닌 아이조차도 벌을 찾으려는 욕구를 잃어버렸다. 이제 중년의 생물학자가 된 나는 불현듯 잃어버린 시간을 보충하고 싶은 마음이 들었다. 또 아들 노아가 하드자족 아이들이 벌꿀 채집을 배우기 시작하는 나이와 비슷해지자 같이 일을 저지를 공범자가 생겼다는 것을 깨달았다.

제7장

덤블도어 기르기

완전히 시적이거나 참된 것이라고는 할 수 없지만
적어도 우리가 아는 것보다 훨씬 고귀하고 훌륭한 관계를
자연과 맺게 되는 몇 가지 활동이 있다.
예를 들어 벌을 기르는 것은 햇빛을 특정 방향으로 유도하는 것과 같다.

헨리 데이비드 소로, "다시 찾은 천국"(1843년)

"벌 소리가 들려요!" 노아가 갖고 놀던 굴착기에서 고개를 들며 소리쳤다. 많은 남자아이가 그렇듯이 노아는 장난감 트럭과 흙 파는 기계에 강한 애착을 보이며 지난 한 시간 동안 끈기 있게 애쓰면서 연구실 앞에 있는 진흙땅 구역을 평평하게 고르고 있었다. (나는 개조한 과수원 헛간을 연구실로 쓰고 있는데, 이전 거주자를 기리는 의미에서 우리 가족은 이곳을 '아메리카너구리 오두막'이라고 부른다.) 벌이 노아의 관심을 딴 곳으로 돌리게 되어 한없이 기뻤지만 어쨌든 우리는 지난 며칠 동안 벌을 보기 위해 내내 기다리던 중이었다.

벌이 오두막 모퉁이를 돌아 포치를 살피기 시작하는 동안 우리 둘 다 정지 상태로 꼼짝하지 않고 있었다. 벌은 벽널에 나 있는 옹이 구멍부터 살피기 시작하더니 내가 제비 둥지 자리로 세워놓은 좁다란 선반을 따라 통통 튕기듯이 처마 쪽으로 올라갔다. 벌이 다시 아래쪽으로 방향을 틀어, 포치의 격자 칸막이에 못을 박아 매달아 놓은 이상하게 생긴 장치에 점점 가까워지는 동안 우리는 숨죽인 채 가만히 있었다. 잘 마른 적당한 선반이 제비를 불러들이듯이 노아와 나는 우리가 만든 특이한 나무상자가 벌에게 거부할 수 없는 유혹이 되기를 바랐다.

지난 몇 차례의 실패를 겪으면서 이번 시즌에 혁신을 이루어낼 수 있었다. 낡은 장화를 덧붙여 입구 굴이 되도록 했고 발가락 부분을 잘라내어 나무상자 옆면에 내놓은 구멍에 꼭 맞도록 붙였으며 헤벌어진 장화 입구는 과수원 나무 쪽을 향해 손짓하고 있었다. 벌은 처마와 격자 칸막이 중간쯤 허공을 잠시 맴돌았다. 그러더니 이상한 중력이 잡아당기기라도 한 듯 앞으로 돌진하더니 장화 속으로 곧장 날아 들어갔다.

“봄부스였어요?” 노아는 벌에 대한 열기가 점점 뜨거워가는 집안에서 자주 듣게 된 뒤영벌의 라틴어 학명을 써가며 상기된 채로 말했다. 나는 그렇다고 고개를 끄덕였다.

벌을 식별하는 작업은 대체로 더 어려우며, 핀으로 고정한 표본들, 해부현미경, 그리고 날개맥, 혀 길이, 혹은 경우에 따라 수컷 생식기에 나 있는 새김눈이나 홈의 패턴 같은 특징의 또렷한 모습 등이 필요하다. 그러나 날고 있는 벌을 발견했을 때 사용할 수 있는 좋은 경험적 방법 한 가지가 있다. 털모자를 쓰고 플란넬 셔츠를 두 겹으로 껴입고 오리털 조끼를 입고 있다면 당신이 보고 있는 벌은 뒤영벌이다.

추운 날씨임에도 비행 근육에서 날개를 잠시 떼어놓은 채 근육만 가볍게 떨어 흉부에 열기를 만들어낸 다음 솜털로 보온이 잘 된 몸 전체에 열기를 보낼 정도로 추운 날씨에 잘 적응한 곤충은 별로 없다. 이러한 기술 덕분에 뒤영벌은 넓은 범위의 기후 조건에서 비행 온도까지 도달할 수 있으며 이렇게 바람이 거센 오후에 뒤영벌 말고는 다른 어떤 것도 날지 못한다는 것을 나는 알고 있었다. 또 그때는 3월 2일밖에 되지 않았기 때문에 분명 그 뒤영벌은 갓 겨울잠에서 깨어나 추운 날씨에도 용감하게 자신의 군집을 만들 장소를 찾아 나선 여왕벌이었을 것이다.

나지막이 윙윙대는 소리가 들리는 것을 보니 벌이 장화 속 깊이 발가락 부분을 거쳐 상자 안으로 들어간 뒤 일을 착착 진행하고 있는 모양이었다. 나는 그곳 어둠 속에 우리가 벌을 유인하기 위해 만들어 놓은 갖가지 유혹들, 즉 둥지의 안쪽을 감싸기 좋은 면 솜, 골무 크기의 컵에 담긴 분홍바늘꽃 꿀을 암컷 뒤영벌이 향기와 느낌으로 만나는 모습을 머릿속으로 그렸다.

영국 곤충학자 프레더릭 윌리엄 램버트 슬레이든은 손으로 자른 풀에서부터 잘게 조각낸 아마 섬유질까지 모든 것을 상자 속에 구비해 놓곤 했으며 심지어는 잉크 점적기로 벌에게 먹이를 주기도 했다. 심지어 그는 "사전에 물을 촉촉하게 적신 나무 막대기의 둥근 끝"에 녹인 밀랍을 씌워 인공 꿀단지를 만들기도 했다.

그처럼 상세한 방법들을 제안해놓은 덕분에 그의 1912년도 저서 『뒤영벌: 그 생명의 역사와 양봉 방법』은 뒤영벌 양봉가가 되고 싶어 하는 이들의 중요한 자산이 되었다. 이 책이 출판된 지 한 세기가 지나 사람들은 대체로 '험블비'(humble-bee, 뒤영벌의 옛 영어 이름. 지금은 bumble-bee라는 명칭을 쓴다_옮긴이)라는 매력적인 이름은 쓰지 않게 되었고 그보다 더 오래된 명칭인 '덤블도어'는 이제 해리 포터의 팬들만 아는 이름이 되었다.

그러나 뒤영벌은 여전히 우리 가까이에 있다. 곤충학자들은 뒤영벌을 가리켜 벌 세계의 '테디 베어'라고 부르며 뒤영벌의 몇몇 종은 꿀벌과 마찬가지로 수익을 안겨주는 중요한 작물용 꽃가루 매개자가 되었다. 뒤영벌은 전문가가 쓰는 용어로 음파 처리, 즉 진동 꽃가루받이에 특히 능한데, 이 벌의 날개는 꼭 알맞은 주파수로 진동함으로써 토마토 식물의 경우처럼 까다로운 꽃의 꽃가루를 흔들어 느슨하게 풀리도록 할 수 있다(이에 대해서는 9장에 가서 좀 더 논할 것이다). 그러나 슬레이든이 아직 살아 있었다면 우리 부자에게 뒤영벌 과학의 발전에 관한 질문부터 던지지는 않았을 것이다. 아마 그는 장화에 관한 질문을 던졌을 것이다.

자연환경에서 여왕 뒤영벌은 버려진 쥐구멍이나 토끼굴, 바위틈, 속 빈 통나무, 또는 딱따구리가 남긴 나무구멍 같은 것을 찾아다닌다. 여왕벌은 군집을 형성할 수 있을 정도로 여유 공간이 있는, 에워싸인 건조한 장소가 필요하며 이 군집은 활동기 끝 무렵에 수백 마리의 개체로 발전하기도 한다. 적합한 장소를 찾기 위해서는 이 모든 곳이 공통으로 지닌 한 가지 특징, 즉 입구로 사용할 수 있는 어두운 구멍을 끊임없이 찾아다녀야 한다. 이런 긴요한 과제 때문에 여왕 뒤

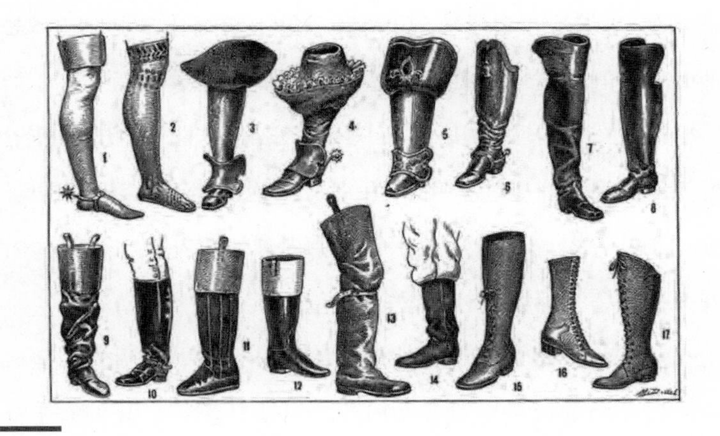

그림 7.1. 장화는 길고 어두운 구멍이 있고 발가락 부분이 안락해서 여왕 뒤영벌이 둥지를 짓기에 아주 훌륭한 장소가 되며 특히 봄철 포치에 아무렇게나 쓰러진 채 방치되어 있었다면 더더욱 그렇다. 폴 오제, 『20세기의 라루스』(1928년)에 실린 그림.

영벌은 그늘진 틈바구니나 구멍에 끝없는 호기심을 보이며 이런 장소는 인간 세계에 언제나 풍부하게 널려 있다.

윌트셔의 오래된 격언에서는 중얼중얼 말하는 소리를 뒤영벌이 물병 안에서 윙윙거리는 소리에 비유하는데, 이는 물병 속에서 뒤영벌을 발견하는 일이 예전에는 아무나 이야기할 정도로 아주 흔한 경험이었다는 것을 당연히 암시한다. 실제로 사람들은 찻주전자와 물뿌리개에서부터 빗물 홈통, 굴뚝, 자동차 배기관, 둘둘 말린 카펫에 이르기까지 온갖 뜻밖의 장소에서 뒤영벌 둥지를 발견하곤 했다. 고무장화에 발을 집어넣다가 지독하게 쏘인 적이 있던 나는 이 목록에 고무장화를 넣을 수밖에 없었다. 이 사건은 바로 아메리카너구리 오두막에서 일어났다. 나는 진흙투성이 장화를 몇 시간이나 아무렇게

나 놔둔 채 오두막 안에서 연구하고 있었다. (집에서 오두막까지 오는 길이 군데군데 동물 배설물로 잠기는 겨울과 봄의 많은 기간 동안 무릎 높이까지 오는 고무장화가 연구실 옷차림을 보완해주었다.) 이 어둡고 편안한 장소를 우연히 발견한 여왕벌은 분명 살림을 차리기 시작할 만큼 이 장소가 무척 마음에 들었을 것이다. 불쾌한 발가락이 불쑥 들어와 모든 것을 망쳐놓기 전까지는.

벌에 쏘인 내가 발로 차서 장화를 벗자 여왕벌이 밖으로 굴러 나와 더 안락한 구역을 찾아 날아가는 것이 보였는데, 벌에 쏘여 아프고 놀란 와중에도 불현듯 한 줄기 희망을 느꼈다. 마침내 여왕벌을 둥지 상자로 끌어들일 방법을 알게 된 것이다!

오랫동안 아메리카너구리 오두막에 뒤영벌 군집을 만들어 관찰하고자 했던 나의 모든 시도는 실패로 끝났다. 그곳은 조용하고, 그늘지고, 꽃이 피는 과수와 베리 덤불로 둘러싸여 이상적인 장소로 보였다. 게다가 추가 보너스로 아내가 돌보는 정원이 이리저리 뻗어 있어서 벌이 조금만 날아도 닿을 수 있는 불과 얼마 되지 않은 짧은 거리에 꽃이 넘쳐나는 행운이 기다리고 있었다.

그러나 배수 토관에서부터 화분까지, 그리고 정원 호스를 통과해서 닿을 수 있는 판지 상자까지 모든 것을 시도했지만 지나쳐가는 여왕벌이 속도를 늦추고 슬쩍 살펴본 적조차 한 번도 없었다. 지난 시즌에 우리 부자는 갓 나온 여왕벌을 잡아 브라이언 그리핀 회사에서 산 멋진 관찰 상자에 직접 옮기는 방법을 시도하기도 했지만 여왕벌은 시작부터 번번이 모두 날아가버렸다. 그러나 이제 입구 구멍에 장화를 붙인 지 이틀 만에 우리는 그곳에 터를 잡을 가능성이 있는 잠재적 거주자를 끌어들인 것이다.

윙윙거리는 소리가 갑자기 커지더니 여왕벌이 밖으로 나와 몇 차례에 걸쳐 점차 커다란 원을 그리면서 장화와 격자 칸막이, 그리고 포치 전체 주변을 날았다.

"위치를 기억하려는 거야." 아들에게 속삭이며 말했다. 벌은 편광과 태양의 위치 등 여러 시각적 단서를 이용하여 길을 찾지만, 주변 환경에 대한 상세한 머릿속 지도를 기억하는 능력이 여왕벌의 작은 뇌에 있다고 시사하는 증거들이 점점 늘어나고 있다. 어두운 상자 속의 둥지에서 멀리 떨어진 곳으로 뒤영벌과 꿀벌을 옮겨놓아도 10킬로미터가 넘는 거리에서 집을 찾아올 수 있었으며, 어느 난초벌은 23킬로미터의 거리를 날아 집을 찾아왔다. 끈기 있게 몇 차례씩 둥글게 원을 그리며 날면 중요 지형지물을 확인하고 기억할 수 있어서 둥지나 좋은 먹이 공급처의 위치를 정확히 찾아낼 수 있다.

브라이언 그리핀이 전에 뿔가위벌 둥지를 통해 보여주었듯 지형지물의 위치를 바꿔놓으면 적어도 일시적으로는 둥지로 돌아오는 벌을 방해할 수 있다. 뒤영벌을 이웃 삼아 지내려면 잔디용 갈퀴나 사다리, 접이식 의자, 그 밖에 포치에 보관해둔 것들을 옮길 생각조차 해서는 안 되는 걸까 하는 의문이 잠시 들었다. 바로 그때 여왕벌이 쏜살같이 날아 과수원을 지나고 초원 너머 거센 바람 속으로 곧장 사라져버렸다. 그러다 얼마 후 마치 머릿속 지도를 검증하기라도 하듯 여왕벌이 다시 찾아와 장화를 붙인 상자를 계속 살펴보았다. 나는 활짝 웃고는 노아와 하이파이브를 했다. 아주 좋은 출발이었다.

벌을 기른 유명인 명단은 아리스토텔레스와 피타고라스에서 시작하여 아우구스투스, 샤를마뉴 대제, 조지 워싱턴 같은 사람들로 이어지다가 현대에 들어와서는 헨리 폰다와 피터 폰다, 스칼렛 요한슨, 마사 스튜어트 등 많은 유명인사를 포함하고 있다. 문학 영역에서는 베르길리우스가 벌을 길렀고 톨스토이도 벌을 길렀는데, 그는 나폴레옹 군대가 들어오기 전 사람들을 대피시킨 모스크바 시를 "여왕벌이 없는 죽어가는 둥지"에 비유하느라 『전쟁과 평화』의 두 쪽 전체를 할애했다.

아서 코난 도일 경은 자기 소유의 벌을 갖고 있지는 않았지만 은퇴한 셜록 홈즈의 지성을 채우기에 충분할 만큼의 자극을 주는 유일한 활동은 오직 벌을 기르는 것밖에 없을 거라고 암시했다. 『그의 마지막 인사』라는 이야기에서 지난 사건을 회상하던 홈즈는 왓슨에게 여담으로 자신의 벌에 대해 열변을 토하며 이렇게 말했다. "나는 예전에 런던의 범죄 세계를 지켜보던 것처럼 이 작은 일벌 무리를 지켜보았네."

벌을 기르는 것과 관련된 문헌 목록은 셰익스피어의 비유에서부터 과학 회고록과 실용 안내서에 이르기까지 다양하지만 거의 모든 역사적 문학적 서술에서 언급하는 것은 오로지 한 종, 즉 꿀벌뿐이다. 뒤영벌을 기르기로 선택한 우리 부자는 남들이 많이 가지 않고 그다지 유명하지도 않은 길을 떠난 셈이었다. 실제로 봄부스 속에 대해 많이 알고 글을 쓴 정말로 유명한 사람은 오직 한 사람뿐인데, 이런 사실을 아는 사람은 거의 없다.

생애 마지막 해에 실비아 플라스는 일반적인 방식으로 꿀벌을 길렀으며 꿀벌에 관한 시도 몇 편 썼지만 초기 작품에는 꿀벌에 대한 비유를 비롯하여 이와 다른 종의 벌에 대한 언급이 가득하다. 주요 문학 인물 중에서 분명 유일하게 '겨울잠 장소'라는 단어를 시에 사용한 사람은 오직 그녀뿐이었다. 이 단어는 임신한 여왕 뒤영벌이 겨울을 보내는 얕은 굴을 정확히 지칭하는 단어였다.

플라스는 북미에서 가장 훌륭한 뒤영벌 전문가와 함께 어린 시절을 보낸 덕분에 가장 자연스러운 방식으로 이러한 친숙함을 얻게 되었다. 문학 비평가들은 오토 플라스를 딸의 시에 등장하는 불길한 존재로 여기지만 곤충학자들은 그를 좋게 기억한다. 미국에서 슬레이든의 저서에 견줄 만한 것으로 꼽히는 오토 플라스의 고전적 저서 『뒤영벌과 그들의 방식』이 어린 실비아에게 영향을 미친 것은 분명하다. 어린 시절의 친구는 실비아를 열정적인 동식물 연구가로 기억하며 그녀의 글에는 단독성 벌에서부터 벌레혹에 사는 기생말벌에 이르기까지 모든 것에 대한 곤충학적 여담이 들어 있다.

자전적 이야기 "뒤영벌 속에서"에서 실비아는 한 인물을 회상하는데 이 인물은 아버지가 주먹 안에서 아무 해도 끼치지 않은 채 윙윙거리는 수컷 안쏘는벌을 붙잡아 놓고 즐거워하던 모습을 바탕으로 한다. 우리가 함께한 벌 모험을 노아가 어떻게 기억하게 될지 알지 못하지만 이 여왕벌이 군집을 만드는 데 성공하지 못한다면 뒤영벌에 관한 장은 짧게 끝나버릴 것이다. 불행히도 상황은 나쁜 쪽으로

급선회하고 말았다.

장화를 제외하고 우리 둥지 상자의 핵심 특징을 꼽는다면 뚜껑에 투명한 플렉시 유리창이 나 있다는 점이다. 목재 덮개를 벗기면 그 안에 사는 벌을 방해하지 않고도(혹은 벌이 밖으로 나가지 못하게 하면서도) 안에서 벌어지는 모든 것을 또렷하게 볼 수 있다.

우리가 맨 처음 상자 안을 훔쳐보았을 때 면 솜에서 움직임이 보였다. 여왕벌이 자기 마음에 들게 물건들을 재배치하는 중이었다. 나는 얼른 뚜껑을 다시 덮은 다음 여왕벌이 적응할 때까지 며칠 동안 다시는 들여다보지 말아야 한다고 노아에게 말했다. 운이 좋으면 곧 여왕벌은 꿀단지를 만들고 알을 낳기 시작할 것이며 상자는 수많은 날개가 윙윙거리는 소리로 웅성대기 시작할 것이다.

그러나 얼마 후 아메리카너구리 오두막 포치에서 전혀 다른 소리가 들렸다. 집굴뚝새가 내는 힐책하는 듯한 시끄럽고 독특한 소음이었다. 우리가 다시 살펴보았을 때 벌은 어디론가 가버리고 장화에는 잔가지만 가득했다. 굴뚝새 둥지를 막 짓기 시작하는 단계인데 결국에 가서는 여섯 마리의 시끄러운 어린 새들이 이곳에서 깃털이 다 날 때까지 자라게 될 것이다. 새를 좋아하는 나는 이런 맥빠지는 상황을 차분하게 받아들이려고 애썼다. 그러나 노아는 몹시 성이 나서 우리의 소중한 여왕벌을 쫓아낸 일을 두고 굴뚝새 종족 전체를 향해 끝까지 미워할 것이라고 이야기했다.

나중에 가서야 알게 되었지만 굴뚝새는 우리에게 마음의 상처를 입힌데다 모욕감까지 더하려는 듯이 지역의 벌 개체군에게 또 다른 공격까지 감행했다. 시즌이 끝났을 무렵 막대기와 깃털로 된 굴뚝새의 구조물을 장화에서 꺼내고 보니 목화솜 같은 솜털로 부드럽게 안을 덧댄 섬세한 단지 같은 것이 있었는데 이 단지는 알락가위벌의 둥지를 조각조각 뜯어내어 얻은 것이라고밖에 볼 수 없었다!

뒤영벌을 기를 수 있는 최고의 기회를 굴뚝새가 망쳐놓기는 했지만 우리 부자는 이 경험에서 배운 것이 있었다. 봄이 다시 찾아와 곳곳으로 퍼져나갈 무렵 우리는 전부터 지역의 중고 할인판매점을 정기적으로 들르곤 했던 덕분에 찻주전자, 물통, 물뿌리개뿐 아니라 갖가지 모양의 낡은 장화를 구비할 수 있었다. 우리는 이런 물품들이 굴뚝새를 만족시킬 뿐 아니라 '더불어' 다른 여왕벌까지도 유인할 가능성이 있는 아파트 공간이 되기를 바랐다.

어떤 점에서 보면 이는 꿀벌을 끌어들이기 위한 오래된 수법을 뒤영벌에 맞게 변형한 것에 지나지 않았다. 하드자족 같은 전통적인 벌꿀 사냥꾼은 나무에 달린 벌집을 잘라낸 다음 벌이 같은 자리에 또다시 집을 짓기를 바라는 마음으로 종종 손상된 나무 몸통을 돌이나 진흙으로 복구해놓는다. (이렇게 복구해놓은 벌집은 사냥꾼에게 두 가지 확실한 이점을 제공한다. 사냥꾼은 어디에서 벌집을 찾을지 정확히 알 수 있으므로, 만일 더 많은 벌이 벌집 안으로 들어온다면 다음번에 손쉽게 벌집을 딸 수 있다.)

초기에 벌을 길렀던 아프리카인은 단순히 다음으로 이어지는 논리적 단계, 즉 가능성 있는 위치에 속이 빈 통나무를 마련해놓고 야생 꿀벌 떼를 포획하는 방법을 취했다. 이러한 방식은 많은 시골 지역에서 그대로 이어지고 있으며 몇몇 아프리카 꿀벌 개체군은 이러한 방식 덕분에 지속적인 반半사육이라는 기이한 상태를 유지하고 있다.

꿀벌의 경우 새 여왕벌을 낳아 서로 갈라질 수 있을 만큼 벌집이 충분히 커지기만 하면 언제든 무리를 지을 수 있으며 더러는 한 해에 몇 번씩도 가능하다. 그러나 뒤영벌 군집을 끌어들이는 일은 여왕벌이 맨 처음 나와 둥지를 만들기 시작하는 봄이나 초여름에만 가능하다.

이러한 계절성의 차이는 뿌리 깊은 것이며 이 두 가지 친숙한 벌에게서 보이는 많은 차이점이 어디서 연유하는지 설명해준다. 꿀벌은 일 년 내내 벌집을 유지할 수 있는 열대 및 아열대 기후에서 진화했으며 질서를 유지하기 위해 정교한 형태의 사회성과 의사소통이 필요한 거대한 개체군을 형성한다.

반면 뒤영벌은 거의 절제된 양상을 보이며 보다 혹독한 겨울철을 나야 하는 지역에 살도록 적응했다. 또 이런 지역에서는 여왕벌이 겨울잠을 자는 것이 최고의 생존 전략이다. 뒤영벌의 생명 활동은 신속성을 강조하며 일벌은 아주 짧을지도 모르는 활동기 내내 생산성을 유지하는 데 필요한 사회적 역할과 여러 과제 사이를 오가며 일한다. 고산 지대의 뒤영벌이나 북극 지방에 둥지를 짓는 뒤영벌은 불과 몇 주 동안 군집 생활의 전체 주기를 마쳐야 한다.

이렇게 본래부터 짧은 생활주기가 정해져 있으므로 우리 부자가 뒤영벌 사육 세계에서 함께할 동료는 상대적으로 적을 수밖에 없었다. 꿀벌은 일 년 내내 살도록 진화했기 때문에 건기, 일시적 한파, 몬순, 그 밖에 꽃이 드문 기간에도 수만 마리의 일벌을 유지할 수 있을 만큼 엄청난 양의 꿀을 생산한다. 뒤영벌도 꿀을 만들며 똑같이 맛도 좋다. 그러나 뒤영벌은 비교적 아주 적은 양을 생산하는데 이따금 비가 오는 날에 수십 마리 정도의 벌을 먹일 정도의 양이다.

봄이 무르익어가면서 우리 섬의 날씨가 좋아졌고 노아와 나는 과수원 여기저기에 흩어놓은 장화며 찻주전자에 높은 기대를 걸었다. 그러나 나는 하나의 대비책으로 벌 추적 기술을 다룬 글을 샅샅이 찾아 읽기 시작했다. 편리하게 벌꿀길잡이새를 이용할 수 없는 지역의 수렵채집자는 먹이를 찾으러 꽃에 앉은 일벌을 잡아 꽃잎이나

그림 7.2. 벌을 기르는 아프리카 전통 방식에는 속이 빈 통나무나 그 밖에 유인책이 될 만한 집으로 야생 벌떼를 끌어들이는 과정이 포함된다. 이 에티오피아 사진에는 잠재적 벌집이 될 만한 것들이 새 둥지처럼 수십 개씩 아카시아에 매달려 있다. 위키미디어 공용에 있는 베르나르 가뇽의 사진.

잎, 심지어는 깃털 같은 것을 벌 등에 붙임으로써 둥지로 돌아가는 벌의 비행경로를 쉽게 찾아내 뒤쫓는 법을 배우게 되었다.

귀 기울여 주의 깊게 듣는 것도 중요한 추적 수단이다. '콩고' 동부 지역에 있는 음부티족의 벌꿀 사냥꾼 무리는 사냥을 야영지에서 그리 멀지 않은 곳으로 걸어 나가는데, 오로지 청각만을 사용해 벌 둥지에서 나는 윙윙 소리를 듣고 인당 두세 개의 벌 둥지를 찾아낸다고 한다. 이러한 통계가 내게 희망을 주었다.

우리가 마련해놓은 둥지 가운데 어느 한 곳도 활동기 내내 벌에게 집 지을 곳으로 선택받지 못한다면 우리는 벌을 찾아 나서는 방법을 알아내야 할 것이다. 나중에 밝혀졌듯이 실제로 행하는 것은 말처럼 쉽지 않았다.

이른 봄의 햇빛이 이틀 내내 환하게 비추어 우리는 한껏 기대했던 벌 구경을 그해 처음으로 할 수 있었지만 뒤이어 다시 비가 내리고 추위와 바람을 동반한 폭풍우가 우리 섬을 강타했다. 특히 습했던 겨울에 바로 뒤이어 이런 날씨가 찾아오니 우리처럼 태평양 연안 북서부에서 나고 자란 사람이 느끼기에도 노골적인 원한을 품은 것처럼 보였다. 그러나 벌에게는 훨씬 안 좋은 상황이었다.

활동기 초반에 등장한 이 여왕벌은 무기력 상태에서 깨어난 뒤 미리 비축되어 있던 소중한 에너지를 연소하며 지내고 있었다. 이따금 용감무쌍하게 꽃을 피운 크로커스나 수선화에 뒤영벌이 흠뻑 젖은 후줄근한 모습으로 매달려 있는 것을 우리는 매일같이 보곤 했다. 결국은 다시 따뜻해졌지만 이런 잘못된 출발은 그만한 손실을 가져왔다. 우리가 마련한 둥지를 통틀어 활동기 초반의 뒤영벌은 딱 한 마리밖에 보지 못했다. 검은색과 오렌지색이 뒤섞인 엉덩이를 가진 여왕벌이었는데, 아메리카너구리 오두막의 포치에 있던 장화 속으로 기어들어 갔다가 다른 많은 여왕벌이 그랬듯이 추위와 습기와 허기가 한데 몰려온 역경에 그만 쓰러져 장화 발가락 부분에서 죽고 말았다.

다행히 모든 뒤영벌이 똑같이 태어나는 것은 아니다. 실비아 플라스가 잘 알고 있었듯이 겨울잠 장소에서 나온 여왕벌은 시작 그 이상의 것을 나타내며, 이 여왕벌 역시 연속성의 한 부분이다. 봄철 뒤영벌의 개수, 상황, 건강은 모두 지난해 여름의 성공이나 좌절에 의해 곧바로 결정된다. 매번 활동기가 끝날 때면 늙은 여왕벌, 일벌, 그리고 수벌은 몇몇 선택받은 생존자에게 집단의 희망을 건 채 모두 죽는다. 겨울을 나는 이 젊은 여왕벌은 베른트 하인리히의 경제 용어로 표현하면 순이익, 즉 둥지 동료들이 투자한 모든 노력과 꽃에서 얻은 에너지로 낳은 번식 이익이다.

새로운 여왕벌—그리고 이 여왕벌과 짝짓기를 하는 수벌—은 군집에서 감당할 수 있는 수만큼 활동기 후반에 태어난다. 자원이 별로 없는 둥지 혹은 기생충이나 질병으로 어려움을 겪은 둥지라면 짝짓기에 성공한 여왕벌이 단 한 마리도 나오지 않을 수 있다. 그러나 풍요로울 때는 군집이 커져서 수백 마리나 되는 벌이 나올 수도 있다. 또 벌이 번성하면 여왕벌에게 먹이를 더 많이 제공하여 혹독한 겨울 혹은 계절에 맞지 않게 추운 봄에도 잘 살아남을 수 있는 크고 튼튼한 개체를 생산할 수 있다.

그리하여 마침내 뒤영벌은 자신들의 모험에 대비하는 방향으로 진화했다. 휴면 상태에서 깨어나는 신호를 각기 다르게 하면 한 세대의 여왕벌이 모두 한꺼번에 깨어나는 것을 피할 수 있다. 이는 악천후, 변덕스럽게 피는 꽃, 그 밖의 잠재적 문제에 대비한 보험 같은 것이다. 활동기가 무르익어가면서 점차 많은 여왕벌이 노아와 내 눈에 띄었고 이윽고 일벌까지 보이기 시작했다. 이는 부근 어딘가에 둥지가 마련되기 시작했다는 증거였다.

둥지를 찾아보려는 우리의 첫 시도는 닭장을 잠깐 둘러보는 것으로 시작되었다. 우리 집에서 키우는 작은 무리 가운데 가장 오래 살아남은 암탉은 골든이라는 이름의 커다란 버프록 종이다. 이 암탉은 나이가 들면서 점점 살이 찌기 시작하더니 급기야 닭장의 좁은 문에 몸이 꽉 끼어서 억지로 비집고 들어가거나 나올 정도가 되었다. 그 결과 빠진 닭털이 사방에 널려 있어 쉽게 구할 수 있었다. 솜털 같은 노란 닭털이어서 설령 느릿느릿 뒤영벌을 따라가도 쉽게 이 닭털을 분간하여 뒤쫓아 갈 수 있을 것처럼 보였다.

우리는 갓 구한 좋은 닭털을 골라서 크기에 맞게 다듬은 뒤 집으로 돌아갔고 노아는 집 부근 구즈베리 덤불 꽃에 앉아 있던 뒤영벌 한 마리를 곧바로 잡았다. 우리의 실험 대상을 냉장고에 넣어 잠시 몸을 차갑게 식혔으며(냉혈 동물을 진정시키는 데 추천할 만한 방법이다) 물에 녹는 풀을 벌의 배 위쪽에 톡톡 바른 뒤 닭털을 붙였다. 그런 다음 벌을 포치 계단 맨 위 칸에 내려놓고는 언제라도 뒤쫓을 수 있게 장화를 신은 채로 근처에 쭈그리고 앉아 있었다.

물질대사를 통해 벌의 몸이 기대 수준으로 다시 데워지기까지 잠시 시간이 걸렸지만 머지않아 벌은 더듬이를 바쁘게 단장하면서 곧 날아오를 준비가 된 것처럼 보였다. 우리는 벌이 배를 불룩불룩하면서 펌프질을 하고 부르르 떨면서 근육에 발생한 열기를 온몸으로 퍼뜨리는 모습을 지켜보았다. 이윽고 짜증 난 동작이라고 묘사해주기를 간절히 바라는 듯한 움직임으로 갑자기 한쪽 뒷다리를 들더니 닭털을 붙잡고 확 잡아당겼다.

한 인기 있는 어린이 동요집에서 19세기 영국 시인 새러 콜리지는 이렇게 읊조렸다. "한 부분이라도 우리가 느낄 수 있으면 좋겠어요. 뒤영벌의 마음속에서 빛나는 친절함을." 콜리지 부인은 분명 뒤영벌에게 깃털을 붙이는 시도를 해본 적 없었을 것이다.

노아와 내가 시도했던 벌은 다리 여섯 개를 모두 사용하는 아주 거친 동작으로 불쾌한 깃털을 뭉쳐 끈적거리는 공으로 만들어버린 다음 햇빛이 비치는 곳으로 가만히 다가가 잠시 날개를 윙윙거리고는 저 멀리 시야 밖으로 날아가 버렸는데 만일 콜리지 부인이 이 모습을 보았다면 아마 2행 연구의 동요를 다르게 썼을 것이다.

우리는 이 닭털을 붙여 벌을 추적하는 방식을 여러 가지로 바꾸어 몇 차례 시도했지만 결과는 똑같았다. 어설픈 테디 베어처럼 보이는 뒤영벌이긴 하지만 다리는 매우 민첩하여 몸의 어느 부위든 사실상 모든 곳에 다리를 뻗어 거기에 묻은 꽃가루를 손질하도록 적응했다. 뒤영벌은 아무리 작고 끈적거리는 깃털이라도 순식간에 처리해버리는데, 나중에 알고 보니 심지어는 실로 묶어놓은 깃털을 제거할 수 있는 벌도 있다고 한다.

우리는 방침을 바꾸어 밝은 파란색 분필 가루를 몇몇 벌에게 뿌렸는데, 이렇게 하니 잎이나 잔디에서는 아주 두드러져 보였다. (말레이시아의 어리호박벌은 무성한 솜털이 원래부터 강렬한 파란색을 띠어서 이 벌이 우림 속을 날아가는 동안 벌을 뒤쫓는 일은 아주 쉬웠을 것이다.) 불행하게도 분필 가루를 뿌린 벌이 파란 하늘을 날아갈 때면 완전히 시야에서 사라져버려 벌의 숨겨진 둥지까지 채 몇 발자국도 달려보지 못했다.

결국에 가서 효과를 보았던 방법은 벌꿀 사냥꾼들이라면 당연하게 여겼을 방법인데, 신경을 곤두세운 상태로 늘 습관처럼 벌을 의식하면서 끊임없이 찾아다니는 것이다. 윙윙거리는 소리가 지나갈 때마다 우리의 고개가 돌아가기 시작했고 노아가 적절하게 '수상쩍은 벌'이라고 이름을 붙인 것—쓰러진 그루터기의 뿌리를 유심히 살피는 여왕벌, 혹은 꽃가루나 꽃꿀이 확실하게 있을 만한 곳이 아닌데도 자주 드나드는 일벌들—에는 특별한 주의를 기울이기 시작했다. 그러다 정원 근처에 있는 오래된 마구간에서 벌이 나오는 것을 보았다. 그리고 얼마 후 우리는 마구간에서 한 개도 아닌 두 개의 둥지를 찾아낼 수 있었다.

여왕 싯카뒤영벌 한 마리가 낡은 목재 화물 운반대 아래 집을 지었다. 예전에 솜털뿔뒤영벌이라고 알려진 어떤 종이 들쥐 굴에 산적이 있었는데 이 굴에서 채 3미터도 떨어지지 않은 곳이었다. 그 중간쯤에 휴대용 의자를 갖다 놓은 나는 두 둥지 입구에서 일어나는 활동을 관찰하면서 '동시에' 이 책 작업을 할 수 있겠다는 생각이 들었다. 지나고 보니 글을 쓰기에 아주 생산적인 장소였다. 전화도 이메일도 없는 곳이다 보니 유일하게 나를 방해하는 것이 있다면 오직 뒤영벌이 들어오고 나가는 기쁜 모습뿐이었다.

처음에는 여왕벌 두 마리만 보였고 날아오를 때마다 끈질기게 밖으로 나가 뒷다리에 꽃가루를 단단히 챙겨서 돌아왔다. 군집 발달에서 매우 중요한 처음 몇 주 동안 여왕벌은 모든 일을 처리했고 단독성 벌과 전혀 다를 바 없이 먹이 모으는 일에서 알을 낳는 일까지 혼자 했다. 그러나 내가 내부를 자세히 들여다볼 수 있었다면 이들의 둥지가 뿔가위벌이나 청줄벌, 알칼리벌의 둥지와는 뚜렷하게 다르다는 것을 알았을 것이다.

여왕 뒤영벌은 각각 독립된 방에 알을 낳고 밀폐해두는 대신 무더기로 알을 낳은 뒤 새처럼 알을 품어 체온으로 알의 발달 속도를 높였다. 나는 그냥 의자에 앉아 시계를 보기만 해도 각 여왕벌이 무엇을 하고 있는지 짐작할 수 있었다. 한 차례 실어온 꽃가루와 꽃꿀을 둥지에 내려놓는 데에는 1분도 채 걸리지 않지만 알을 품어야 할 때는 다시 먹이를 구하러 날아가기까지 거의 1시간 가까이 둥지 안에 머무는 경우도 있다. 어느 둥지에서 가장 먼저 일벌이 부화할지 지켜보는 일이 시합을 지켜보는 것처럼 되었지만 정작 그 순간이 왔을 때 나는 하마터면 완전히 놓칠 뻔했다.

'정말 작다!' 싯카뒤영벌 둥지가 감춰져 있는 오래된 화물 운반대에서 윙윙거리며 날아오른 까만 곤충 두 마리를 묘사하면서 나는 이렇게 메모했다. 마치 파리처럼 생겼지만 희끄무레한 작은 털 다발이 배에 나 있었다. 이렇게 갓 태어난 일벌은 뒤영벌을 연구하는 학계 용어로 캘로우라고 알려져 있으며 이 일벌의 크기는 제한된 먹이를 그대로 반영한다.

알을 품어 처음 부화한 일벌을 기를 때 여왕벌은 일벌이 가능한 크기만큼 완전히 자라도록 꽃가루를 충분히 제공하지 못한다. 어떤 의미에서 여왕벌은 사회성을 지닌 벌 군집의 삶의 바탕을 이루는 카스트제도 같은 분업을 한시바삐 확립하려는 임시방편으로 크기를 희생하는 것이다.

마침내 육아 벌, 보초, 그밖에 아주 많은 일벌이 점점 규모를 늘려가는 군집의 갖가지 유지 업무를 맡게 되면 여왕벌은 오로지 알을 낳는 일에만 전념할 수 있다. 꽃가루를 구해오고 유충을 돌보는 어른 벌의 수가 점점 많아지면 장차 알에서 부화하는 벌은 처음에 여왕벌이 혼자 기른 벌보다 최대 10배까지 몸집이 커진다.

최초로 부화한 일벌 두 마리가 발견되었다는 것은 이 모든 과정이 진행되고 있다는 의미였다. 그러나 이들 일벌 두 마리가 먹이를 구하러 밖으로 날아가는 모습을 지켜보면서 마음이 복잡해졌다. 느릿느릿 움직이는 커다란 여왕벌을 아마 다시는 보지 못한다는 의미였기 때문이다.

일벌이 꽃가루와 꽃꿀을 구해오는 일을 맡는 이 분업 체계는 곧 여왕벌이 어두운 둥지에서 남은 삶을 보내게 된다는 의미였고, 부화실, 꽃가루 저장실, 벌꿀 단지의 조직망이 점차 확대되는 가운데 새끼들에게 둘러싸인 채 알을 낳는 기계가 된다는 의미였다.

하지만 나중에 알게 된 일이지만 나는 여왕벌도, 갓 부화한 일벌도, 그리고 그 군집에서 태어난 다른 벌도 끝내 두 번 다시 보지 못했다. 다른 관찰 작업을 마친 뒤 다시 의자로 돌아왔을 무렵 싯카뒤영벌 둥지에서는 아무 소리도 들리지 않았다.

예전에 찰스 다윈은 고양이가 쥐를 잡아먹고 이 쥐가 뒤영벌 둥지를 먹어치우며 야생 바이올렛의 일종인 삼색제비꽃이나 붉은토끼풀 같은 종에게 뒤영벌이 필수 꽃가루 매개체라는 점을 지적하면서 몇몇 야생화의 운명이 집고양이의 많고 적음에 달려 있다고 연관 지은 바 있다. 그는 이렇게 결론을 맺었다. "그러므로 한 지역에 고양잇과 동물의 수가 많으면 처음에는 쥐, 그리고 다음에는 벌의 개입을 통해 그 지역 특정 종의 꽃들이 얼마나 피는가에 영향을 미칠 수도 있다는 점은 꽤 신빙성이 있다!"

이후 주석자들은 이 모델을 확대하여 영국 시골 마을의 독신 여성(이들은 고양이를 기르는 경우가 많다)과 영국 해군 선원(이들은 토끼풀을 뜯어 먹고 자란 암소의 염장 쇠고기를 먹는다)까지 끌어들임으로써 고양이를 좋아하는 독신 여성의 수를 대영제국의 국방 문제와 연결했다.

이러한 일화는 종종 먹이사슬 개념을 설명하는 재미난 사례로 서두에 꺼내는 경우가 많지만 다윈 측에서 볼 때 이 모델은 뒤영벌에 관한 날카로운 이해를 드러내준다. 슬레이든, 플라스, 그 밖의 권

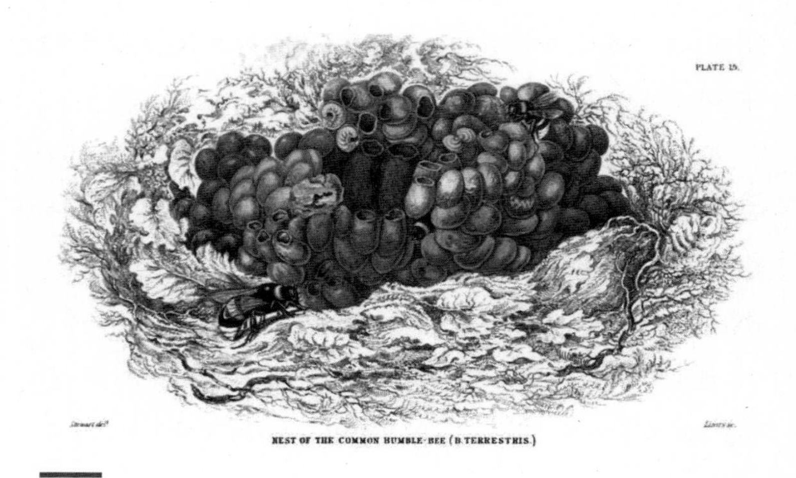

그림 7.3. 질서 정연하게 균형을 이룬 꿀벌 벌집과 달리 뒤영벌은 아무렇게나 모아놓은 작은 밀랍 단지에 먹이를 저장하고 알을 품는다. 위키미디어 공용.

위자들 모두 설치류가 뒤영벌 군집, 특히 몇몇 작은 일벌만이 방어에 나설 수 있는 나의 싯카뒤영벌 둥지처럼 갓 만들어진 군집을 먹잇감으로 삼는다고 확인해주었다.

화물 운반대를 들어 올려 그 밑에 무엇이 남았는지 면밀하게 살펴보던 내가 발견한 것들에 대해 이보다 나은 설명을 생각할 수 없었다. 요컨대 나는 마구간에 설치류가 살고 있었다는 것, 그리고 이들이 둥지에 맨 처음 살았던 거주자였다는 점을 알게 되었다. 이 둥지는 두 개의 공간으로 이루어져 있었고 건초, 포플러 나뭇잎, 화물 노끈, 천 조각, 반짝거리는 그래놀라 바 포장지의 호일 조각 등이 어지럽게 뒤섞인 더미 속에 굴을 내어 이 공간으로 연결되었다.

동물이 밖에서 들어와 둥지를 습격한 흔적은 없었고 안에는 죽거나 병든 벌의 증거도 없었다. 대신 어떤 호기심 많은 생쥐나 쥐가 굴속으로 따라 들어가 정문까지 이른 뒤 갓 부화한 일벌을 제압하고 눈에 띄는 모든 것을 먹어 치운 것으로 보였다. 벌이 한때 이곳을 집으로 삼았을 거라는 유일한 흔적은 황갈색 밀랍으로 된 단지 형태의 작은 용기 일부뿐이었다.

싯카뒤영벌 둥지가 없어져서 안타까운 마음뿐이었다. 하지만 둥지의 종말은 우리 부자가 온갖 장화와 장치를 동원하여 엉성하게 시작한 실험에서 우리가 미처 깨닫지 못한 뭔가를 이해할 수 있게 해주었다. (앞서 설명했던 시도 말고도 우리는 아메리카너구리에게 둥지 상자 하나를 또 잃었고 여왕벌이 시험 삼아 꾀했던 초기 몇 가지 단계들이 개미에게 짓밟히기도 했다.)

꿀벌 벌집을 돌보는 사람이라면 누구나 우리를 보자마자 벌을 기르는 일은 힘든 것이라고 말할 것이다. 건강한 군집을 만들고 유지하기 위해서는 성가신 경쟁자나 예상치 못한 날씨에서부터 포식자와 기생충과 질병의 끊임없는 위협에 이르기까지 일련의 자연적 장애를 극복해야 한다. 야생에서도 벌집을 성공적으로 짓는 일은 일반적 통례가 아니라 예외적인 것이다. 그렇지 않고 모든 여왕벌이 번성하는 군집을 세우게 된다면 지속 불가능한 수준까지 벌의 과잉을 초래할 것이다.

우리 부자는 우리가 갖가지 시도를 통해 얻은 바가 있다는 데 위안을 얻었다. 우리는 뒤영벌에게 친밀감을 느끼게 되었고 이 친밀감은 우리가 집 주변의 숲이나 도시 인도에 나 있는 틈바구니에서 계속 야생 둥지를 찾는 데 도움을 주었다. 지금도 나는 들쥐 굴에 있는 솜털뿔뒤영벌 둥지를 관찰하고 있다. 활발하게 번성한 이 둥지의 일벌들이 너무 바쁘게 일하고 있어서 나는 더 이상 일벌이 둥지로 들어가고 나가는 것을 지켜보면서 글을 쓰는 척하고 있을 수 없었다.

몇 주일이 지나는 동안 이 일벌들이 실어 나르는 꽃가루는 처음에 아스파라거스 식물에서 모아온 밝은 오렌지색 꽃가루였다가 이내 양귀비에서 구한 검은색의 가루나 호박과 멜론에서 구한 희끄무레한 알갱이로 바뀌었다. 우리 집 부근의 정원이 어떻게 변화하는지를 알 수 있었다. 이쯤에서 벌을 기르려는 모든 시도를 접는 것이 적절해 보였다. 벌의 생명 활동이 아무리 매혹적으로 다가오고 우리가 벌꿀과 밀랍을 아무리 좋아하더라도 우리와 벌의 가장 깊은 연관성은 벌이 우리의 식생활에 어떻게 영향을 미쳤는가 하는 점에 있기 때문이다.

제8장

세 입 먹을 때마다 한 번씩

당신이 무얼 먹는지 말해주면
나는 당신이 어떤 사람인지 말해줄 것이다.

프랑스 속담

인간이 먹는 것 중에서 세 입에 한 입꼴로 벌에게 의존한다고들 한다. 벌꿀 철이 한창일 때의 하드자족 사냥꾼에게 이는 너무 적게 잡은 수치일 것이다. 하드자족 이외의 우리에게는 벌의 꽃가루받이로 우리가 벌에게 많은 것을 빚지고 있다는 것을 암시한다. 이는 우리 농업체계의 중심에 놓인 서비스이지만 대체로 언급되지 않고 있다. 그러나 수치를 분석해서 '세 입 먹을 때마다 한 번'이라는 결론을 내리기까지는 많은 어려움이 따를 수 있다.

양으로 측정해보면 전 세계 농작물 생산의 35퍼센트가 벌이나 다른 꽃가루 매개자에 의존하는 식물에서 나온다. 대략 3분의 1에 가깝지만 이 경우 고기나 해산물, 유제품, 달걀에서 얻는 모든 칼로리는 고려하지 않았다. 단순히 음식 종류의 측면에서 보면 비율은 4분의 3이 넘는 것처럼 보인다. 상위 115가지 농작물의 75퍼센트 이상이 꽃가루 매개자를 필요로 하거나 꽃가루 매개자의 혜택을 입고 있다.

영양학자는 다른 접근방식을 취하여, 우리가 섭취하는 리코펜의 전량, 그리고 비타민A, 칼슘, 엽산, 지질, 각종 항산화제, 플루오르화물의 대부분뿐 아니라 비타민C의 90퍼센트 이상을 꽃가루 매개자에 의존하는 과일, 채소, 견과류에서 얻는다고 지적한다.

꽃가루받이는 분명 우리 음식에 커다란 영향을 미치고 있지만 특정 음식을 한 입 먹을 때 이 음식에서 벌이 어느 정도 중요성을 지니는가는 그때 먹고 있는 음식 종류에 달려 있다. 암소와 그 밖의 식용 동물은 굳이 꽃가루 매개자가 없어도 사육할 수 있으며 밀이나 쌀 같은 기본 식품은 바람에 의해 꽃가루받이가 이루어지는 풀이다. 그러나 고기에 맛을 내거나 빵에 뭔가 맛있는 것을 발라서 먹고자 한다면 상황은 순식간에 복잡해진다.

벌이 음식의 양에 어떤 영향을 미치는가에 초점을 맞추기보다 음식의 질에 미치는 영향을 살펴볼 때 흥미로운 사실이 더 많이 드러날 것이다. 벌 없는 세상에서도 먹을 것을 찾을 수는 있겠지만 우리가 먹는 음식은 어떤 모습일까? 농산물 코너나 농산물 직판장에 가보면 분명 달라져 있을 것이며 풍부하고 다채로웠던 선택 대상은 몇몇 곡물이나 견과류 한두 가지, 그리고 바나나 같은 별난 복제 식품으로 범위가 줄어들 것이다. (콩이나 가지 등 믿을 만한 제꽃가루받이 식품도 원래는 벌에 의해 꽃가루받이가 이루어지는 계통에서 발달한 것이다.) 그러나 분명한 변화는 과일과 채소에서 선택 폭이 줄어든다는 점이다.

우리가 먹는 식량 공급에 벌이 얼마나 많이 침투했는지 실제로 살펴보기 위해서 나는 벌과 연관성이 있을 거라는 기대도 없고 그럴 가능성조차 없을 것 같은 장소에 가서 전 세계 100개 이상의 국가에서 매일 250만 번 이상 제공되는 음식을 대상으로 벌의 영향을 살펴보기로 했다. 이 음식은 단순하며 얼핏 보기에 윙윙거리는 곤충의 영향력과는 한참 동떨어진 것처럼 보인다. 내가 이렇게 여기게 된 이유는 다른 수백만 명의 사람과 마찬가지로 어쩌다 보니 이 음식의 레시피를 노래로 부를 수 있게 되었기 때문이다.

1967년 펜실베이니아 맥도널드 매장에서 처음 소개된 빅맥 햄버거는 이후 몇 년 뒤 미국 전역의 메뉴로 확대되었다. 그러나 빅맥이 선풍적 인기를 끌게 된 것은 시대를 통틀어 가장 성공적인 것 중 하나로 꼽히는 광고 노래를 시작하면서부터였다. "순 쇠고기 패티 두 장, 특별한 소스, 양상추, 치즈, 피클, 양파, 그리고 참깨 뿌린 빵!" 일정 기간을 정한 뒤 이 노래 문구 전체를 3초 안에 말할 수 있는 고객에게는 햄버거가 무료로 제공되었다. 나는 고등학교 졸업 이후 햄버거를 먹어본 적은 없지만 그 맛을 잘 기억하고 있으며 혹시라도 연관성이 있다면 벌과 햄버거가 어떤 관계에 있을지 궁금해지기 시작했다.

시골 섬에 살면 깨끗한 공기와 아침 새소리, 손쉽게 구할 수 있는 장작의 이점을 누린다. 그러나 점심시간에 맞춰 진짜 '황금 아치' 한 쌍(맥도날드 로고_옮긴이)까지 도착하려면 아침 식사가 미처 소화되기도 전에 집에서 출발해야 한다. 한 시간 반 동안 페리호를 타고 이어서 가장 가까운 도시까지 자전거로 씽씽 달린 후에야 나는 맥도날드 매장에 도착했고 빅맥을 미처 살펴보기도 전에 마구 먹어치울 수 있을 만큼 배고픈 상태였다. 줄을 서서 기다리는 동안 주방에서 프라이어 알람 소리, 오븐 타이머 소리가 들려왔다. 그곳에서는 사람들이 어깨를 맞대고 일렬로 서서 번개 같은 속도로 버거를 만든 뒤 포장지로 싸고 있었다. 내가 주문한 햄버거를 만드는 걸 지켜보려고 했지만 소용이 없었다. 점원들의 손이 잘 보이지 않을 정도였다.

빅맥을 한 번도 보지 못한 사람을 위해 설명하자면 이 햄버거는 세 층으로 된 빵과 그 사이 두 개의 고기, 그리고 소스와 양파로 온통 끈적거리는 모습이다. 위쪽 고기 패티 아래에 피클을 넣고 치즈는 아래쪽 고기 패티 밑에 넣는데, 치즈가 살짝 녹아 맨 아래 빵 위로 축 늘어진다. 찢어놓은 양상추와 얇게 썬 양파가 조금 들어가고 그 위에 소스를 뿌려 각 고기 패티 아래 끼워 넣는다. 핀셋과 확대경으로 무장한 나는 이 구조물을 한 층 한 층 해체하면서 벌의 도움 없이는 불가능할 것 같은 모든 성분을 빼버린다. (참조용으로 맥도날드 회사 홈페이지에서 성분 및 영양 정보에 관한 세부 사항을 인쇄해서 가져왔다.) 그 유명한 광고 노래에 나온 순서대로 내 분석 결과를 소개한다.

순 쇠고기 패티 두 개는 남을 수 있다. 맥도날드는 몇몇 주요 유통업자에게서 고기를 납품받으며 이들 유통업자는 수천 개의 농장과 소 목장에서 고기를 구매한다. 이들 암소 중 일부는 벌에 의해 꽃가루받이가 이루어지는 알팔파나 토끼풀을 뜯어 먹었을 것이다. 아울러 가축 사육장에서는 지렁이 모양 젤리와 남은 아이스크림 조각에서부터 벌에 의해 꽃가루받이가 이루어지는 체리 주스와 과일 소에 이르기까지 각종 식품 산업에서 온갖 방식으로 남는 것들을 사육장에서 기르는 소에게 먹여 살을 찌우는 것으로 알려져 있다. 그러나 육우 암소가 먹는 먹이는 대부분 거의 예외 없이 바람에 의해 꽃가루받이가 이루어지는 풀이나 곡물에서 나온다.

양념 면에서 볼 때 맥도날드는 고기에 가는 소금이 들어가지만 이외에 후추도 뿌리므로 여기서 최초로 가능성 있는 붉은 깃발이 올라갔다. 후추는 후추속에 속하는 열대 덩굴식물에서 나오며 원산지는 인도 남부 지방이다. 안쏘는벌이 이 후추꽃을 자주 찾지만 많은 후추 종이 자가 수정을 하며 몇몇 실험에서 드러난 바에 따르면 바람에 실려, 심지어는 빗방울이 서로 부딪히는 것으로도 풍작을 이룰 만큼 충분한 꽃가루를 퍼뜨릴 수 있다. 후춧가루가 너무 작아 모두 떼어내기 힘든 관계로 이 역시 그냥 남겨두기로 했다.

특별 소스는 그럴 수 없었다. 사우전드아일랜드 드레싱의 변종으로 분홍빛이 감도는 크림 같은 양념 안에는 벌에 의해 꽃가루받이가 이루어지는 오이뿐 아니라 가루 형태의 양파로 만든 달콤한 피클 렐리시가 들어 있는데, 양파 역시 씨앗 생산과 새로운 품종 재배를 위해 벌이 반드시 있어야 하는 구근 작물이다. 또 소스의 색깔을 내는 것으로 파프리카가 들어가고 이외에도 벌에 의해 꽃가루받이가 이루어지는 후추, 그리고 생강과에 속하며 벌에 의해 꽃가루받이가 이루어지는 풀의 뿌리인 터메릭이 들어간다. 크림 같은 느낌은 콩기름이나 카놀라유에서 비롯된다. 콩은 제꽃가루받이를 할 수 있지만 벌의 도움이 있으면 생산량이 15 내지 50퍼센트까지 증가한다. 카놀라는 들갓을 일컫는 상품명이며 이 역시 생존 가능한 씨앗을 생산하고 많은 생산량을 내기 위해서는 벌에 의존한다. 그렇다면 벌이 없을 경우 소스에서 남는 것은 옥수수 시럽, 달걀노른자, 방부제, 그리고 '알긴산프로필렌글리콜'(해초의 일종인 켈프에서 얻은 것으로 걸쭉하게 만드는 물질이다) 같은 이름을 지닌 소량의 성분들이다.

특별 소스 덩이를 걷어내면서 끝으로 양상추도 대부분 빼냈는데, 양상추의 경우도 마찬가지였다. 우리는 양상추의 잎사귀만 먹고 이 식물은 제꽃가루받이로 씨앗을 생산할 수 있지만 꼬마꽃벌을 비롯한 다른 종들이 양상추 꽃을 찾으며 이 경우에 수정률이 획기적으로 좋아지고 40미터나 멀리 떨어진 식물에도 꽃가루를 운반할 수 있다. 더욱이 벌의 도움이 없었다면 맥도날드에서 즐겨 사용하는 아삭아삭한 양상추는 나오지 못했을 것이다. 유명한 씨앗 상인 워싱턴 애틀리 버피가 1890년대 초 펜실베이니아에 있는 자신의 농장에서 일련의 자연 꽃가루받이를 통해 '아이스버그' 양상추를 개발했기 때문이다.

젖소의 또 다른 생산품으로 빅맥에 들어가는 치즈 슬라이스는 얼핏 보기에 틀림없이 벌의 영향이 없는 것처럼 보인다. 그러나 육우는 대체로 풀과 곡물을 먹지만 젖소의 경우 조금만 연구해봐도 전 세계의 알팔파 대다수를 먹어치운다는 걸 알 수 있다. 게다가 나는 알팔파가 알칼리벌과 가위벌에 의존한다는 걸 경험으로 알고 있다. 고단백질과 미네랄을 함유한 알팔파는 우유 생산에 이상적인 사료이며 업계 지침에서도 젖을 분비하는 모든 소에게 매일 6.3 내지 7.3

킬로그램의 알팔파를 먹이라고 권고한다.

물론 암소가 풀만 먹고도 살 수는 있지만 그런 경우 생산되는 유제품의 양이 풍부하지 않고 가격이 비싸져서 아마 값싼 패스트푸드 햄버거에는 들어가지 못할 것이다. 논쟁의 여지는 있지만 벌이 치즈 슬라이스에 영향을 미치는 경로가 알팔파만 있는 것은 아니다. 콩에서 나오는 유화제도 들어가고 아울러 화려한 색깔의 씨앗을 이용한 아나토에서 독특한 노란색을 얻는데 이 씨앗은 다양한 남미 뒤영벌 종들에 의해 꽃가루받이가 이루어지는 열대 지방 잇꽃나무의 씨앗이다.

따라서 나는 치즈 슬라이스를 걷어내고 이뿐만 아니라 벌과의 연관성이 훨씬 뚜렷한 피클과 양파도 걷어낸다. 그러면 유일하게 빵이 남는데 맥도날드 회사에서 얻은 나의 정보에 따르면 이 빵에는 밀가루 외에도 15가지 성분이 들어간다. 참깨를 제외하면 다른 성분들은 밀가루와 마찬가지로 대체로 벌과의 연관성이 없거나 다른 성분으로 간단하게 대체할 수 있다.

세계에서 가장 오래된 재배 식물의 하나인 참깨는 오래전에 선택적으로 품종을 개량하여 자가 수정 품종을 생산하고 있다. 재배종의 생명 활동을 연구한 이는 없었지만 좌우대칭의 화려한 꽃 사진을 보면 야생 친척종과 다를 바 없이 거의 유일하게 벌에 의해서만 꽃가루받이를 하면서 생명 활동을 시작했다는 데 아무 의심도 없다. 옆 탁자에 앉은 가족들의 호기심 어린 눈길을 적잖이 받으며 나는 빵 위에 뿌려진 243개 참깨를 핀셋으로 모두 제거한 뒤 폐기 더미 위에

그림 8.1. 해체된 빅맥. 왼쪽은 비교적 벌과 연관이 없는 고기와 빵이고 오른쪽에는 피클에서부터 특별 소스와 참깨에 이르기까지 벌에 의존하는 모든 성분이 놓여 있다. 사진 © 소어 핸슨.

놓았다.

벌과 연관 있는 성분을 모두 빼고 나니 빅맥은 다소 서글프고 맛도 없어 보인다. 이러한 형태로는 도저히 세계에서 가장 인기 있는 햄버거가 될 거라고 상상하기 힘들다. "순 쇠고기 패티 두 장, 빵"이라는 광고 문구도 분명 그 정도로 기억에 오래 남는 문구가 되지 못했을 것이다.

빅맥처럼 거의 모든 음식을 해체하여 벌의 영향을 따져볼 수 있다. 한번 시도해보면 당신도 나처럼 깨닫게 될 것이다. 그래, 주된 꽃가루 매개자가 없는 세상에서도 먹을 수는 있겠지만 먹는 일이 한없이 따분할 거야(그리고 영양가도 그리 많지 않고).

점심 식사에서 남겨진 것들을 조금씩 깨지락거리며 먹는 동안 감자튀김 하나를 추가해도 좀처럼 위안을 얻을 수 없었다. 맥도날드에서는 러셋 버뱅크 종의 감자를 사용하는데 이는 저명한 식물 품종개량가 루서 버뱅크(워싱턴 애틀리 버피의 사촌)가 자유 꽃가루받이 방식으로 얻은 어얼리 로즈 종의 씨앗으로 개발한 품종이다.

벌에 의존하는 겨자나 토마토케첩으로 모양을 내는 것도 물론 불가능하다. 결국 나는 빅맥을 앞에 놓고 벌의 영향을 받지 않는 세계에서 우리가 해야 하는 일을 했다. 내가 먹을 수 있는 걸 먹은 것이다.

양으로 측정하든 아니면 종류나 영양, 맛으로 측정하든 거의 매번 음식을 먹을 때마다 우리는 벌의 영향을 받을 수밖에 없다. 그러나 다른 동물에 의한 꽃가루받이 방식도 존재한다는 것은 지적해두어야 한다. 파리, 말벌, 총채벌레, 딱정벌레, 박쥐 등도 약간의 농작물 꽃가루받이에 참여하며 유사시에는 사람도 참여한다.

그레고어 멘델은 선구적인 유전 연구에서 만 개가 넘는 완두콩 식물을 손으로 꽃가루받이를 했으며 현대 식물 품종개량가도 새로운 잡종을 만들거나 가능성이 매우 높은 품종끼리 이종교배를 할 때 비슷한 기법을 사용한다. 그러나 상업적 규모로 생산하는 경우에 손으로 꽃가루받이를 하는 작업은 대체로 너무 노동 집약적이어서 최후 수단이 아니라면 고려 대상이 되지 못한다.

표 8.1 벌에 의한 꽃가루받이가 꼭 필요하거나 상당한 혜택을 입는 150개 작물 목록. 열매와 씨앗을 생산하기 위해 전적으로 벌에 의존하는 작물이 있는가 하면 벌이 있을 때 생산량이 증가하는 작물도 있다. 맥그리거 1976년, 루빅 1995년, 버크맨과 나반 공저 1997년, 슬라 외 2006년, 클라인 외 2007년을 토대로 재작성.

알팔파
올스파이스
아몬드
아니스
아나토
사과
살구
아티초크
아스파라거스
아보카도
아세롤라
바질
월계수 잎
콩(여러 가지 콩)
베르가못
블랙커런트
블랙베리
블루베리
브라질넛
빵나무
브로콜리
방울양배추
메밀
양배추
카놀라유
캔털루프
캐러웨이
카다멈
당근
캐슈
카사바
콜리플라워
셀러리악
셀러리
차요테
체리
밤
병아리콩
고추
차이브
시트론
진들딸기
토끼풀
정향
코코넛
커피
콜라드
고수
목화
동부
크랜베리
오이
쿠민
듀베리
딜
두리안
가지
딱총나무 열매
꽃상추
회향
호로파
아마씨
마늘
자몽
아피오스
구아
구아바
암바렐라
잭프루트
대추
케일
키위
콜라비
콜라넛
금귤
리크
레몬
렌틸콩
양상추
라임
비파
리치
마카다미아
감귤
망고
마조람
양모과
기장
머스캐딘 포도
머스크멜론
겨자
천도복숭아
육두구
기름야자
오크라
양파
오렌지
오레가노
파파야
파프리카
파슬리
파스닙
패션프루트
복숭아
땅콩
배
후추
감
비둘기콩
체리고추
자두
석류
포멜로
감자
백년초
호박
마르멜루
라디키오
무
람부탄
유채
라즈베리
레드커런트
홍고추
로즈힙
로즈마리
로언베리
루타바가
잇꽃
세이지
사포테
참깨
대두
호박
스타프루트
스테비아
딸기
사탕수수
해바라기
고구마
타마린드
탄제린
백리향
토마티요
토마토
순무
바닐라
수박
마
주키니호박

이 규칙에서 한 가지 유명한 예외가 있는데 바로 이집트에서 바빌론에 이르는 지역에서 예전에 신성한 것으로 여겨졌던 달콤한 더운 나라의 과일이다. 지금은 전 세계 사막에서 재배되며 최근 연간 수확량이 750만 미터톤을 넘었다. 아보카도, 체리, 산딸기를 모두 합친 것보다 많은 양이다. 이 과일을 재배하는 사람이 꽃가루받이를 모두 마치려면 매년 몇 주일 동안 인간 벌이 되어야 하는데 재배 작물 가운데 이 정도 노력이 들어가는 것은 없다. 다른 어떤 것보다 이 과정을 직접 눈으로 볼 때 우리가 벌에게 어느 정도 빚지고 있는지 잘 설명된다.

≒

내가 브라이언 브라운을 만났을 때 그는 대추야자를 입에 문 채 씹고 있었다. "아직도 이걸 먹고 있어요." 그가 이렇게 말하고는 스스로 약간 놀랐다는 듯이 활짝 웃었다. 30년이 넘도록 대추야자를 심고 가꾸어 현재 1,500그루가 넘는 과수원을 운영하는 사람이라 생각하니 조금 이해할 만했다. 브라이언은 능숙한 솜씨로 손바닥에 씨앗을 뱉어 '핏툰'이라는 이름표가 붙은 단지에 던져 넣었다. 그러고는 나를 보며 말했다. "자, 뭘 보고 싶으시다고요?"

우리는 차이나랜치 대추야자 농장의 카페와 선물 가게 바깥에 서 있었다. 이 농장은 캘리포니아 모하비 사막 한복판에 있는 푸른 오아시스 같은 곳으로, 죽음의 계곡 입구에서 불과 몇 킬로미터 떨어지지 않았다. 브라이언에게 우리가 주고받은 이메일을 상기시켜 주자 그의 두 눈이 빛났다.

"맞아요, 꽃가루받이라고 했지요!" 그가 이렇게 말하고는 얼른 나를 안쪽 방으로 데려가더니 준비물을 챙겼다. 얼마 후 우리는 작은 솜뭉치, 노끈 뭉치, 그리고 곡선으로 휘어 있는 험악하게 생긴 칼을 챙겨 픽업트럭에 오른 뒤 덜컹거리며 들판을 가로질러 달렸다.

"여기 보이는 이것들은 카드로이예요, 이라크 품종이지요." 대추야자 숲 한복판에 차를 세우더니 브라이언이 말했다. 이윽고 차에서 내린 그가 삐죽삐죽 갈라진 푸른 잎사귀들 밑부분에 알루미늄 연장 사다리 꼭대기를 끼워 나무에 기대 놓았다.

"다행히 이 잎사귀들의 가시를 제거해놓은 상태예요." 브라이언은 이렇게 말한 뒤 사람 손으로 하는 꽃가루받이의 첫 단계는 주변 잎사귀들의 밑부분에 여러 줄로 나 있는, 바늘처럼 날카로운 15센티미터의 가시를 모두 잘라내는 작업이라고 설명했다. (이 주제는 이후 노동자 산재보험 이야기를 할 때 다시 등장했다. "높이, 가시, 칼 등이 관련된 작업이에요. 나의 보험률은 최고치예요." 그가 말했다.)

사다리를 단단하게 고정한 브라이언은 일정 길이의 노끈을 벨트 사이로 넣어 고리처럼 매달더니 솜뭉치 단지를 거머쥐고 진 바지 뒷주머니에 칼을 밀어 넣었다. 그러고는 오래 숙련된 익숙함으로 마치 평지를 가로지르듯 사다리를 오르더니 야자나무 꼭대기로 기어 올라갔다.

"어느 수나무의 꽃가루든 상관없어요." 그가 아래를 향해 소리쳤다. "열매는 암나무에 달리니까요." 대추야자와 관련한 핵심적인 생물학적 사실이 이 한마디에 담겨 있었다.

식물학자들은 이를 가리켜 암수딴그루dioecious라고 일컫는다. '두 개의 집'을 뜻하는 그리스어인 암수딴그루의 개별 나무는 꽃가루가 가득한, 축 늘어진 180센티미터 길이의 꽃송이를 생산하는 수나무이거나 아니면 지금 브라이언이 기어 올라가고 있는 나무처럼 암나무이거나 오로지 둘 중 하나에만 해당한다.

"꽃송이 3분의 1 정도의 숱을 쳐내요. 그렇게 하지 않으면 열매가 너무 작지요." 그가 가장 가까이 있는 꽃 덩어리 속에 얽혀 있던 노르스름한 꽃가지 몇 가닥을 풀어 잘라내며 말했다. 나는 부근 땅바닥에 떨어진 꽃가지 하나를 집어 들었다. 전체 60센티미터 길이의 꽃가지에는 작은 꽃눈이 총총히 박혀 있었고 이 꽃눈 하나하나가 장차 대추야자 한 개로 자란다.

자체적인 방법에만 맡겨두면 대추야자 나무는 바람에 의존하여 꽃가루받이를 한다. 그러나 침엽수나 풀, 그 밖의 많은 식물에는 이 방법이 성공적인 전략일지 몰라도 대추야자의 경우에는 결함을 지닌 것으로 보이며 적어도 확실한 수확량을 거두기에는 믿을 만한 방법이 되지 못한다. 잘 조성해놓은 과수원이라도 암나무의 꽃이 오로지 바람에 실려 오는 꽃가루만 기다린다면 이를 미처 받기도 전에 대부분 시들어버릴 것이다.

적어도 4천 년 동안 대추야자 재배자들은 오로지 사람 손으로 대추야자의 꽃가루받이를 해야만 생산량을 다섯 배 정도 개선해 상

그림. 8.2. 벌을 대신하는 인간 벌. 캘리포니아 모하비 사막에 있는 차이나랜치 대추야자 농장에서 손으로 꽃가루받이를 하는 과수 재배자 브라이언 브라운. 사진© 소어 핸슨.

업적 성공을 거둘 수 있다고 알고 있었다. 아시리아인, 히타이트족, 페르시아인, 그리고 북아프리카와 중동의 거의 모든 문화가 이 방법을 썼듯이 이집트인들 역시 그렇게 했다. 세대를 거쳐 내려온 이들의 꽃가루받이 기술 덕분에 대추야자는 특정 계절에만 먹을 수 있던 길거리 간식에서 탈피하여 고대 세계의 주된 과일로 자리 잡았다.

나무에서 작업하는 브라이언을 지켜보면서 나는 그리스 학자 테오프라스투스가 기원전 3세기에 이 작업을 설명한 이후 거의 달라진 것이 없다는 것을 곰곰이 생각해보았다. "대추야자 수나무에 꽃이 피면 지체 없이 불염포를 잘라낸 다음 … 꽃과 가루가 달린 꽃을 암나무의 열매 위에서 흔든다." 그러나 브라이언은 꽃이 달린 줄기 전체를 이용하는 대신 꽃가루가 잔뜩 묻은 솜뭉치를 단지에서 꺼내어 암나무 꽃줄기에 매달린 모든 꽃에 확실하게 솜뭉치가 닿도록 꽃줄기를 하나씩 위아래로 훑어서 암나무 꽃에 꽃가루를 골고루 끼얹는다.

"그런 다음 솜뭉치가 가운데 오도록 꽃으로 감싸서 묶어요." 브라이언이 아래를 향해 소리치고는 재빨리 벨트에서 노끈 두 가닥을 꺼내어 기다란 꽃송이에 노끈을 둘렀다. 솜뭉치가 제 위치에 잘 놓이도록 해놓으면 시간이 흐르면서 더 많은 꽃가루가 떨어져 나와 뒤늦게 피는 꽃도 수정이 이루어진다. 최종적으로는 과수원 곳곳에 흩어져 있는 수나무에서도 바람에 꽃가루가 날아와 어느 정도 꽃가루받이가 이루어질 것이다. 그러나 아직은 수나무의 꽃이 피지 않은 상태라서 브라이언은 지난해의 꽃가루를 이용하여 시즌을 시작했다. 이 꽃가루는 카페의 독특한 대추야자 휩 밀크셰이크를 만들기 위해 대형 냉장고에 넣어놓은 아이스크림 바로 옆에 잘 보관된 상태로 겨울을 났다.

진도를 계속 나가기 전 브라이언은 전체 과정을 다시 한 번 꼼꼼하게 보여주었고 단계마다 잠시 쉬면서 내가 질문을 하거나 사진을 찍을 수 있게 해주었다. 그가 누군가에게 대추야자 꽃가루받이 방법을 가르친 것이 이번이 처음은 아니라는 걸 깨달았다.

"사실 오전에도 두 사람을 가르쳤어요." 그가 털어놓았고 우리의 대화는 인력 고용 문제로 넘어갔다. 어느 시즌이든 꽃가루받이 작업팀은 그를 비롯하여 여러 전업 혹은 부업 지역 노동자로 이루어지며 여기에 전 세계에서 자발적으로 찾아온 사람들이 추가된다. 이들은 노동 휴가를 위해 찾아왔으며 방과 식사를 제공받는 대가로 대추야자 작업을 배운다.

"사업을 위한 온라인 만남 같은 거예요." 브라이언이 설명했다. 이곳 합숙소에는 벌써 벨기에, 독일, 몬트리올에서 온 이들이 묵고 있었고 당장에라도 사람들이 더 올 거라고 예상할 수 있었다. "오늘 안으로 러시아에서 부부가 올 거예요. 내일은 프랑스에서 온 가족이 도착할 거고요." 차이나랜치 대추야자 농장을 계속 둘러보는 동안 브라이언이 별 어려움 없이 모든 이들을 계속 바쁘게 움직이도록 할 수 있을 거라는 생각이 점점 더 확실하게 들었다.

"꽃이 순차적으로 피어요." 그가 이렇게 말한 뒤 설명을 이어갔다. 건강한 나무가 10개에서 20개 정도의 꽃송이를 만들어내는데, 이 꽃송이가 축 늘어진 대추야자 송이로 자라고 각 송이 하나의 무게가 무려 34킬로그램이나 나간다. 그러나 언제 꽃이 피는지 예측할 수 없으며 꽃가루받이를 하기에 딱 적당한 때에 맞춰 꽃송이의 꽃이 피는 것을 포착하려면 매일 나무를 일일이 살펴봐야 한다. 거기에는 여러 차례 나무에 올라가는 작업이 수반되며 사다리 외에도 작업대가 높이 매달린 트랙터가 필요할 수도 있다. 이 작업대는 아주 오래되고 높다란 대추야자 나무에 오르기 위한 것으로, 전화선이나 경기장 조명탑 같은 곳에 오르기 위해 흔히 사용하는 이동 리프트 같은 것이다. 수나무 역시 점검을 해야 하며 여러 번 반복해서 꽃을 수확해야 한다. 이 꽃을 잘 말린 다음 창문 망에 대고 문질러서 꽃가루를 추출한다.

"모든 작물이 노동이에요." 브라이언은 대추야자를 수확하고 처리하는 과정 둘 다 노동 집약적인 수작업이며 새뿐 아니라 의외의 해충으로부터 열매도 보호해야 한다고 일깨워주었다. "코요테가 대추야자를 좋아해요." 그가 체념한 듯 어깨를 으쓱해 보이며 말했다. "키가 작은 나무들을 골라서 먹어요. 코요테가 뒷다리로 똑바로 서면 키 작은 나무에 닿거든요!"

우리는 과수원을 모두 둘러본 뒤 브라이언의 집 옆 진입로에 섰다. 브라이언과 죽은 그의 아내가 1만 8천 개의 진흙 벽돌을 현장에서 수작업으로 만들어 조성한 낮은 산책로였다. 대추야자 농장은 브라이언에게 꼭 알맞은 일이라는 생각이 불현듯 들었다. 그는 땀흘리며 일하는 것을 좋아하는 것 같았다.

"남들과 다른 사람이지요." 브라이언이 인정했다. 콜로라도 주립대학에서 농학을 공부했던 몇 년간을 제외하면 평생을 차이나랜치 농장 부근에서 보낸 그였다. 햇볕에 그을린 용모에 파란 눈을 자꾸 가늘게 뜨는 그는 분명 사막을 편안하게 여기는 사람으로 보였다. 이 점을 생생하게 보여주기라도 하듯 그는 집 뒤편의 메마른 언덕에서 새 한 마리가 지저귀자 중간에 말을 끊었다. 마치 병 속에서 비둘기가 소리를 내는 것처럼 힘없이 차츰 낮아지는 네 개의 음이 들렸다.

"저 애절한 울음소리 들려요?" 브라이언이 조용히 물었다. "수컷 로드러너 한 마리가 여자친구를 부르려는 거예요." 그는 잠시 가만히 있더니 이윽고 다시 농장 사업의 역사를 들려주었다. 아내와 함께 남서지방 곳곳에 버려진 과수원에서 희귀한 대추야자 품종을 가져와 옮겨 심은 이야기, 트럭 뒷문을 열고 첫 판매를 했던 이야기였다. 우리는 집에 그늘을 드리우는 오래된 대추야자 수나무 숲을 살펴보러 걸어갔다. 언덕의 새는 이제 조용했지만 우리가 어떤 이야기를 나누든 간에 브라이언은 새 소리에 여전히 귀를 기울이고 있을 거라는 확신이 들었다.

낱낱이 해체해놓은 빅맥은 벌 없는 세상의 음식이 어떨지 우리에게 알려주었으며 대추야자는 벌을 대체하기 위해 들어가는 힘든 노동과 부담이 어느 정도인지 시사해준다. 차이나랜치 같은 중간 규모의 농장에서 꽃가루받이를 하기 위해서는 대추야자 나무를 6천 번 이상 오르내려야 한다. 다른 과일 재배자는 이 정도 양의 노동을 벌에게서 대부분 무료로 얻고 있다. 설령 상업용 벌집 용역을 빌리더라도 그 비용은 대추야자 재배자가 사람을 사서 작업하기 위해 지불하는 돈에 비하면 한참 적다. 예를 들어 벌은 산재 보상보험이 필요하지 않다.

브라이언은 사업의 성공을 위해 적절한 꽃가루받이가 얼마나 중요한지 거듭 강조했지만 그로 인한 생산 비용이 얼마나 추가되는지 알려달라는 나의 집요한 요구에도 답을 회피했다.

"그런 계산을 하고 싶지 않아요." 그가 말했다. "너무 우울해질 거예요." 하지만 답은 그저 동네 식품점에만 가봐도 알 수 있었다. 그곳에서는 캘리포니아 대추야자가 450그램당 9.99달러에 팔리고 있었으며 이는 농산품 코너에 있는 다른 어떤 것보다 두 배 이상 비싼 가격이었다.

과일 한 개에 더 많은 비용을 내고 싶다면 향신료 코너를 둘러보는 것이 최선의 선택이 될 것이다. 그곳에 가면 바닐라콩이라고 알려진 난초 꼬투리 한 쌍에 무려 27.50달러라는 거액을 투척할 수 있을 것이다. 아마 놀랄 일도 아니지만 바닐라는 대추야자를 제외하고 유일하게 꽃가루받이를 주로 사람 손에 의존하는 주요 작물이다.

브라이언과의 대화를 마무리한 나는 선물 가게의 유명한 대추야자 셰이크를 한 잔 마시지 않고는 결코 차이나랜치 농장을 방문했다고 할 수 없을 것 같은 느낌이 들었다. 적당히 목마른 상태가 되도록 부근 사막을 산책하면서 인근 아마고사 강가의 작은 틈바구니 협곡까지 내려갔다.

오솔길을 따라가는 동안 버려진 농가의 비스듬히 기운 돌담을 지나고 누군가 석고를 캐었던 곳에 쌓인 하얀 선광 부스러기 더미도 지났다. 남가새과의 관목과 키 작은 선인장 무리가 사방으로 뻗어 있었으며 주변 언덕은 햇빛이 마구 쏟아져 따가워 보였다. 마치 거인들이 언덕을 마구 찌그러뜨려 옆으로 던져놓은 것 같은 모양새였다. 내게 익숙한 초록 숲과는 거리가 멀었지만 이곳에는 웅장함과 거대한 침묵이 있었고 사람이라면 사랑에 빠질 법한 작고 예쁜 꽃들이 보였다

대추야자 꽃이 피는 이른 봄에 맞춰 여행 일정을 잡았지만 사막에 맨 처음 피는 야생화들 역시 소생하고 있는 것이 보였다. 뜻밖에 화사한 노란 해바라기가 여기저기 피었고 파셀리아의 선명한 파란

꽃도 드문드문 보였다. 나는 혹시 벌이 오지 않을까 하는 희망을 품고 적당한 구역을 찾아가 자리 잡고 앉아 관찰했다.

꽃가루받이 매개자는 낌새조차 보이지 않은 채 조용히 몇 분이 지났다. 꼬마푸른부전나비가 경쾌하고 가볍게 돌아다니다 내려앉았다. 날개폭이 12밀리미터도 채 되지 않은 이 나비는 이 많은 꽃을 책임지는 외로운 점처럼 보였다. 그러나 벌은 도와주러 나타나지 않았다. 너무 이른 시기에 찾아왔으니 당연하다는 생각이 들었다. 서식지로는 완벽해 보였고 필시 땅속 둥지나 강가 절벽, 설치류 구멍, 혹은 속이 빈 나뭇가지나 줄기 끝에 지어놓은 겨울 집 속에 처박힌, 겨울잠을 자는 벌 무리가 주변에 온통 널려 있을 것이다.

앞으로 며칠 뒤 기온이 올라가고 꽃이 더 많이 피면 분명 벌들이 나타나 윙윙 날아다니며 사막에 활기를 다시 불어넣을 것이다. 그럼에도 나는 산책을 마치고 밀크셰이크도 잘 마시고 차이나랜치에 작별 인사까지 하고 난 지 한참이 지나자 다시 찾는 게 귀찮게 느껴졌다.

21세기에는 벌의 부재와 관련해서 늘 시기 선택을 잘못한 별난 일이라고 치부할 수만은 없을 것이다. 이 책 작업을 하는 동안 전 세계 80명 이상의 벌 전문가 집단이 처음으로 꽃가루 매개자 개체에 대한 세계적인 평가 작업을 발표했다. 수집한 벌 관련 자료를 보면 지역을 불문하고 대략 40퍼센트의 종이 개체수 감소 추세에 있거나 멸종위기에 놓인 것으로 보인다. 이 발견이 대서특필되었고 불현듯 벌 없는 세상에 관한 논의가 단지 사고 실험만은 아닌 것처럼 여겨졌다.

남은 장에서는 벌의 생명 활동 및 벌과 우리의 연관성에 관한 이야기에서 벗어나 벌에 대한 솔직한 전망 이야기로 옮겨가게 될 것이다. 이 전망은 들판에서 시작되며 희망을 품는 역량 면에서 깊이 있는 학문적 경험에 상응하는 수준, 심지어는 그보다 훨씬 더 높은 수준을 보여주는 누군가와 함께 시작할 것이다.

벌의 미래

대초원을 만들려면 토끼풀 한 포기와
벌 한 마리가 필요하지
토끼풀 한 포기와 벌 한 마리,
그리고 몽상.
몽상만으로도 가능할 거야,
벌이 별로 없다면.

에밀리 디킨슨, 날짜 미상

제9장

빈 둥지

중요한 것은 끊임없이 물음을 던지는 것이다.

알베르트 아인슈타인, "나이 든 사람이 젊은이에게 들려주는 충고"(1955년)

오크, 전나무, 폰데로사 소나무로 빙 둘러싸인 작은 산악분지 전체에 목초지가 유혹하듯 펼쳐져 있다. 분지 가장자리에 서 있는 내 눈에 활짝 핀 수십 가지 야생화가 보였다. 참취, 쥐손이풀, 바위떡풀, 살갈퀴가 다양하게 모여 있는 위로 자줏빛 루피너스가 첨탑처럼 솟아 있었다. 나는 이 순간을 위해 도로에서 18시간을 보내고 나서야 세계적으로 손꼽히는 뒤영벌 전문가 중 한 명과 함께 완벽한 뒤영벌 서식지에 서게 되었다.

"날씨가 너무 안 좋아요." 로빈 소프가 말했다.

머리 위로 짙은 먹구름이 낮게 내려앉은 채 소용돌이치며 흘러가고 있었다. 언덕 쪽에서 차가운 바람이 한 줄기 몰아쳤고 나는 겨울 재킷을 챙겨왔더라면 좋았을 거라고 아쉬워했다. 벌 곤충망의 나무 손잡이를 움켜쥔 손가락에 벌써 감각이 없었다.

그러나 로빈은 별다른 동요를 보이지 않았다. 60년 이상 경력을 이어온 그는 현장 활동에 나오면 최대한 즐길 줄 알았다. 순백의 턱수염을 짧게 자르고 헐렁한 햇빛 차단용 모자에 색깔이 들어간 안경을 쓴 모습이 휴가를 나온 산타클로스처럼 보였다. 늙은 요정이 캘리포니아에서 하이킹을 즐기며 비수기를 보내기라도 하는 듯했다.

"꽃에서 뭘 찾을 수 있을지 봅시다." 우리가 출발할 때 그가 말했다. "발삼루트를 자세히 살펴봐요. 이 꽃 위에서 잠자는 걸 좋아하거든요."

우리는 울타리 선을 넘어 키 큰 풀 사이를 헤치며 천천히 나아갔다. 줄곧 벌 날개가 윙윙거리는 소리에 귀를 기울이면서 간간이 허리를 굽혀 꽃을 살폈다. 로빈의 벌 워크숍 중 하나에 참여한 적 있는 젊은 학생 랭던 엘드리지가 현장 경험을 얻기 위해 함께 따라왔다. 얼마 지나지 않아 그가 맨 처음 뒤영벌을 발견하고 소리쳤다.

서둘러 엘드리지가 있는 쪽으로 가니 쥐손이풀 꽃잎 아래쪽에 검은색과 노란색이 섞인 커다란 벌 한 마리가 매달려 있었다. 놀랍게도 로빈이 커다란 플라스틱 물총같은 것을 들고 팔을 뻗더니 방아쇠를 당겼다. 작은 모터가 윙 돌아갔고 벌이 총의 총열 속으로 사라졌다.

"이게 성능이 좋아요." 로빈이 이렇게 말하고는 총 옆면에 새겨진 이름을 내게 보여주었다. '블랙야드 사파리 버그 배큠'이라고 적혀 있었다. (회사 홍보 자료에는 "아이들이 곤충 잡는 걸 좋아한다!"라고 나와 있다. 그러나 분명 곤충학자를 상대로도 활발하게 장사를 하고 있을 것이다.) 잘 보이게 만들어 놓은 투명한 '포획 중심부' 속으로 벌이 떨어졌고 로빈은 즉시 통을 흔들어 손바닥 위에 벌을 떨어뜨렸다.

"확실히 여왕벌 크기군요." 미동도 하지 않는 형체를 뚫어지게 내려다보던 로빈이 말했다. 벌은 추위로 몸이 굳었거나 아니면 아직 잠자고 있는 것처럼 보였다. "좀 있으면 몸이 따뜻해질 겁니다." 그가 말을 이어가며 여왕벌의 독특한 특징들, 즉 얼굴에 촘촘하게 난 검은 털, 그리고 솜털이 보송보송한 검은 배 위에 노란 띠 줄무늬 한 개가 나 있는 것을 가리켰다. 랭던은 이 종이 봄부스 칼리포르니쿠스Bombus californicus, 즉 캘리포니아 뒤영벌이라고 정확히 알아보았고 로빈은 흐뭇해하는 것 같았다. 로빈이 손바닥 위에서 미동도 하지 않는 곤충을 이리저리 기울여보는 동안 우리는 잠시 조용히 있었다. 마침내 그가 인정했다. "죽은 것 같아요."

무엇 때문에 벌이 죽었는지 정확히 알 수는 없었다. 아마 게거미에게 공격당했거나, 아니면 우리 주위에 눈송이가 날리기 시작한 것으로 보아 어쩌면 너무 추웠는지도 모른다. 어쨌거나 뒤영벌을 찾으러 나서는 시작 단계에 좋은 징조는 아니었다. 그러나 상황이 더 나빠질 수도 있었다. 요컨대 대부분의 설명에 따르면 우리가 찾으려고 하는 특정 종은 이미 멸종되었기 때문이다.

"참담할 정도로 줄었을 거라고는 생각도 못 했어요." 로빈은 미국 산림청의 의뢰로 작은 프로젝트를 맡았던 날을 회상하며 이렇게 말했다. 1990년대 말이었고 산림청에서는 그가 오리건주 로그 강 계곡의 희귀 벌을 찾아주기를 바랐다. 이 지역은 원시림의 벌목과 얼룩

올빼미 문제로 격렬하게 토론이 벌어지던 논쟁의 화약고 같은 곳이었다. 산림청에서는 한 종에 초점을 맞추기보다 더 넓게 생태계를 살펴보기로 결정했다. "그 지역에 다른 특별한 것이 있다면 올빼미에 쏟아지는 관심을 어느 정도 완화하는 데 도움이 될 수도 있겠다고 생각했던 거예요."

로빈의 목표는 프랭클린뒤영벌이었는데, 이 벌은 오리건주 남서 지역과 인근 캘리포니아주 일부에서만 발견되는, 거의 알려지지 않은 종이었다. 캘리포니아 지역의 뒤영벌과 비슷하게 생겼지만 밝은 노란색 어깨와 노란 얼굴을 자랑스럽게 뽐낸다. 로빈은 전에 이 뒤영벌을 자연에서 또 여러 곳의 수집품 가운데 핀으로 꽂힌 표본으로 본 적이 있었다. 여러 논문 저서와 『북미의 뒤영벌』 같은 제목의 책뿐 아니라 수십 개 과학 논문의 지식을 충분히 섭렵한 로빈은 뒤영벌 속에 속하는 종 가운데 한눈에 알아보지 못하는 종이 별로 없었다. 과거에 이 뒤영벌이 발견된 적 있는 장소 목록을 챙긴 그는 데이비스에 있는 캘리포니아대학교의 본인 연구실을 떠나 로그 계곡으로 향했다.

"1998년에는 과거 이 벌이 발견된 적 있는 곳에 가면 항상 벌을 발견했어요." 그가 기억을 떠올리며 말했다. "아주 흔한 벌은 아니지만 그곳에 가면 벌이 있었지요." 이듬해에는 상황이 대체로 같았지만 벌을 발견하려면 좀 더 열심히 찾아야 했다. 그러고 나서 정말 말 그대로 지도에서 벌이 사라졌다. 2000년 로빈은 겨우 아홉 개 개체의 위치를 찾아냈고 2003년에 발견한 것은 다섯 개도 채 되지 않았다.

그 무렵 이 벌과 관련해서 알려져 있던 분포 범위 전역으로 확대하여 찾기 활동에 나선 그는 뭔가 급격한 변화가 진행되고 있다고 동료들에게 경고했다. 지역 생물학자들이 계속 감시 활동을 이어나갔고 연방 토지청은 조사팀을 파견했지만 아무도 흔적조차 찾지 못했다. 2006년 로빈은 아고산대 목초지에 핀 메밀꽃에서 먹이를 구하던 일벌 프랭클린뒤영벌 한 마리를 발견했다. 그 후 아무도 이 벌을 보지 못했다.

"나는 이 벌이 누구에게도 발견되지 않은 채 아직도 그곳에 날아다니고 있다고 계속 희망을 품고 있어요." 어느 지점에선가 로빈이 말했다. 우리는 들판을 가로질러, 풀과 야생화가 나무 사이사이까지 뻗어 있는 반대편 오르막길을 오르기 시작하던 참이었다. 눈은 그친 상태였고 추운 공기에도 용감하게 나선 뒤영벌 몇 마리가 있었다.

찾기 힘든 프랭클린뒤영벌은 흔적조차 보지 못했지만 그렇다고 해서 거기에 없다는 의미는 아니었다. 생물학에서는 부정적 사실, 특히 아주 작고 찾기 힘든 대상에 관해 그것이 존재하지 않는다는 사실을 입증하기 어려운 경우가 많다. 로빈은 작은 개체군의 곤충이 오랜 기간 누구의 눈에도 띄지 않은 채 계속 존재하는 경우가 드물지 않다고 말했다.

"만일 내가 계속 찾는다면 벌이 나타날 가능성도 아직 있어요." 그가 이렇게 말하고는 저 앞에 우리보다 앞서 비탈길을 돌아다니고 있는 랭던 쪽을 흘깃 바라보았다. "벌을 찾을 사람을 더 많이 훈련하면 내가 가지 못하는 많은 곳까지 들어가게 될 겁니다."

로빈 소프가 멸종 또는 급격한 감소를 목격한 것인지 아닌지는 여전히 두고 봐야 하지만 한 가지는 확실하다. 프랭클린뒤영벌의 옹호자로 로빈보다 더 나은 사람을 찾지는 못할 거라는 점이다. 2006년 마지막으로 프랭클린뒤영벌을 본 뒤로 로빈은 인내심을 갖고 매년 오리건주 남서지역의 목초지나 길가 꽃들을 뒤지면서 끈덕지게 해마다 모니터링을 지속하고 있다. 이런 노력을 돈키호테 같다고 생각하는 이들도 있지만 그는 어느 정도 유명인이 되었다. 일전에 〈노인과 벌〉이라는 제목의 한 CNN 프로에 출연한 적도 있다. 그러나 다른 이들은 오래전에 포기했을 수도 있고 로빈의 노력 역시 여전히 결실을 보지 못한 상태이지만 그래도 들판에서 수백 시간을 보낸 덕분에 다른 뭔가를 알아차릴 수 있는 중요한 위치에 오르게 되었다.

"이 년 이상 지나면서 봄부스 옥시덴탈리스Bombus occidentalis도 비슷한 추세에 있다는 걸 깨달았어요." 로빈이 웨스턴뒤영벌(우리나라에 서양뒤영벌이라고 알려진 벌이 있지만 이 벌의 학명은 봄부스 테레스트리스Bombus terrestris로 다른 종이므로 이 책에 나오는 western bumblebee는 웨스턴뒤영벌이라고 옮긴다_옮긴이)을 언급하며 설명했다. 항상 희귀했던 프랭클린뒤영벌과 달리 웨스턴뒤영벌은 멕시코 북부에서 알래스카까지 이어지는 로키산맥 서부지역에서 최근까지 가장 많은 뒤영벌로 꼽혔다. (너무 흔해서 한때 연구자들은 내가 발견했던, 절벽에 사는 청줄벌이 이 종을 흉내 내는 방향으로 진화했다고 추정하기도 했다.) 그러나 그가 프랭클린뒤영벌을 더는 발견하지 못하게 된 직후 웨스턴뒤영벌도 보이지 않았는데, 로빈의 조사 활동 지역뿐 아니라 전에 살던 분포 지역에서도 사라졌다.

한편 북미 동부지역의 곤충학자들도 한때 흔했던 다른 두 종에 대해 경종을 울리기 시작했다. 노란띠뒤영벌Bombus terricola과 녹얼룩뒤영벌Bombus affinis이었다. 벌을 공부하는 학생으로 첫 경력을 시작한 로빈이 앞으로 남은 경력 기간은 새로운 역할, 즉 벌을 찾는 탐정에 바쳐야 한다는 점이 분명해졌다.

"필시 병원체 때문일 거라는 게 제 생각이었어요." 로빈이 말하고는 이렇게 덧붙였다. "같은 서식지인데도 다른 뒤영벌은 완벽하게 잘 지내고 있었거든요." 그의 말은 살충제나 다른 폐해를 배제하는 것처럼 들렸다. 이어서 그는 급격하게 줄고 있는 네 종 모두 서로 밀접한 친척종이며 분류학자들이 하나의 아속으로 일컫는 것에 속한다고 설명했다. 따라서 이들 네 종은 바이러스에서부터 균류, 응애, 박테리아, 기생충에 이르는 동일 계열의 여러 폐해에 쉽게 감염될 가능성이 있었다. 물론 처음에는 어떤 병원체 때문인지 확실히 알지 못했지만 그 원인을 놓고는 강한 의구심이 드는 것이 하나 있었다. 바로 세계에서 가장 인기 있는 과일을 일 년 내내 먹을 수 있게 해주는 사업이었다.

토마토가 재배되기 시작한 곳으로는 중앙아메리카의 고대 멕시코 혹은 페루 지역이 거론된다. 최초의 토마토를 기른 사람이 누구인지는 아무도 모르지만 온실의 역사는 그에 비해 확실하다. 온실 구조물을 최초로 만든 공헌은 1세기 초 로마 황제 티베리우스에게 고용된 원예사들의 몫이다. 운모와 투명석고 같은 반투명 광물로 지붕을 만든 이 구조물 덕택에 현대 캔털루프의 친척종이자 황제가 좋아하는 멜론을 일 년 내내 생산할 수 있었다. 대大플리니우스가 상기했듯이 "황제에게 멜론이 제공되지 않은 날이 하루도 없었다."

그러나 산업혁명으로 값싼 유리(그리고 나중에 가서는 플라스틱)가 충분히 공급되어 대규모로 경제적 수익을 올릴 수 있기 전까지 온실은 여전히 부자들의 사치로 남아 있었다. 초기 상업적 사업에서는 다양한 과일과 채소, 꽃을 생산했지만 이 가운데 한 가지 작물이 유럽에서 가장 잘 번식하고 수익성 높은 온실 작물로 빠르게 자리 잡았다. 바로 토마토였다. 특히 제2차 세계대전 이후 재배 방법이 더욱 정교해져서 저 멀리 북쪽에 있는 벨기에, 네덜란드, 영국 같은 나라에서도 일 년 내내 꾸준한 생산량을 낼 수 있었다.

북미의 경우는 플로리다와 캘리포니아 같은 지역에서 고온의 기후가 오랫동안 이어지는 긴 재배 기간의 이점을 누릴 수 있었기 때문에 온실 재배 방식이 상당 기간 유행하지 않았다. 1990년대에 마침내 온실 품종의 수요가 늘어나자 캐나다와 미국의 재배자들은 즉시 유럽 쪽 재배자에게서 조언을 구했다. 그들이 맨 처음 배운 것은 토마토 사업에서 전해지는 격언이었다. 그 속에는 뜻밖의 내용이 담겨 있었다. 바로 전동칫솔을 다량 구매할 생각이 아니라면 얼마간의 뒤영벌이 필요할 것이라는 내용이었다.

벌과 전동칫솔의 연관성을 한마디로 요약하면 윙 하는 진동 소리이다. 전동칫솔을 한 번도 사용해본 적 없는 사람을 위해 말해주면, 전동칫솔로 이를 닦는 것은 소리굽쇠를 입에 물고 있는 느낌이라

그림 9.1. 산업혁명으로 유리 가격이 내려가면서 온실이 급증했고 온실 토마토가 수익성 좋은 작물로 확실하게 자리 잡았다. 복제화© 도버 출판사(왼쪽), 보스턴 공공도서관(오른쪽).

고 할 수 있다. 내가 사용하는 모델은 3옥타브 도의 고음으로 꿰뚫는 듯한 웅 소리를 내며 진동하는데, 치과의사는 이런 진동이 플라크를 아주 훌륭하게 없애준다고 확언했다.

그러나 진동 꽃가루받이라는 놀라운 과정이 진행되는 동안 뒤영벌 날개에서 나는 소리 역시 이와 유사하다. 토마토(또는 가지나 블루베리 같은 여타 진동 꽃가루받이 종)를 찾아온 뒤영벌을 관찰해보면 이 과정이 어떻게 작동하는지 볼 수 있다. 설령 그렇지 못하더라도 적어도 벌이 꽃에 앉을 때마다 나는 빠른 고음의 윙윙 소리는 들을 수 있다.

가지과에 속하는 다른 채소들과 마찬가지로 토마토는 식물학자들이 일컫는 이른바 '열개 방식 꽃밥'을 지니고 있다. 이는 한쪽 끝에 있는 조그만 구멍으로만 접근 가능한 작은 방에 꽃가루가 들어 있는 구조이다. 시간이 지나면서 꽃가루가 자연적으로 밖으로 털려 나와 일정량의 제꽃가루받이가 이루어지지만 적당한 주파수의 진동이 있으면 꽃밥이 울리면서 구멍 사이로 물보라처럼 꽃가루가 나온다.

식물의 입장에서 보면 이 전략은 뒤영벌처럼 이 수법을 알아낸 몇몇 꽃가루 매개자와의 사이에 특별한 유대를 만들어낸다. 꿀벌은 이런 일을 해내지 못하기 때문에 토마토를 실내에서 재배하고자 하는 사람은 모두 유럽인들이 하는 방식대로 길들인 뒤영벌을 일정하게 공급해주어야 한다. 그렇지 않으면 온실에 핀 모든 꽃마다 일일이 전동칫솔을 들고 찾아다닐 각오를 해야 한다.

"1990년대에 이 년 동안 여왕 뒤영벌을 길들일 목적으로 벨기에에 데려갔어요." 로빈이 설명했다. 유럽인은 뒤영벌을 포획하여 온실 사업용으로 기르는 방법을 이미 알고 있었고 따라서 미국의 작물재배자들이 유럽인의 전문 기술을 이용하고자 했던 것은 타당했다. 독신 여왕벌을 통제된 조건에서 잘 먹이면 머지않아 기성품으로 제작된 판지 둥지 상자 안에 번성하는 군집을 생산할 수 있고 이 둥지 상자를 어디로든 운반해 갈 수 있다. 그러나 처음에 벨기에로 데려가 기른 벌들을 다시 집으로 데려올 때 유럽의 병원체가 이 벌들과 함께 따라 왔다고 로빈은 생각한다.

"시기가 아주 잘 맞아요." 로빈이 말했다. 1997년 질병이 발생하여 수많은 온실 뒤영벌이 전멸했고 그 직후 야생종이 사라지기 시작했다. 벌을 기르는 사람들은 이러한 떼죽음이 미포자충류라고 일컬어지는, 특이하고 작은 특정 생물체 탓이라고 여겼다.

"우리는 노제마 이론을 검증하기 위해 줄곧 애써 왔어요." 로빈이 내게 말했다. 그러더니 잠깐 빙그레 웃고는 덧붙였다. "이것이 어느 계에 속하는지조차 결정하지 못했다고 하니 우리가 얼마나 아는 게 없는지 잘 보여주지요!"

노제마 봄비Nosema bombi(뒤영벌을 감염시키는 미포자충_옮긴이)는 한때 원생동물로 간주되었지만 지금은 균류로 분류되거나 적어도 균류와 아주 비슷한 것으로 분류된다. 작은 리마콩 모양으로 생긴 단세포생물이며 벌의 위벽에 침입한다. 감염된 세포가 끝내 터져서 많은 번식 포자를 쏟아내고 결국 벌의 설사를 통해 포자가 빠르게 퍼진다. 감염된 꽃에서 옮거나 어쩌다 우연히 포자에 감염되거나 혹은 둥지 안에 떨어진 벌의 똥에서 감염되기도 한다. (꿀벌의 경우 벌집 청소를 책임지는 어린 일벌이 흔히 높은 감염률을 보인다.)

많은 뒤영벌 종이 기생충에 잘 견디거나 설령 그렇지 않더라도 피해 정도가 낮은 수준에 그친다. 또 박물관 표본을 대상으로 한 여러 연구에 따르면 수 세기 동안 북미 전역에 기생충이 광범위하게 퍼져 있었다는 것을 알 수 있다. 그러나 무슨 이유인지 모르지만 프랭클린뒤영벌과 아주 가까운 이 아속에서 감염률과 피해 수준 모두 갑자기 치솟았던 것으로 보인다. 아울러 이 아속의 많은 종이 급격한 감소를 보이고 있다. 무슨 일이 벌어지고 있는지 정확히 말할 수 있는 사람은 아직 없지만 개체군이 이렇게 빠르게 감소하는 이유가 무엇인지 어쩌면 로건에 위치한 유타주립대학교 '벌 실험실'의 연구가 설명해줄지도 모른다.

노제마는 벌을 병들게 할 뿐 아니라 교미를 하지 못하게 방해한다. "여왕벌과 일벌이 교미를 귀찮아하는 것처럼 보이지는 않아요."

'벌 실험실'에서 함께 연구하는 곤충학자 제이미 스트레인지가 말했다. "하지만 수컷 몸속에 포자가 가득 차서 날지 못해요. 수벌은 그저 땅 위로 팔짝팔짝 뛰기만 해요."

지난 십 년 동안 제이미와 동료들은 수벌이 겪고 있는 곤경을 바로 가까이서 볼 수 있도록 벌 군집을 포획하여 웨스턴뒤영벌을 연구해 왔다. 공기로 전염되는 병이 막 시작되고 있었다. 감염 증상이 악화하면 수벌은 배가 심하게 팽창한 나머지 몸을 돌려 아래 방향으로 내려가지 못하게 되고 그 결과 적당한 위치에 대기하고 있는 여왕벌에 닿지 못한다. "교미를 하지 못해요." 제이미가 요약해 말했다. "또 그런 일이 벌어지면 끝장이에요. 두 세대가 지나면 완전히 붕괴하지요."

제이미의 이론은 강력한 설명력을 지니며 증거와도 대부분 잘 맞는다. 노제마로 인해 벌이 허약해지는 수준에 그쳤다면 시간이 흐르면서 수가 급감할 수는 있겠지만 번식을 중단하면 로빈 소프가 현장에서 목격했던 대로 개체군 전체가 없어질 것이다. 어느 날에는 있었는데 다음에는 사라져버리는 것이다. 그런데 수벌의 부풀어 오른 배는 수적 감소의 메커니즘을 제시했을 뿐이다. 제이미는 아직 자신의 관찰 내용을 정리하여 출간할 생각을 하지 않고 있었다. 훨씬 커다란 문제들이 여전히 대답을 얻지 못한 채로 남아 있는 것이다.

"몇몇 종의 경우 다른 종에 비해 더 심하게 앓는 이유는 무얼까요?" 제이미가 혼잣말을 하더니 이어서 대다수 뒤영벌이 노제마를 대수롭지 않게 넘긴다는 점, 노제마에 감염된 같은 아속의 종이라도 해당 종에 나타나는 반응은 제각기 다르다는 점을 지적했다. 프랭클린뒤영벌은 사라져버렸고 이의 사촌 종인 녹얼룩뒤영벌은 이제 희귀종이 되어 최근 미국의 멸종위기종에 등록되었다. 그러나 웨스턴뒤영벌과 노란띠뒤영벌의 일정 개체군들은 안정화된 것으로 보이며, 이 집단의 다섯 번째 종인 흰엉덩이뒤영벌은 애초 그다지 심한 증상을 보이지도 않았다.

자연적으로 저항력을 지닌 개체군이 있는 것일까? 이들의 환경, 혹은 행동에 뭔가 다른 점이 있는 것일까? 박물관 표본에서 나타났듯이 만일 노제마가 예전부터 흔했다면 왜 갑자기 이렇게 치명적인 영향을 미치게 된 것일까? 로빈 소프는 여전히 매우 유해한 외래 변종을 의심하지만 온실 벌에게서 발견된 노제마 종류와 관련한 유전자 검사에서는 아직 다른 점이 드러나지 않았다. 똑같은 병원체가 각기 다른 장소에 사는 각기 다른 벌에게 확연히 다른 영향을 미치는 것으로 보였다.

"너무 복잡해요." 제이미가 말했다. "답을 얻기까지는 시간이 좀 걸릴 것 같아요." 그러면서 풍족한 자금 지원하에 수십 개, 심지어는 수백 개의 연구팀이 단일 질병의 작용을 밝히는 데 흔히 수년 내지 수십 년을 바치는 인간 병리학 분야와 비교했다.

"우리는 그만한 자원을 받을 만한 정도가 못 돼요." 조금은 아쉬워하는 듯이 그가 말했다. 그렇다고 '벌 실험실'이 바쁘지 않다는 말은 아니었다. 공식적으로 '꽃가루받이 곤충 생물학, 관리, 계통학 연구부서'라는 명칭으로 알려진 이 실험실에는 열두 명의 전업 벌 과학자와 그 수의 세 배인 업무 지원 직원, 그리고 꾸준하게 이어지는 대학원생과 박사후과정 연구원이 있다. 나는 전화로 제이미에게 연락했으며 꽤 오랜 시간 이야기를 나누었다. 그런데도 방해받지 않을 수 있었던 것은 제이미가 미리 계획을 세워 연구실 문을 닫아놓은 덕분에 모두 그가 점심을 먹으러 나간 줄 알고 있었기 때문이다.

제이미의 팀에서는 노제마 프로젝트 외에도 16개 주 40개 장소에서 두루 채집한 4천 개 뒤영벌 표본에서 다양한 병원체를 찾아 분석하는 중이었다. 진균 질환이 광범위하게 퍼져 있었지만 이밖에도 바이러스, 응애, 박테리아, 그리고 여왕벌의 생식 기관에 침입하여 파괴하는 선충도 발견했다. 원생동물과 기생파리도 있었고 뒤영벌 발에 직접 달라붙어 이 꽃에서 저 꽃으로 히치하이킹을 하는 딱정벌레 유충도 있었다.

"분석 작업을 다 마치면 뒤영벌을 감염시키는 병원체와 관련해서 굉장한 데이터 목록을 갖게 될 거예요." 제이미가 말했다. 궁극적으로 그들은 특정 종에 나타난 특정 증상을 개별 병원체와 연관 지을 수 있기를 바랐다. 노제마 같은 것이 어떻게 갑자기 그토록 치명적인 영향을 미치게 되었는지 이해하기 위한 중요한 첫걸음이다. 이들의 분석 결과는 질병 자료실이 되어 다음번에 뒤영벌의 어느 개체군이 감소하기 시작할 때 연구자들이 무엇을 살펴볼지 알 수 있도록 도움을 줄 것이다.

이 작업이 매우 중요한 이유는 벌과 벌의 서식지에 온갖 현대적 위협이 가해지는 상황에서 대다수 전문가가 다음에 벌어질 수적 감소는 단지 시간문제일 뿐이라고 생각하기 때문이다. 요컨대 세계에서 가장 많이 알려져 있고 가장 많은 보살핌을 받고 있으며 가장 널리 퍼져 있는 벌조차 최근 들어 곤경을 겪고 있다. 양봉 꿀벌은 전통적으로 양봉가들 사이에서 '감소 질병'이라고 일컬어지는 병으로 매년 얼마간 죽었다. 하지만 2006년 가을 벌집들이 대량으로 사라지기 시작하자 이 문제 현상에 새로운 명칭이 필요하다는 사실이 분명해졌다.

늑

"우리 모두 눈앞에 보고 있는 현상 앞에서 망연자실했어요." 다이애나 콕스-포스터가 위기 첫 몇 달의 기억을 떠올리며 내게 말했다. 그녀는 현재 '벌 실험실'에서 제이미 스트레인지와 함께 일하지만 떼죽음이 시작되던 당시 펜실베이니아주립대학교의 곤충학 교수였다.

"벌의 통상적인 손실이 아니었어요." 그녀가 회상했다. 서서히 감소하는 정도가 아니라 일벌 꿀벌의 개체군 전체가 정말로 사라지고 있었다. 일벌이 분명 건강해 보이는 모습으로 먹이를 구하러 나갔는데 다시 돌아오지 않았고 벌집에는 벌꿀과 새끼 벌, 방향 감각을 잃은 몇몇 벌집 벌, 그리고 보살핌을 받지 못한 채 죽어가는 여왕벌만 남았다.

혼란에 빠진 양봉가들의 요청으로 투입된 다이애나는 자신이 소속된 곤충 병리학 실험실의 총력을 쏟아 수십 개의 빈 벌집에서 표본을 채취 분석했다. 얼마 후 그녀는 뉴욕에서 플로리다에 이르는 각지의 연구자들과 공동 연구를 진행했고 서부 해안 쪽에서도 역시 심각한 손실을 알리는 기사들이 나왔다.

미국 양봉가협회의 연례 회의가 열리던 어느 날 저녁 다이애나는 먼 곳에서 온 동료들과 호텔 바에 모여 각자의 자료를 비교했다. 누군가 '감소'라는 단어보다는 '붕괴'라는 단어가 훨씬 상황에 들어맞는다고 제안했다. 또 '질병'이라고 일컫는 것은 부정확하며 심지어 오해의 소지마저 있다는 데 입을 모았다. '질병'이라는 단어는 벌집이 특정 상황이나 병원체에 희생되고 있다는 의미를 암시한다는 이야기였다. 그러나 사실은 다들 무엇 때문에 벌이 갑자기 줄어드는지 명확한 의견을 갖지 못한 상태였다. 논의가 계속되었고 이들이 호텔 바를 나설 무렵에는 한 문구로 의견 일치를 보았다. 벌집군집붕괴현상CCD, Colony Collapse Disorder이라는 이 문구는 곧 벌이 처한 곤경이라는 문제로 세계적인 관심을 불러일으켰다.

"상황을 정확하게 규정하고 아울러 앞으로 나아갈 길을 제시하는 명칭을 찾고 싶었어요." 다이애나가 이렇게 설명했는데, 두 개 전선 모두에서 성공을 거두었다고 말해도 무방할 것이다. 벌집의 35퍼센트, 50퍼센트, 심지어는 90퍼센트까지 잃어버린 양봉가들에 대한 언론 보도 기사가 대중의 상상력을 사로잡았고 이 명칭보다 훨씬 기억에 잘 남도록 대중 매체에서 붙인 '벌의 종말'이라는 별명도 얻었다.

그림 9.2. 이 사진처럼 분명 건강해 보이는 꿀벌 벌집이 군집붕괴현상으로 며칠 만에 텅 비어 버릴 수도 있다. 아무 경고도 없이 수천 마리의 일벌이 그냥 집으로 돌아오지 않아 벌집에는 방향 감각을 잃은 몇몇 벌집 벌, 보살핌을 받지 못한 채 죽어가는 여왕벌만 남는다. 위키미디어 공용에서 구한 북스코피온스의 사진.

이 모든 관심이 방아쇠가 되어 벌 연구 역사상 가장 커다란 봇물이 터져 나왔다. 대학, 정부 기관, 그리고 업계 집단의 전문가들이 재빨리 프로그램을 진행하여 벌집군집붕괴현상을 연구하기 시작했고 병원체(다이애나의 전문 분야)에서부터 기후 변화, 그리고 이동전화 기지국에서 내보내는 신호까지 모든 것의 영향을 탐구했다. 십 년이 넘는 기간 동안 동료 평가를 거친 수백 편의 연구 논문이 나왔지만 아직도 기껏해야 하나의 현상이라고 규정하는 단계에 머물러 있고 강력한 요인으로 볼 만한 명백한 '스모킹건'은 나오지 않고 있다.

몇 가지 별난 견해들(이동전화 기지국과 흑점)은 폐기되었지만 아직 진행중인 연구 주제로 남아 있는 다른 견해들도 많다. 하나의 벌집에 영향을 미칠 수 있는 모든 가능성을 분석해야 하는데 이 벌집의 성원들이 130제곱킬로미터, 260제곱킬로미터, 심지어는 520제곱킬로미터에 이르는 범위까지 분포할 수도 있다. 결론을 내릴 수 없는—더러는 명백히 모순적이기도 한—결과들이 열띤 토론을 촉발했지만 벌집군집붕괴현상이 여러 문제의 결합으로 생겨났다는 쪽으로 점차 의견이 모이고 있다. 이 병폐에 '복합 스트레스 장애'라는 또 다른 명칭을 새로 붙이자고 제안하는 데까지 나간 사람들도 있었다.

내가 '복합 스트레스 증후군'을 어떻게 생각하는지 물었을 때 다이애나의 대답에는 묘한 뉘앙스가 있었다. "여러 요인의 상호작용으로 인한 것처럼 보여요." 그녀는 이렇게 동의하면서도 결국은 벌이 아마도 질병 같은 것에 쓰러진 뒤 일련의 문제들로 약해진 거라고 덧붙였다. 그러면서 어느 온실 연구를 인용해 바이러스 감염 수치가 높은 일벌이 끊임없이 인공 벌집을 떠나 온실 경계선 맨 구석에서 죽었다고 지적했다.

이 서식지를 들판으로 옮기면, 병든 벌들이 그대로 날아가 주변 전원 지역으로 사라져버릴 것이므로 벌집군집붕괴와 아주 흡사하게 보인다. (벌집군집붕괴 현상 연구가 맞닥뜨리는 주된 어려움 중 한 가지가 이 현상의 양상에서 두드러지게 나타난다. 마치 시체 없는 살인 사건 수사처럼 증거가 거의 없다는 점이다.) 그러나 이윽고 다이애나는 지난 몇 년에 걸쳐 기록으로 입증되는 진짜 벌집군집붕괴현상이 사실상 아주 드물었다는 점을 계속 지적함으로써 나를 충격에 빠뜨렸다.

"최근의 떼죽음 가운데 진정한 벌집군집붕괴현상의 명확한 증상을 보이는 경우는 5퍼센트도 채 안 돼요." 다이애나의 말이었다. 그럼에도 북미 전역의 양봉가들은 매년 계속해서 벌집의 30퍼센트 이상을 잃고 있으며 유럽에서도 이 비율이 비정상적으로 높다. 나는 몇몇 다른 연구자들과 이야기를 나누었는데 꿀벌이 벌집군집붕괴현상 하나만이 아니라 그보다 훨씬 광범위한 뭔가로 고통받고 있다는 데 모두 동의했다. 널리 알려졌음에도 불구하고 '벌의 종말'은 단지 문제의 일부처럼 보이며 풀리지 않은 많은 의문을 남긴 문제로 보인다.

2006년에는 무엇 때문에 급증하다가 왜 지금은 줄어들고 있을까? '벌의 종말'을 일으킨 특정 스트레스 요인은 무엇이며 왜 다른 벌집에 비해 더 민감하게 영향받는 벌집이 있는 것일까? 또 북미와 유럽 전역에는 널리 발생했으나 남미와 아시아, 아프리카는 그에 비해 심하지 않았던 이유는 무엇이었을까? 이런 의문들을 비롯하여 벌집군집붕괴현상의 다른 의문들이 완전히 이해되지 않을지는 몰라도 한 줄기 빛은 있다. 벌집군집붕괴현상을 계기로 홍수처럼 쏟아진 연구들은 벌의 전반적인 건강, 그리고 인간이 지배하는 현대 자연환경에서 벌이 직면한 많은 위협에 대해 과학자들이 이전보다 훨씬 잘 이해할 수 있도록 해주었다는 점이다.

"우리는 4P에 대해 말해요." 다이애나가 말했다. "기생충parasites, 영양 부족poor nutrition, 살충제pesticides, 병원체pathogens예요." 전화상으로 설명하는 그녀의 목소리는 차분한 어조였다. 자신의 연구에 대해 이야기하는 게 익숙하긴 해도 행여 잘못 전달될까 봐 다소 경계하는 듯한 어조였다. 꿀벌 감소 현상처럼 복잡하고 논쟁적인 문제를 다루다 보니 어쩔 수 없다는 생각이 들었다. 그럼에도 그녀가 내놓은 주장은 아주 명확했는데, 이야기는 고약한 작은 생물체에서 시작했다. 대략 빨간 파프리카 조각처럼 생긴 이 작은 생물체는 꽉 움켜쥘 수 있는 여덟 개 다리와 두 갈래로 갈라진, 날카로운 지푸라기처럼 생긴 입이 달려 있다.

"응애는 여전히 중요 쟁점이에요." 다이애나가 기생 응애인 꿀벌파괴응애를 지칭하며 말했다. 거의 꿀벌만 먹고 사는 꿀벌파괴응애는 바로아[Varroa]라는 학명을 지닌 응애의 한 작은 집단에 속하며 이 학명은 로마 정치가이자 학자인 마르쿠스 테렌티우스 바로의 이름을 딴 것이다. 바로는 율리우스 카이사르의 사서이자 '벌집 추측'(가장 적은 재료를 사용하여 평면을 같은 면적의 칸으로 나누는 방법은 정육각형으로 나누는 것이라는 추측_옮긴이)이라 알려진 이론의 기초를 세운 사람이었다.

바로는 그 자신이 벌을 기르기도 했으며 자신이 기르는 벌이 완벽한 정육각형 벌집을 짓는 것을 보고 경탄했다. 그는 벌이 효율성을 위해서 그와 같은 벌집을 지었다고, 즉 서로 맞물려 있는 형태 가운데 정육각형은 가장 적은 밀랍으로 가장 많은 꿀을 담을 수 있는 형태라고 주장했다. 마침내 1999년 이 견해가 옳다는 것을 입증해낸 한 수학자는 바로에게 커다란 경의를 표했다.

바로이데[Varroidae] 과(꿀벌응애과) 바로아[Varroa] 속(꿀벌응애속)이라는 학

그림 9.3. 암컷 꿀벌의 어깨에 자리 잡은 암컷 꿀벌응애를 주사전자현미경으로 본 사진. 미 농무부 산하 미국농업연구소 전자 현미경 및 공초점 현미경 연구소의 허락하에 게재.

명을 생각해냄으로써 이 옛 로마인이 그토록 감탄했던 벌에게 치명적인 위협을 가하는 생명체와 그의 이름을 영원히 하나로 묶어놓은 응애 분류학자들에 비하면 아마 이 수학자가 훨씬 커다란 경의를 표했다고 할 수 있다.

꿀벌파괴응애는 꿀벌의 체액을 빨아먹고 산다. 이 응애는 어른 벌을 공격하여 약하게 만들기도 하지만 부화실 안에서 유충을 잡아먹음으로써 더 심한 폐해를 끼친다. 아주 끔찍한 일이지만 이들 응애는 바로 이곳, 봉인된 부화실 안에 무방비 상태로 있는 먹잇감 바로 옆에서 번식한다.

옛날에는 동남아시아의 숲이나 삼림지대에서만 살았고 그 지역의 다양한 토종 꿀벌 품종에 기생하는, 그리 심각하지 않은 해충이었다. (현재까지 알려진 꿀벌속의 11개 종 가운데 사육용 양봉 꿀벌만 아프리카와 유럽이 원산지이며 나머지는 모두 아시아가 원산지이다.) 그러나 사육용 양봉 꿀벌이 동남아시아에 들어오자 빠르게 적응한 꿀벌파괴응애가 벌집과 여왕벌과 장비의 이동을 따라 꾸준하게 전 세계로 퍼져 나갔다. 이제 꿀벌파괴응애는 호주 이외 모든 지역에서 심각한 문제가 되었다.

꿀벌파괴응애 감염을 치료하지 않은 채 방치하면 새끼 번식에 심각한 손상을 초래하고 벌집 전체를 파괴할 수 있다. 또 이 밖에도 몇 가지 치명적 바이러스의 매개체 역할까지 함으로써 이 감염이 발생하는 지역이면 어디에서든 꿀벌을 더욱 약하게 만든다. 전문가들은 꿀벌파괴응애가 들어옴으로써 유럽과 북미의 여러 지역에서 야생 꿀벌 군집이 감소했다고 관련 지었다. 다이애나가 옳다면 이들 꿀벌파괴응애는 그녀가 설정한 모델의 두 번째 P, 즉 영양 부족과 매우 흡사하게 꿀벌의 전반적인 건강을 약화시킨다.

"꽃 자원이 충분하지 않아요." 다이애나가 4P 네 개 항목에 어떻게 영양 부족 개념이 들어가게 되었는지 설명하면서 말했다. "사람들은 공원이나 골프장을 둘러보면서 초록이 무성하다고 생각하지만 벌의 입장에서는 사막이나 화석화된 숲과 마찬가지예요. 먹고 살 만한 거리가 없거든요." 공원에 꽃이 부족하고 개발로 인해 자연 지대가 사라지는 것 외에도 생울타리와 혼합 농업, 전통 농장의 목초지가 점차 단일 경작으로 대체되는 농업 환경 속에서 서식지 역시 무너지고 있고 이제는 농장과 뒷마당, 도로변 등 모든 곳이 제초제로 관리되고 있어서 엉겅퀴와 금작화, 메꽃처럼 꽃꿀과 꽃가루가 풍부한 풀조차 점점 보기 힘들어지는 곳이 많아졌다.

다이애나의 지적에 나는 예전에 래리 브루어 박사에게 들은 말이 생각났다. 그가 계약 연구직으로 소속되어 있던 회사에서는 수백 개의 벌집을 관리하면서 농약 회사를 위해 대규모 현장 실험을 실시한 바 있다. 신제품의 영향을 확인하는 실험에는 흔히 카놀라 혹은 벌에 의해 꽃가루받이가 이루어지는 작물의 드넓은 밭 한가운데 그들이 관리하는 벌집을 고립시켜 놓는 실험이 포함된다. 꽃이 한창 피는 시기에도 래리 팀은 항상 다른 종류의 꽃가루를 구해 벌집으로 돌아오는 벌을 적어도 몇몇은 발견하곤 했다.

"꼭 구해야 하는 것을 찾으려면 먼 길을 날아가야 할 겁니다." 그는 이렇게 말하면서, 아무리 영양이 풍부한 꽃이라고 해도 오직 한 종류의 꽃만으로는 얻을 수 없는 뭔가를 벌들이 절실하게 원하는 것처럼 보인다고 지적했다.

"주변이 온통 완벽한 식사 거리처럼 보이는 것들로 둘러싸여 있을 때조차 벌은 단백질과 미량 영양소의 다른 공급원을 찾으러 가지요." 특히 트럭에 실려 이 단일경작물에서 저 단일경작물로 이동하는 상업용 벌떼의 경우에 영양 문제가 심각하다.

"그런 식으로 식사를 한다고 한번 상상해봐요." 래리가 말했다. 몇 주 동안 아몬드를 먹다가 이어서 몇 주 동안은 사과를 먹고 다음 몇 주 동안은 오로지 블루베리만 먹으면서 그 사이사이에는 벌통에 갇힌 채 장거리 여행을 해야 하는 것을 상상해보라는 이야기였다. 물론 양봉가들이 보충제를 제공하기는 하지만 그 어떤 것으로도 애초에 꿀벌이 진화 과정을 거치면서 먹게 된 것, 즉 여러 종류의 야생화와 덤불과 나무에서 다양하게 얻는 꽃 관련 보상을 대체하지 못한다. 영양 부족으로 인한 스트레스가 벌 활동기 동안 상당한 차이를 보이고 또한 어떤 벌떼는 다른 벌떼에 비해 더 심한 스트레스를 받기도 하지만 다이애나 같은 전문가들은 이런 스트레스가 벌의 전반적인 건강과 활력에 손상을 입혀 4P 가운데 가장 많은 논란의 대상이 되는 세 번째 P를 비롯하여 서식 환경의 다른 위협에 훨씬 취약하게 만든다고 믿는다.

벌의 감소 양상 가운데 살충제의 영향만큼 단일 문제로 많은 논쟁을 불러일으킨 것은 없다. 그러나 이 쟁점을 파헤치기 전에 우선 그 밑바닥에 깔린 근본적인 물음을 제기할 필요가 있다. 애초에 벌이 화학 물질에 그토록 약한 이유가 무엇일까? 표적 곤충들은 모두 살충제에 내성이 생기는 것 같은데 왜 벌은 그렇지 못할까? 이 수수께끼에 대한 답은 벌과 꽃 사이의 특수 관계가 가져다준 아주 흥미로운 결과에 있다.

메뚜기, 박각시나방, 딱정벌레, 진딧물, 장님노린재과의 벌레들, 그리고 잎과 줄기와 씨앗과 뿌리를 공격하는 그 밖의 모든 해로운 생물은 착화합물의 독성을 없애야만 생활이 가능하다. 이들 생물은 주로 먹는 식물의 끊임없이 진화하는 화학적 방어를 극복하기 위해 수백만 년 동안 고군분투하면서 이러한 일을 해왔다. (살충제 제조회사도 이런 무기 경쟁을 아주 잘 알고 있으며 영감을 얻기 위해 종종 식물을 살피면서 여기서 뽑아낸 다양한 추출물에 어떤 식으로든 미세 수정을 가해 신제품을 만들어낸다.)

그러나 벌은 다르다. 벌은 꽃가루 매개자의 역할을 하므로 식물의 입장에서는 벌을 쫓아내기는커녕 오히려 끌어들여야 하며 그 결과 어떠한 방어용 화학 물질도 거의 포함되지 않은 달콤한 꽃꿀과 단백질이 풍부한 꽃가루를 만들어내는 방향으로 진화했다. 이 덕분에 벌은 계속해서 수월하게 영양을 공급받았다. 하지만 이는 곧 해로운 화합물이 든 먹이를 상대해야 할 진화적 경험이 거의 없었다는 의미였다. 해충 벌레들이 식물의 화학 물질을 처리하거나 피해 가기 위해 이용하는 태생적인 대사 경로가 벌에게는 없는 것이다. 작물을 먹는 생물의 경우는 살충제가 그저 익숙한—대개는 일시적인—화학적 장애이지만 벌의 경우는 어떠한 형태의 살충제든 그저 독일 뿐이다.

"벌의 감소 현상을 한 가지 화학 물질, 심지어는 한 종류의 화학 물질과 연관지을 수는 없어요." 다이애나는 내가 무슨 질문을 할지 방향을 예상하기라도 한듯 곧바로 말했다. 나는 네오니코티노이드라고 불리는 살충제 계열에 대해 의견을 듣고 싶었다. 시중에 판매되는 가장 인기 있는 농업용 및 가정 정원용 제품이 이 계열에 포함된다.

'네오니코티노이드'는 알려진 대로 다양한 형태로 사용할 수 있지만 모두 체체계적으로 작용하는 방식이라는 특성을 갖는다. 자라는 식물의 조직 자체 안에 살충제가 자리 잡는 것이다. 이는 곧 식물의 잎과 싹과 뿌리 모두 이를 먹는 해충에게 치명적이라는 의미이며

그림 9.4. 농작물 해충을 상대로 하여 벌이는 화학 전쟁은 흔히 식물 기반의 독성을 이용하며 농업의 역사만큼이나 오래된 투쟁이다. 제2차 세계대전 동안 미 농무부에서 제작한 이 포스터에 이 전쟁을 완벽하게 잘 포착하여 담아내었다. 위키미디어 공용.

따라서 무차별적으로 살충제를 뿌릴 필요성이 줄어든다. 그러나 다른 한편으로는 네오니코티노이드가 식물의 꽃꿀과 꽃가루에도 들어 있다는 의미이며 식물을 다녀가는 벌의 먹이 속에 이 성분이 들어간다는 의미이다. 요컨대 곤충을 죽이기 위한 목적으로 고안된 것이다.

따라서 과량의 네오니코티노이드가 유독성을 지닌다는 것은 의심의 여지가 없으며, 잘못 사용한 사례로 인해 꿀벌과 토종벌의 확실한 국지적 떼죽음이 일어난 적도 있었다. 또 벌이 먹이를 구하러 나갔다가 집으로 돌아오는 능력이 손상되는 것을 비롯해 수명이 짧아지고 번식력이 줄어드는 등 연구자들이 일컫는 이른바 '아치사' 효과의 여러 현상을 네오니코티노이드와 연관시키는 실험실 연구들도 있다.

그러나 의견 일치가 이루어지는 지점은 여기까지다. 현장에서는 군집 차원의 일관된 영향이 꿀벌에게 나타나지 않았기 때문이다. 살충제 찬성론자들은 살충제 처리 작물들과 함께 기른 벌떼가 괜찮아 보이는 경우가 많으며 통상적인 조건 아래서 양봉용 꿀벌의 대다수는 단지 극소량의 살충제를 접할 뿐이라고 주장한다. 그러나 네오니코티노이드가 야생 뒤영벌과 단독성 벌에 폐해를 끼친다는 보다 강력한 증거가 있으며 아울러 곤충을 잡아먹는 새를 비롯하여 표적 대상이 아닌 다른 종의 감소와 연관이 있다는 연구도 있다. 논란이 심해지자 2013년 유럽연합 집행위원회에서는 꽃이 피는 작물에 몇몇 형태의 네오니코티노이드 사용을 금지했으며 전하는 바에 따르면 금지 대상을 확대하는 방안도 고려하고 있다고 한다.

내가 이야기를 나누어본 대다수 다른 과학자들과 마찬가지로 다이애나도 네오니코티노이드의 철저한 금지를 지지하지는 않았다.

"이제는 해충 및 꽃가루 매개자에 대한 통합적인 관리가 이루어지도록 압박해야 해요." 그녀가 말했다. "살충제를 모두 없애는 것이 아니라 '꼭 사용해야 하는 것은 무엇일까? 벌이 계속 건강하게 살도록 하려면 어떻게 해야 할까?'라고 묻는 거지요." (이 말을 듣자마자 투셰의 알팔파 경작농들이 계속해서 살충제 관리를 조정해 나가던 것이 생각났다. 그들은 벌에게 덜 해로운 제품을 찾아보고 용량을 시험하며, 날이 어두워져서 알칼리벌이 안전하게 자러 들어간 뒤에야 살충제를 사용했다. "우리는 늘 그 생각을 해요." 마크 웨거너가 내게 말했다.)

하지만 유럽의 네오니코티노이드 금지 정책의 영향권에 있는 농장에서 벌 개체군이 어떻게 반응하는지, 대안으로 투입된 모든 화학 물질은 어떤 영향을 미치는지 연구자들이 판단할 수 있게 됨으로써 이들 농장은 향후 중요한 시험 사례가 될 것이다. 그 사이 다이애나와 다른 연구자들은 살충제와 관련한 훨씬 복잡한 그림에서 네오니코티노이드는 그저 한 면에 불과할 뿐이라는 것을 깨달았다.

"깜짝 놀랐어요." 다이애나가 이렇게 말하면서 꽃가루, 꿀, 밀랍, 벌의 몸에 남은 화학 물질 잔류량을 최초로 대규모 분석한 결과를 떠올렸다. 북미 전역에 걸쳐 수십 개 벌집에서 채취한 표본에서 118개 종류의 살충제가 나왔으며, 네오니코티노이드 같은 현대 살충제뿐 아니라 몇 년, 심지어는 수십 년 동안 환경 속에 남아 있던 것들도 검출되었다.

"기본적으로 이제까지 사용된 모든 것이 나왔어요." 우리가 대화를 시작한 이후 처음으로 그녀의 목소리에서 격한 분노 같은 것이 느껴졌다. "아직도 꽃가루에 DDT가 들어 있더라고요!" 오염 물질에는 살진균제, 제초제, 진드기 살충제, 다양한 종류의 살충제가 포함되어 있었다. 그러나 화학 물질은 종류도 다양했고, 또 거의 모든 것에서 검출되었다. 분석 대상이 되었던 750개 표본 중에서 겨우 밀랍 1조각, 꽃가루 3개, 그리고 12마리의 어른 벌만 깨끗하다는 검사 결과가 나왔다. 나머지 표본에서는 평균 6~8종의 살충제가 각각 들어 있었다. 그리고 이 대목에서 상황이 정말 흥미로워진다.

"서로 상승작용을 하지요." 다이애나가 내게 말했다. "벌에게는 더욱 나쁜 방향으로 가게 되고요." 그녀는 혼합된 여러 화학 물질이 어떻게 서로의 효과를 증진하는 방식으로 함께 작용하는지 설명했다. 예를 들어 살진균제의 경우 그 자체만으로는 항상 벌에게 해가 되지는 않지만 몇몇 살충제의 효과를 1,100배까지 높일 수 있다. 그런데도 규제기관에서는 제품에 대해 한 번에 한 가지씩만 검사하여 평가할 뿐이다. 따라서 단독 사용 시 '벌 안전'이라는 표가 붙은 것도 다른 살충제가 있는 상황에서는 예측할 수 없는 결과를 가져올 수 있다.

거의 대다수가 연구조차 되지 않은 아주 많은 결합의 가능성 속에서 벌이 그 많은 화학 물질을 접하고 있으니 현장 실험이 혼란스러운 결과를 낳는 것도 이상한 일이 아니다. 혼합된 상태에서는 이른바 비활성 성분도 일정한 역할을 할 수 있다. 우리가 이야기를 나누었던 당시에 다이애나와 동료들은 액상 네오니코티노이드가 잘 도포되도록 공통으로 사용되는 계면활성제에 예상치 못한 부작용이 있다고 막 판단한 상태였다. 바이러스에 감염된 벌의 치사율이 이 성분으로 두 배나 증가한다는 것이다. 농약은 상호작용할 뿐 아니라 더 나아가 4P 가운데 맨 마지막이자 어떤 점에서는 가장 위협적인 병원체의 영향을 더욱 심각하게 만들 수도 있다.

"기본적으로 꿀벌은 곤충의 질병을 알리는 전형적 상징이지요." 다이애나가 말했다. "바이러스에서부터 세균과 원생동물에 이르기까지 인간에게서 발견되는 것은 무엇이든 벌에서도 볼 수 있어요." 그녀는 날개 변형 바이러스, 급성 마비 바이러스, 백묵병 등의 명칭을 사용하면서 병원체 목록을 줄줄이 열거했다. 꿀벌 계의 노제마도 있었고, 기본적으로 벌 유충이 가득 들어 있는 벌 방을 고약한 냄새의 끈적거리는 검은 물질로 만들어버리는, 말만 들어도 끔찍한 이른바 부저병이라는 세균 감염도 있었다.

노제마 이야기가 또다시 나오니 뒤영벌의 상황이 떠올랐지만 꿀벌의 경우는 이제 불확실성이 줄었다. 벌집군집붕괴현상으로 자극을 받아 연구 활동이 폭발적으로 증가했으며 이런 대대적인 전염병 관련 노력은 바로 제이미 스트레인지가 꿈꾸었던 상황과 비슷했다. 바이러스 한 가지만 놓고 보더라도 꿀벌과 관련한 새로운 종류의 바이러스를 20개 이상 구분하여 명칭을 붙였다. 그러나 다이애나처럼 오랫동안 관찰해온 사람들은 왜 상황이 더욱 악화되는 것처럼 보이는지 아직도 이유를 알지 못한다.

"최근 2000년까지만 해도 바이러스의 흔적조차 없는 벌집을 볼 수 있었어요." 그녀가 기억을 떠올렸다. "지금은 그 벌집들도 모두 바이러스를 지니고 있어요." 꿀벌 병원체가 뒤영벌이나 다른 토종벌에게로 이동할 수 있다는 것을 입증하는 증거도 있다. 그 많은 벌통과 여왕벌이 아직도 트럭에 실려 전 세계로 옮겨지는 상황에서는 특히 골칫거리가 되는 전개 국면이다. 동남아시아 원산지에서 밖으로 퍼져 나간 바로아 응애처럼 꿀벌의 많은 질병 역시 지역적 문제로 시작되었으며 카슈미르 벌 바이러스, 시나이 호 바이러스 등 뚜렷한 지역 관련 명칭에서도 이런 경향이 잘 드러난다.

그러나 대다수 전문가는 꿀벌 연구를 통해 축적한 지식이 종국에는 모든 벌에 도움이 될 거라고 믿고 있다. 다이애나가 대학을 떠나 유타주 '벌 실험실'의 제이미 스트레인지 및 그 밖의 토종벌 연구가들과 합류하기로 한 결정에 영향을 미친 것도 바로 이런 희망 때문이었다.

"토종벌도 힘든 상황이에요." 다이애나가 이렇게 털어놓으면서 뒤영벌, 뿔가위벌, 알칼리벌 같은 종을 대상으로 하는 연구로 옮겨간 것에 대해 설명했다. 이 벌들을 실험실에서 기르는 일이 훨씬 더 어려우며 이 벌들의 생활 주기가 너무 짧고 계절성을 강하게 띠어서 꿀벌의 경우처럼 연중 내내 연구를 지속하는 일이 가능하지 않다고 지적했다. "그러나 예비 자료를 충분히 확보하고 있어서 4P를 이들 벌에도 마찬가지로 적용할 수 있다고 말할 수 있어요."

기회가 주어진다면 몇몇 전문가는 이 모델에 몇 글자를 추가할지도 모른다. 개발이나 산업식 농업으로 너무 쉽게 사라져가는 둥지 서식지nesting habitat의 N, (벌과 식물 둘 다에 해당하는) 침입종invasive species의 I, 모든 것을 복잡하게 만들 잠재력을 가진 대단히 중요한 문제, 즉 기후변화climate change의 CC 등이다.

벌 전문가들은 이제 막 기후변화의 영향을 탐구하기 시작했다.

그러나 빨라진 개화기로 인해 몇몇 벌이 곤경에 놓일 확실한 위험성이 있으며 이들 벌은 둥지나 겨울잠 장소에서 너무 늦게 나오는 바람에 자신들이 선호하는 꽃꿀과 꽃가루의 공급원을 찾지 못하게 될 것이다. 벌이 얼마나 빨리 적응해 나갈지 아직은 아무도 알지 못한다. 그러나 북미와 유럽의 뒤영벌을 대상으로 한 연구에서는 이들 뒤영벌이 분포지대 가운데 남쪽 지역이나 고도가 낮은 지역 등 기온이 좀 더 높은 지역에서 빠져나가기는 해도 기온이 올라가고 있는 북쪽 지역의 더 온화한 조건을 이용하는 단계까지는 아직 나아가지 못하는 것을 발견했다.

기상 이변 역시 늘어나고 있다. 알팔파 농장에서 마크 웨거너가 설명했듯이 적절치 않은 때 한 번의 심한 뇌우만 내려쳐도 알칼리벌의 개체군 전체가 익사할 수 있다. 다른 종들 역시 향후 몇십 년 안에 예상되는 잦은 가뭄과 홍수, 폭염, 산불, 때아닌 일시적 한파에 마찬가지로 취약할 수 있다.

종합하면 21세기에 4P(그리고 N, I, CC)는 벌 앞에 힘겨운 그림을 펼치고 있다. 프랭클린뒤영벌 같은 몇몇 종은 이미 멸종했을지도 모르고, 적어도 분포지대 중 몇몇 지역에서 사라진 종은 그보다 훨씬 많다. 모든 벌이 줄어드는 중이라고 말한다면 너무 나간 주장일 테지만 그런 일이 발생하면 어떤 상황이 될지 경고해주는 이야기 하나가 있다.

중국 마오현 계곡의 유명한 사과 과수원에서 1990년대부터 벌 개체군의 급격한 감소가 목격되기 시작하더니 이후 순식간에 완전한 붕괴로 이어졌다. 무슨 일이 벌어졌던 건지 아무도 정확히 알지 못하지만 대다수 관찰자는 과도하고 무분별한 살충제 사용에다가 영양 부족, 그리고 서식지 손실로 둥지 지을 터가 부족해진 상황 등이 결합한 탓이라고 진단하고 있다.

야생 벌은 실질적으로 없어지고 양봉 군집도 연거푸 실패하자 양봉가들은 더 이상 이 계곡에 벌통을 들고 들어가려고 하지 않았다. 지역의 사과 농부들은 과수원이 완전히 망가지는 것을 피해 보려고 수천 명의 노동자를 고용하여 사람 손으로 사과나무의 꽃가루받이를 하고 있다. 이는 몹시 힘이 드는 과정이다. 솜뭉치 하나로 한꺼번에 작은 꽃 수백 개에 꽃가루를 묻힐 수 있는 대추야자와 달리 사과나무는 꽃송이마다 일일이 꽃가루를 묻혀주어야 한다. 닭털이나 담배 필터를 매단 긴 막대기로 작업을 하면 아무리 빠른 일꾼이라도 하루 작업량이 고작 다섯 내지 열 그루밖에 되지 않는다. 놀랄 일도 아니지만 이러한 방안은 경제적으로 볼 때 지속할 수 없다고 판명되었다. 벌이 늘 무료로 제공해온 작업을 인간 노동이 똑같이 재현할 수는 없는 것이다.

농부들은 일제히 사과나무를 베어버리고 다른 작물을 심기 시작했다. 한때 풍부한 산출량을 자랑하던 사과 산업이었지만 오늘날 남은 것이라고는 부근 숲에 살아남은 벌이 꽃가루받이를 도와줄 수 있는 계곡 가장자리의 몇몇 과수원뿐이다.

예전에는 오로지 사과나무만 재배했던 마오 현 계곡의 많은 농장은 흥미로운 전환을 이루어 이제는 전통 방식의 섞어짓기 방법을

그림 9.5. 중국 마오 현에서는 서식지 손실과 살충제로 인해 지역 벌 개체군의 붕괴가 초래되었다. 과수원 운영자들은 인간 꽃가루 매개자 팀을 고용하여 모든 꽃의 꽃가루받이를 하는 식으로 대응했으며, 이들은 사진에서 보듯 담배 필터나 깃털을 긴 막대기에 매달아 꼼꼼하게 꽃가루를 바른다.

채택함으로써 비파, 자두, 호두 사이사이에 채소를 함께 기르고 있다. 이러한 변화가 경제적 이유로 인한 것이기는 해도 이제는 살충제에 덜 의존하는 환경에서 훨씬 다양한 꽃가루와 꽃꿀을 제공하는 식으로 바뀌었으므로 계곡의 벌을 되살리는 데 도움이 될 수 있다. 따라서 마오현 계곡 이야기는 흔히 벌 감소에 대한 경종으로 언급되지만 궁극적으로는 해결책이 우리 손안에 있다는 것을 일깨워주는 사례로서 벌의 회복력에 대한 상징이 될 수도 있다.

이번 장을 쓰면서 접촉한 많은 전문가 가운데 서섹스 대학 생명과학 교수이자 뒤영벌 전문가인 데이브 굴슨에게서 가장 현실적인 조언을 들었다. 그는 많은 스트레스 요인이 복합적으로 벌에 영향을 미치고 있다는 데 동의하면서도 우리가 문제를 완전하게 이해해야만 뭔가를 실천할 수 있는 것은 아니라고 주장한다.

"연구가 추가로 진행되는 동안 아무것도 하지 않은 채 그에 대한 변명으로 문제를 완전하게 이해해야 한다는 주장만 내놓을 수는 없어요." 그는 내게 보내는 이메일에 이렇게 썼다. "상식적으로 생각해 보면 이들 스트레스 요인들 가운데 뭐가 됐든 간에 그로 인한 압박을 줄일 수 있다면 도움이 될 겁니다."

한마디로 우리는 행동에 나설 정도로 충분히 알고 있고 특정한 방식의 행동을 취할 만큼 충분히 알고 있다는 것이다. 즉, 자연에 꽃과 둥지 서식지를 늘리고, 살충제 사용을 줄이며, 양봉용 벌(그리고 이와 함께 옮겨 다니는 병원체)의 장거리 이동을 중단해야 한다. 문제를 깨닫기 시작하는 과학자, 농부, 정원사, 환경운동가, 일반 시민의 수가 빠르게 늘어나고 있으므로 이러한 방법 중 몇 가지만 실천해도 많은 것이 바뀔 수 있다.

제10장

햇볕이 내리쬐는 어느 하루

꽃이 만발한 이 야생의 자연 속에 벌들이 이리저리 떠돌며 흥겹게 놀고 있다. 풍족한 햇볕을 기뻐하면서, 검은딸기나무와 허클블룸 사이를 열심히 기어 다니면서, 곰들쭉에 핀 수많은 꽃의 종을 울리면서, 지금은 꽃가루 가득한 버드나무와 전나무 사이에 높이 떠 흥얼거리면서, 또 지금은 잿빛 땅으로 내려와 꽃고비와 미나리아재비 위에 앉았다가 이내 벚나무와 갈매나무가 늘어선 눈 덮인 강둑으로 깊이 곤두박질친다. 벌들은 백합을 가만히 바라보다가 그 안으로 들어간다. 백합도 그러듯이 벌들도 힘들여 일하지 않는다. 물레방아가 수력으로 일하듯이 그들은 태양 에너지로 일한다. 한쪽은 높은 수압을 풍족하게 누리고 다른 쪽은 햇볕을 풍족하게 누리지만 둘 다 똑같이 흥얼거리면서 떨린다.

존 뮤어, "캘리포니아의 벌 초원"(1894년)

진공청소기가 등장할 거라고는 예상하지 못했다. 아몬드 농장을 방문하기 위해 캘리포니아로 날아갔을 때 대규모로 이루어지는 견과류 생산을 목격하게 되리라는 것은 알았다. 38만 헥타르(38억 제곱미터)가 넘는 땅에 오로지 아몬드 나무만 가득한 캘리포니아 센트럴밸리에서는 세계 연간 수확량의 무려 81퍼센트를 생산한다. 매년 여름 농장 곳곳을 돌아다니는 유압식 떨이 기계가 패드를 댄 긴 팔로 아몬드 나무 줄기를 움켜쥐고 세게 흔들면 다 익은 견과류가 바닥으로 떨어지면서 흙먼지와 나뭇잎과 마른 겉껍질이 한바탕 뿌옇게 일어난다.

이것이 아몬드 수확 작업의 전부라면 아마 농장에는 토종벌이 가득했을지도 모른다. 2월이라는 이른 시기에 피는 아몬드 꽃을 마음껏 먹었을 것이며 봄이 무르익어 차츰 여름으로 넘어갈 때쯤이면

하층에 뒤섞여 자라는 피복 식물과 야생화를 즐길 수 있었을 것이다. 그러나 차를 몰아 새크라멘토에서 북쪽으로 올라가면서 고속도로를 따라 계속 이어지는 아몬드 농장을 보자마자 나는 아몬드 산업에서 왜 벌 보호가 쟁점인지 알 수 있었다. 나무 아래에는 무엇 하나 자라는 것이 없었다. 꽃 한 송이, 잡초 한 그루, 풀잎 하나 없었다. 잦은 풀베기와 제초제는 단순히 초목을 줄인 수준이 아니라 완전히 제거해버린 상태였고, 흙먼지가 날리는 갈색의 황량한 맨땅만 남았다.

"수확 때문이에요. 아몬드를 진공청소기로 빨아들여야 하거든요." 그날 나를 안내했던 가이드가 말했다. 에릭 리-매더라는 이름의 가이드는 꽃가루 매개자를 연구하는 전문가였다. 떨이 기계에 뒤이어 등장하는 기계식 청소기가 흩어진 아몬드를 깔끔하게 정돈하여 줄줄이 늘어놓으면 그 뒤에 매달린 또 다른 기계가 굴러가면서 아몬드를 진공청소기로 빨아들인다.

이 과정은 매우 효율적이지만 바닥이 가능한 한 깨끗해야 한다. 산업 안내 책자에 아몬드 나무 밑의 공간을 '바닥'이라고 지칭한 것도 놀랄 일이 아니다. 바닥에 식물이 빼곡히 자라면 아몬드를 모으기가 힘들 것이다. 털이 긴 카펫에서 빵부스러기를 떼어내려고 애쓰는 것과 같다. 게다가 초목은 열매를 먹는 설치류에게 숨을 곳을 제공할 뿐 아니라 물을 머금어 살모넬라나 그 밖에 아몬드를 오염시키는 세균이 증가할 위험이 있다.

바닥을 깨끗하게 유지하면 농부들은 아몬드를 오염 없이 능률

그림 10.1. 전형적인 아몬드 농장의 깔끔한 바닥은 수확기에 편리할지 몰라도 벌이 살 만한 서식지를 거의 남겨두지 않는다. 미 농무부 자연자원보호청의 허락하에 위키미디어 공용에서 구한 사진 게재.

적으로 수확할 수 있지만 다른 한편으로 이는 캘리포니아의 드넓은 아몬드 농장에 벌을 위한 서식지가 거의 없다는 의미이기도 하다. 또 이는 꽃가루받이를 위해 벌을 절대적으로 필요로 하는 작물에는 심각한 결과를 가져왔다.

"우리는 이제 4천 헥타르(4천만 제곱미터)가 넘는 아몬드 농장에서 작업하고 있어요." 에릭이 내게 말했다. 그는 벌에 긍정적인 뭔가를 하고자 하는 농장주의 수가 급증하고 있다고 지적했다. 꽃가루 매개자 보호를 위해 서세스 소사이어티에서 공동 지도자로 일하는 에릭은 농장주들에게 도움을 줄 수 있는 특별한 위치에 있었다.

멸종된 캘리포니아 나비 이름을 따서 1971년에 창립한 서세스 소사이어티는 곤충을 비롯한 그 밖의 무척추동물을 구하는 데 중점을 두는, 북미 유일의 주요 비영리단체이다. 에릭은 2008년에 이 협회 직원이 되었다. 당시는 벌집군집붕괴현상을 계기로 꿀벌이 처한 곤경이 국제적 관심을 끌던 때였다. 이후 꽃가루 매개자에 대한 대중의 관심이 점차 높아지면서 협회의 규모도 계속 커졌다.

"내가 다섯 번째나 여섯 번째로 들어간 직원이었을 거예요. 지금은 50명 정도 돼요." 바로 이런 흐름에 힘입어 영국에서도 이와 유사한 두 개 조직, 버그라이프(2002년 창립)와 뒤영벌보존신탁(2006년 창립)이 창립되고 발전해 나갔다. 종합적으로 이러한 집단들은 벌에 대해 점차 깨어나는 의식을 몇 가지 실천적 행동으로 옮기는 데 도움이 되었다. 예를 들어 미국의 멸종위기종 목록에 하와이 가면벌 추가, 살충제 정책 개선, 스코틀랜드 로치 레븐에 세계 최초 뒤영벌 보호구역 지정 등이다. 나는 매년 기부금 수표를 쓰는 방식으로, 말하자면 열정은 있으나 약간의 거리를 두는 방식으로 이러한 발전 경향을 따라갔다. 그러나 이제 좀 더 알고 싶은 마음이 생겼다. 벌의 '서식지 보존 및 회복을 촉진'한다는 것이 정확히 무슨 의미인지, 그리고 이보다 더 중요하게는 그러한 활동이 어떻게 이루어지는지 알고 싶었다. 에릭이 하루 일정으로 현장 활동에 함께 참여하자고 초대했을 때 나는 선뜻 받아들였다.

"오늘 우리는 시작점과 종점을 보게 될 거예요." 에릭이 말했다. 우리는 차를 타고 가면서 점점 더 늘어나는 아몬드뿐 아니라 피스타치오, 올리브, 그리고 이따금 보이는 해바라기와 토마토밭, 논을 지나쳤다. 첫 번째 정차 지점은 벌 보존 활동을 얼마 전에 막 시작한 농장이었는데, 우리는 조금 늦은 상태였다. 이곳을 둘러보고 나서는 서세스 소사이어티에서 작업한 첫 번째 프로젝트 중 하나인 1.5킬로미터 길이로 조성한 생울타리를 구경할 예정이었다. 우리는 올랜드라는 소도시 부근에서 고속도로를 빠져나와 마침내 농장 사이로 나 있는 도로 비슷한 길 위에서 GPS 내비게이션이 더 이상 길을 찾지 못하는 데까지 이르렀다.

“저기 토종 식물이 있어요!” 에릭이 불쑥 말하고는 브레이크를 밟았다. 도랑에 검위드 꽃이 만발한 풍경은 우리가 목적지에 다 왔다는 뜻이었다.

에릭의 동료 두 명이 먼저 도착해 있었다. 동료 둘은 격자 모양으로 반듯하게 나무를 심어놓은 농장과 도로 사이의 흙 갓길에서 어깨가 딱 벌어진 키 큰 남자와 한창 이야기를 나누느라 여념이 없었는데 만일 다른 환경에서 이 남자를 보았다면 직업 운동선수라고 쉽게 오해했을 것이다. 가족과 함께 4대째 농사를 짓고 있는 브래들리 보어라는 이름의 이 농부는 이곳 대규모 농장 외에도 다른 많은 농장을 소유했으며 급속히 발전하는 유기농 아몬드 시장에서 상당한 몫을 담당하고 있었다. 이들의 최대 고객 중 한 곳인 제너럴밀스에서 최근 공급자들에게 꽃가루 매개자 보호 방안을 생산 과정에 접목하라는 지시를 내리자 보어 집안이 서세스 소사이어티에 연락을 취한 것이다.

"정말로 수용적인 태도를 보였어요." 일전에 에릭이 내게 한 말이었다. 실제로 브래들리는 수년 동안 자체적으로 토종 식물을 실험해 오던 중이었다. 도랑에 꽃을 피운 검위드가 그가 심은 식물이었고 이밖에도 루핀, 양귀비, 파셀리아 클라르키아를 섞어서 갓길에 씨앗을 뿌렸다. 당시는 여름이 한창이었고 일찍 꽃을 피우는 식물은 대부분 마른 겉껍질 상태였지만 양귀비와 나팔꽃 중 몇몇은 여전히 싱싱해 보였다. 다 같이 악수를 하는 동안 상서로운 징조 하나가 눈에 들어왔다. 탁한 빛의 얼룩무늬 날개를 지닌 남방공작나비가 화사한 꽃잎 사이를 날고 있었다.

"아몬드 농장에서 채택하여 일정한 성공을 거둔 방법이 세 가지 있어요." 에릭이 말문을 열고는 생울타리, 토종 피복 식물, 대상 재배 등의 방법을 조합함으로써 보어 농장에 벌을 다시 불러들이는 데 어떻게 도움이 되는지 브래들리에게 말해주었다. 에릭은 따뜻하면서도 자신감에 차서 말했으며 이런 태도가 모두를 편안하게 해주는 것같이 보였다. 사십 대 중반의 나이에 짧게 자른 헤어스타일, 사람을 똑바로 쳐다보는 시선을 지닌 그는 테크 산업에 종사한 이전 경력 때문인지 전문가다운 품위를 풍겼다.

"나는 서세스 소사이어티의 상징적 자본가예요." 나중에 에릭이 이런 농담을 했다. 하지만 동료들이 제아무리 곤충학 학위를 갖고 있다고는 해도 그의 진정성은 뿌리가 깊었다. 에릭은 노스다코타 농장의 양봉가 집안에서 자랐다. 이후 오랫동안 다른 많은 일을 거치긴 했지만 이러한 뿌리는 그를 현재 함께 일하는 사람에게로 이끌어준

다리가 되었다. "진정한 우정을 쌓으려고 노력해요." 그가 털어놓았다. "신뢰를 쌓는 일이 이 작업에서 가장 커다란 문제이지요."

브래들리 보어의 경우에는 신중한 낙관론으로 접근하는 것같이 보였다. 벌 서식지를 늘리는 데 진정한 관심을 보였으며 여느 농부가 그렇듯이 식물이 어떻게 제 할 일을 하는지에 대해서도 호기심을 보였다. 들판 가장자리와 버려진 연못, 그 밖에 식물을 심을 만한 버려진 구석 땅을 둘러보는 동안 대화 주제는 여러 종류의 야생화에서 꽃 피는 관목으로, 잡초 방제로 이어졌다. 그러나 다른 한편으로는 실현 가능성과 최종 결과에 대해 농부다운 우려를 보였는데, "아몬드 꽃과 경쟁을 벌이게 되는 일은 피해야 해요"라든가 "농장 인부들이 이 모든 곳을 다니면서 잡초를 제거하려면 꼬박 이틀이 필요해요" 같은 의견을 내놓으면서 논의를 현실적인 방향으로 다시 돌렸다.

에어컨이 나오는 농장 본부의 쾌적한 직원실에서 점심식사를 했다. 바깥이 섭씨 35도나 되다 보니 이곳이 반가웠고 기분 전환이 되었다. 그러나 브래들리는 이런 바깥 기온을 시원한 날씨라고 하면서 앞으로 몇 주 동안 더 심해질 거라고 말했다.

"섭씨 45도까지 올라가요! 수확하기에는 딱 좋은 때지요." 그가 오래된 가문의 격언을 인용하면서 웃었다. 그날 오전 우리는 밭에서 따온 싱싱한 수박을 먹으면서 그의 집안에 대해 더 많은 이야기를 나누었다. 증조부가 기차에 노새를 싣고 대륙을 가로질러 온 이야기, 브래들리와 아내가 보어 집안의 5대 농부가 될 아이를 곧 나을 거라는 이야기를 들었다. 마침내 대화가 다시 벌에 관한 내용으로 돌아갔고, 아몬드 재배에서 커다란 문제의 하나로 꼽히는 것, 즉 수천 그루나 되는 나무의 꽃가루받이를 해야 하는 문제로 이어졌다.

"떼죽음 이후로 벌을 이용하는 것이 아주 힘들어졌어요." 브래들리가 털어놓았다. 포커 게임판이었다면 정말 심각한 문제라고 할 정도로 표정이 숨김없고 솔직했는데, 지금은 걱정이 짙게 드리워져 있었다. 그러나 여느 아몬드 재배자라도 아마 그런 표정을 지었을 것이다. 꽃가루받이가 해마다 하나의 도박이 되고 있기 때문이다.

상주하는 벌이 이루 말할 수 없을 정도로 너무 적은 상황이라서 캘리포니아의 농장들은 작물의 생존을 위해 오래전부터 임대 꽃가루 매개자에 의존해왔다. 세계에서 가장 집약적이고 수익성 좋은 꽃가루받이 시장에 참여하려고 전업 양봉가들이 멀리 플로리다주와 메인주에서 왔으며 꿀벌과 아몬드 꽃 사이에 3주간의 광란이 펼쳐졌다. 4,000제곱미터당 두 개의 벌통을 놓는 것을 권장하기 때문에 꽃가루받이가 이루어지려면 캘리포니아 농장주들에게 180만 개 이상의 벌통이 필요했다. 그러나 이러한 수요를 맞추기가 점점 더 힘들어지고 있다. 벌집군집붕괴현상이 생긴 이후로 벌의 공급이 좀처럼 회복되지 않기 때문이다.

십 년 전에 50달러 정도 하던 임대료가 오늘날 네 배나 올라 벌통이 아주 비싼 물품이 되다 보니 뉴스에서 '벌 도둑'이라고 일컫는 이들의 목표물이 되었다. 현재 해마다 수천 개의 벌통이 농장에서 사라지고 있다. 한밤중에 몰래 빼낸 벌통에 다시 페인트를 칠하고 상표를 바꿔서 다른 농장주에게 넘기는 것이다. 액수도 어마어마하다.

2017년 경찰에 체포된 두 사람은 백만 달러에 상당하는 벌을 훔쳐 은닉처에서 보관하던 중 붙잡혔다.

이렇게 큰돈이 걸려 있다 보니 토종벌의 가능성을 탐색하는 아몬드 농장주가 점점 늘어나는 것도 놀랄 일이 아니다. 몇 가지 꽃을 심고 생울타리를 만드는 것이 결코 만병통치약은 아니라고 에릭이 재빨리 지적했다. 벌에게 매우 우호적인 환경의 농장조차도 아직 매년 꿀벌을 임대하고 있기 때문이다. 그러나 야생종이 자라는 환경에서는 좋은 결과를 낼 수 있다고 말하는 연구들이 나왔으며 자연 초목을 심으면 농장의 꽃가루 매개자 다양성이 빠르게 세 배나 증가한다는 증거도 있다.

꽃이 늘어나면 꿀벌도 영양이 개선되고 끊임없이 이동하는 데서 오는 스트레스가 줄어서 이로운 환경이 조성된다. 양봉가들도 아몬드 개화기가 지난 뒤 자신들의 벌떼가 좋은 곳에 남아 다양한 종류의 꽃가루와 꽃꿀을 마음껏 먹을 수 있는 농장을 고맙게 여긴다(또 이런 곳을 찾는다). 벌 보존 운동의 용어를 빌리면 벌 서식지가 '차곡차곡 쌓이는 환경적 혜택'을 제공하는 것이다. 이로운 곤충과 그 밖의 종이 다양하게 살도록 해주는 한편 탄소를 격리시키고 토양 수분을 늘려주며 토양의 유기물을 증가시킨다.

그러나 이 운동에 참여하려는 결정은 구체적으로 꼭 집어 말할 수 없는 뭔가 근본적인 것으로 귀결되는 경우가 많다. 브래들리의 말을 빌리면 벌을 돕는 일은 '올바른 일'이며 보어 농장이 모범을 보이고 싶었다는 것이다. 그와 에릭은 간선도로에서도 멋있게 보이도록 식물을 심는 방법에 대해 많은 시간을 들여 의논했다. "사람들이 이 곳을 보면 좋겠어요." 브래들리가 말했다.

보어 농장을 떠날 무렵 우리는 브래들리의 어머니와 누이를 만났으며 매제와 트랙터에 대해 이야기를 나누고 집 뒤편 나무에서 따온 싱싱한 복숭아를 먹었다. 벌 서식지를 마련하기 위한 명확한 계획도 나왔다. 저지즈협회에서는 전문 기술을 제공하고 씨앗 비용을 부담하는 한편 보어 농장에서는 노동 인력을 공급할 것이다. 맨 처음 식물을 심을 장소로 도로변이 선택되고 그다음 우선순위로 담장의 생울타리, 그리고 오래된 연못과 땅 1만 제곱미터가 선택되었다. 이러한 프로젝트가 진행되고 있으므로 에릭은 이 농장이 이른바 '벌에게 더 좋은 환경을[Bee Better]'이라는 새로운 인증 프로그램에 쉽게 선정될 거라고 생각했다. 이 프로그램에서는 유기농 및 공정무역 운동을 본보기로 삼아 벌에 우호적인 제품에 인식표를 붙일(아울러 가치도 높일) 계획을 세워놓았다.

우리가 작별 인사를 하고 다시 렌터카에 올라타 서로 끼어 앉는 동안 브래들리는 새 프로그램을 찬찬히 살펴보겠다고 약속했다. "당신들 모두 차에 탄 걸 보니 다행이네요." 헤어질 때 그가 말했다. 나는 그저 참관인으로 온 것뿐이라고 굳이 일깨우지 않았다. 같은 팀의 일원으로 오해받으니 기분이 좋았다.

에릭과 나는 타고 갈 비행기를 예약해 놓은 상태였으나 에릭이 내게 보여주고 싶어 했던 잘 자란 생울타리를 잠시 보고 갈 정도의 시간은 있었다. "이 풍경을 보고 있으면 놀라운 변화에 입이 다물어지지 않아요." 그가 설명했다. "말 그대로 흙먼지투성이였던 곳이 온통 꽃으로 바뀌어 터질 듯한 생명으로 가득 차 있는 것을 보노라면… 정말 믿기 힘들어요."

에릭은 자신이 복원해놓은 곳에 예상대로 찾아온 벌 외에도 벌새와 나비, 코요테, 꿩, 뱀, 맹금류 등 온갖 종류의 생명체를 보았다. 한번은 바로 머리 위 허공에서 송골매가 찌르레기를 낚아챈 적도 있었다. "이런 동물들이 어디서 온 건지 가늠도 안 돼요." 도로변 바로 옆까지 작물을 심어놓은 농장과 밭들을 따라 수 킬로미터를 차로 가면서 보니 그가 놀라워하는 것을 이해할 수 있었다.

예전에 동식물 연구가 존 뮤어가 세상에서 가장 멋진 벌 초원이라고 불렀던 곳에 자연 초목은 거의 남지 않았다. 1868년 봄에 처음 찾아온 기억을 되살리면서 뮤어는 이 계곡을 이렇게 묘사했다. "끊임없이 잔잔하게 이어지는 꿀과 꽃의 화단이며, 너무 경이로울 만큼 풍요로워서 한쪽 끝에서 다른 쪽 끝까지 650킬로미터가 넘는 길을 걷는 동안 당신의 발걸음마다 수백 가지 이상의 꽃이 발에 밟힐 것이다."

집약적 경작이 이루어진 지 한 세기가 지났지만 그래도 토종벌과 다른 야생 생물이 그나마 조금이라도 남아 있다는 사실에 많은 희망이 보였다. 보이지 않는 곳에 뮤어가 묘사한 것과 같은 야생 초원이 숨어 있다가 꽃의 오아시스가 마련되는 곳이면 곧바로 나타나 언제라도 무성하게 자랄 준비를 하고 있는 것만 같았다.

마침내 생울타리에 도착하자 에릭의 어조가 갑자기 조심스러워졌다. 이 모든 진전을 이루긴 했지만 내가 실망할까 봐 걱정하는 것 같았다. 그가 경고의 말을 꺼내면서, 시즌 끝물이라 벌을 많이 보지는 못할 것이며 이 생울타리 나름대로 감당해야 할 몫의 문제에 직면해 있다고 했다.

"실은 뭐랄까 홍역을 치렀던 곳이에요." 에릭은 이렇게 말한 뒤 홍수, 도로를 이탈한 건설 중장비, 음주 운전자 등 대부분 어린 식물을 망가뜨리는 여러 가지 문젯거리 목록을 줄줄이 읊었다. 그러나 이 모든 문제에도 불구하고 나는 차에서 미처 내리기도 전에 생울타리 작업이 잘 진행되고 있다는 걸 알 수 있었다. 푸른 파도가 사막 해안가에서 부서지듯 도로변을 따라 생울타리가 무성한 경계선을 이루며 뻗어 있었다. 야생 메밀과 서양톱풀 같은 다년생 식물들 사이사이에 갈매나무과 덤불들과 쑥과 명아주가 머리 높이까지 높다랗게 자라 있었다. 잎이 무성한 그림자가 도로 반대편과 대비되어 거의 코믹하게 보일 만큼 날카로운 대조를 이루었다. 흙먼지가 날리는 바싹 마른 반대편 도로변에는 해골같이 앙상한 수레국화가 군데군데 흩어져 있었다. 우리는 차를 세웠고 에릭이 전화를 받는 동안 나는 좀 더 자세히 보기 위해 더위 속으로 발을 내디뎠다.

아무리 존 뮤어라도 7월에는 센트럴밸리의 생울타리에서 꽃을 찾으려면 애를 먹을 것이다. 타는 듯한 더위와 메마른 날씨 때문에 이 여름은 뮤어가 지역 식물을 위한 "휴식과 수면의 시기"라고 일컬었던 계절이 되어 있었다. 나는 덤불과 다년생 식물 대다수가 오래전에 열매를 맺은 것을 보고도 놀라지 않았다. 그러나 아직도 식물의 초록이 생명으로 고동치고 있었다. 거미와 말벌을 보았고 잔가지나 나뭇가지 끝에 날씬한 잠자리가 여러 마리 앉아 있는 것도 보았다. 산적딱새 한 마리가 머리 위에서 찍찍 울었고 흉내지빠귀가 딱총나무 덤불 뒤쪽 어딘가에서 노랫소리를 반복하는 것도 들렸다.

이윽고 검위드 꽃이 아직 활짝 피어 있는 땅이 눈에 들어왔다. 에릭이 보어 농장의 도랑에서 알아보았던 것과 같은 종이었다. 검위드의 노란 꽃이 햇빛에 빛났고 몇 분 지나지 않아 팔랑나비 두 마리와 큰흰나비 한 마리가 꽃꿀을 찾아 꽃에 내려앉았다. 얼마 후 벌 한 마리가 날아왔다. 배에 가느다란 세로줄 무늬가 검은색과 흰색으로 가지런히 나 있는, 작고 반짝이는 꼬마꽃벌이었다. 벌의 뒷다리에 매달린 꽃가루로 보아 부근 어딘가에 있는 벌 둥지 방에 갖다 주려고 아직도 먹이를 마련하고 있다는 걸 알 수 있었다. 벌이 분주하게 긁어대고 찌르면서 황금색 알갱이를 더 많이 가져가려고 애쓰는 모습을 지켜보았다.

다른 장소였다면 그다지 눈길이 가지 않는 평범한 장면이었을 것이다. 토종벌 한 마리가 토종 꽃 위에서 그저 평소처럼 행동하는 것일 뿐이므로. 그러나 세계에서 가장 집약적 경작이 이루어지는 환경 속에 고립된 이곳에서 이 작은 벌 한 마리는 벌이 되살아나고 있음을 알리는 강한 상징으로 다가왔고 어느 곳에서든 벌을 상당 부분 회복시킬 수 있다는 가능성의 상징으로 보였다. 서세스 소사이어티가 온갖 형태의 땅 주인들과 협력하면서 뒷마당과 정원, 골프장, 공원, 공항 등 모든 곳에 새로운 벌 서식지를 만드는 것도 놀랄 일이 아

그림 10.2. 토종 야생화에서 먹이를 구하고 있는 토종 꼬마꽃벌. 세계에서 가장 집약적 경작이 이루어지는 생태계인 캘리포니아 센트럴밸리에서 벌이 되살아나고 있다는 희망적인 징조다.

니었다.

"누구든 이 일을 할 수 있어요." 어느 시점에선가 에릭이 말했다. 나는 그의 상사인 서세스 소사이어티 이사 스콧 호프먼 블랙과 이야기를 나눌 때도 이와 같은 정서를 접했다.

"나는 오랜 시간 보존 활동을 해왔어요." 스콧이 전화로 내게 말했다. "늑대, 연어, 얼룩올빼미 보존 작업을 했지요… 그러나 사람들에게 방법을 알려주어 즉각 눈에 보이는 결과를 얻은 건 이번이 처음이에요." 이러한 즉각적인 만족감은 어떤 점에서는 규모의 산물이라고 할 수 있다. 벌은 작고 빠르게 번식하기 때문에 작은 변화에도 빨리 반응을 보일 수 있다. 둥지를 지을 안전한 터와 꽃이 무성하게 피는 몇 주일의 시간만 있으면 충분한 종이 많다.

물론 이러한 이유로 벌 보존 작업이 만족스러울 수는 있으나 그렇다고 어려운 문제의 규모가 줄어드는 것은 아니다. 생울타리를 비롯한 여타 서식지 프로젝트가 인기를 끌고 있기는 하지만 여전히 에릭과 나는 농장을 가로질러 한 시간 이상 차로 달린 이후에야 또 다른 생울타리를 볼 수 있었다. 게다가 살충제와 질병, 기후 변화 등 서세스 소사이어티 같은 단체가 활동 주제로 삼고 있는 다른 문제들도 모두 남아 있다. 스콧에게 벌의 미래를 희망적으로 생각하는지 묻자 조심스럽게 빙긋 웃으며 짧게 답했다. "그때 가봐야 알지요."

공항으로 가는 길에 나는 에릭 리-매더에게도 똑같은 질문을 했다. 긴 침묵이 흘렀다. 얼마 후 그는 사람과 사람이 연결되는 고무적 자극에 대해 다시 이야기하는 식으로 에둘러 대답했다. 에릭은 농부를 비롯한 여타 땅 소유주들이 보존 활동을 포용하고 이를 지지하는 옹호자로 바뀌는 걸 보면서 희망을 찾았다고 말했다. 그가 함께 작업했던 한 농장은 믿기 힘든 대표적 사례가 되었으며 현재 10킬로미터에 달하는 생울타리와 서식지가 종횡으로 놓여 있고 농장 주변도 둘러싸고 있었다. 그러나 보어 농장과 달리 이곳은 가족 경영의 유기농 사업체가 아니라 싱가포르에 본사를 둔 세계적인 농업 대기업의 소유지였다.

"처음에는 내켜 하지 않았어요." 에릭이 털어놓았다. 그러나 맨 처음 심은 식물이 꽃을 피우고 벌이 윙윙 날기 시작하자 회의적이었던 태도가 금방 열정적으로 바뀌었고 그 후로는 프로그램이 점차 확대되었다. 몇몇 이상의 생울타리만 있어도 벌의 미래가 확보될 것이다. 또 서세스 소사이어티에서 일하는 에릭의 동료들은 살충제 사용 축소, 야생 서식지 보호, 멸종 위기종 구하기 등의 프로젝트도 운영한다. 이 과정에는 '차곡차곡 쌓이는 혜택' 같은 추상적인 결과와 장기적인 정책 노력이 포함되기도 하지만 다른 한편으로 가령 꽃에 앉은 벌을 보는 등 구체적이고 보람 있는 측면도 있으며 아울러 보다 많은 사람이 이러한 발견을 하도록 돕는 데 최고의 희망이 있을 것이다.

"그들의 담장에 아름다운 그림을 건네주는 거라고 생각하고 싶어요." 에릭이 적절하게 요약하여 말했다. "그런 그림이 그곳에 존재했다는 것도 몰랐던 거지요."

결론

벌이 웅웅 대는 숲속 빈터

지금 나는 숲속을 헤매네,
여름이 황금빛 벌을 넘치도록 쏟아낼 때….

윌리엄 버틀러 예이츠, "골왕의 광기"(1889년)

내가 사는 섬에서는 매년 8월이면 며칠 동안 시골 생활에 대한 고전적 찬양 방식인 마을 축제에 참가하러 사람들이 모여든다. 축제 놀이 기구와 가축 경매뿐 아니라 우승을 겨루는 다양한 행사까지 모든 전통적 활동이 벌어진다. 승마술은 언제나 군중을 끌어모으지만 이밖에도 닭 경주나 파이 먹기 대회, 그리고 쓰레기와 재활용품만으로 만든 옷 패션쇼의 관중석도 사람들로 빼곡했다. 허수아비에서부터 꽂꽂이에 이르기까지 모든 것에 대해 상(그리고 소정의 상금)을 받을 수 있으며 수년간 우리 가족은 수박과 콩, 레드커런트, 연어 통조림에서 상당히 좋은 성적을 거두었다.

매번 축제는 특정 주제를 정해서 열리는데 올해 주최 측은 벌에 초점을 두기로 했다. 도시 곳곳에 보이는 포스트에는 해바라기와 클로버를 배경으로 날아다니는 화사한 색깔의 뒤영벌 다섯 마리가 등장하고, 꿀이 뚝뚝 떨어지는 커다란 꿀 덩어리와 새로운 축제 슬로건 '온통 북적북적 윙윙!'도 들어가 있다.

작은 공동체에서는 사람들이 무슨 일을 하는지 서로 잘 알기 때문에 축제 관계자가 내게 전화를 걸어 오후에 벌에 관한 강좌를 해줄 수 있는지 물었을 때 놀라지 않았다. 나는 동의했지만 설명 방식 대신에 사람들을 축제 마당으로 데리고 나가 그곳에 사는 모든 다양한 벌을 소개해주겠다고 제안했다. 이런 제안에 일종의 침묵이 반응으로 돌아왔는데, 전화 통화상이었으니 말하자면 어이없는 표정으로 나를 빤히 바라본 셈이었다. 그러나 결국은 동의해주었고 며칠 뒤 나는 은행 강도라면 '사전 답사'라고 칭할 법한 모종의 사전 정찰 활동을 위해 축제 마당 장소에 들렀다.

개막일까지는 두 주 조금 못 미치게 남았고 축제 마당은 준비 작업으로 부산스러웠다. 페인트 팀이 여러 헛간과 별채를 손보는 모습이 보였다. 가금류와 토끼를 위한 텐트도 세워졌고 경마 경기장이 내려다보이는 곳에 지역 조각가가 2층짜리 금속 벌통을 만들어 세워놓았다. 그러나 한번 휙 둘러보기만 해도 내가 제안한 벌 산책 아이디어가 왜 회의적 반응을 얻었는지 이해할 수 있었다. 구조물이 세워지지 않은 곳은 주차장이거나 아니면 햇빛에 누렇게 시든 짧게 자른 풀밭이었다.

하지만 이윽고 서양금혼초라고 불리는 잡초의 노란 꽃이 군데군데 피어 있는 것을 발견했고 얼마 지나지 않아 이 꽃들 위에 앉은 꼬마꽃벌과 작은 입나방벌레 종류도 알아보았다. 축제 본부에서 마련한 조그만 조경 지역에서는 꿀벌이 장식용 붉나무에 앉아 먹이를 구하는 모습도 발견했다. 그리고 화장실과 푸드코트 사이의 모퉁이를 돌아가니 라벤더 화단이 나왔고 그곳에는 세 가지 종의 뒤영벌과 혈기 왕성한 알락가위벌 한 마리가 향기로운 자주색 꽃 위에서 정신없이 일하고 있었다.

축제 참가자들이 도착했을 무렵에도 이들 벌은 여전히 머물러 있을 것이며, 우리 주변을 둘러싸고 우리를 지탱해주는 생명의 드라마에서 아무도 눈여겨보지 않는 참여자가 되어 사람들 눈에 띄지 않는 가운데 오로지 일편단심 하나의 목적을 위해 쏜살같이 군중 속을 날아다닐 것이라는 점을 나는 의심하지 않았다.

벌에 대해 배운다고 하면 뭔가 새로운 것처럼 느낄지 모르지만 이 배움은 발견보다는 재발견의 과정에 더 가깝다. 사람들은 언제나 벌 가까이에서, 그리고 벌들 속에서 살아왔다. 우리가 더 이상 벌에게 주의를 기울이지 않게 된 것은 겨우 최근의 일일 뿐이다. 벌이 다시 우리의 의식 안으로 들어오도록 만들면 오래된 관계가 되살아나고 그 결과는 엄청날 것이다.

내 친구 한 명이 있는데 아내가 희귀암으로 첫 증상을 느낀 지 불과 몇 주 만에 젊은 나이로 돌연 사망했다. 그녀는 벌을 길렀는데, 친구와 딸이 병원에서 집으로 돌아오니 아내가 돌보던 벌통이 몹시 소란스러웠다. 일벌이 새로운 여왕벌 방을 돌보느라 분주했고 불과 며칠 만인데도 벌떼를 이루어 수만 마리가 날아다니며 현관에서 6미터 떨어진 단풍나무 가지에 떼 지어 모였다. 친구는 이 벌떼를 몇 시간 동안 지켜보았고 나중에 가서 이때의 경험을 감동적으로 적으면서 "이 세상의 것이 아닌, 마법 같은 위로의 영적 순간"이라고 일컬었다.

놀랄 만한 일이지만 예전 같으면 이런 일화는 평범한 일이었을 것이며 심지어 예상 가능한 일이었을 것이다. 유럽과 북미 전역에서 사람들은 이른바 '벌에게 이야기하기'라는 관습을 따라 농작물 상태며 가족에게 생긴 출생, 결혼, 병 등 온갖 최신 소식을 벌에게 알리곤 했다. 누군가 죽으면 애도의 검은 천을 벌통에 드리우고 노래를 불러 벌을 달래곤 했다. 이렇게 하지 않으면 좋지 않은 일을 당할 위험이 있었고 화난 벌이 머지않아 떼를 지어 떠날 거라고 다들 여겼다. 또 그리 오래되지 않은 그 시대에는 벌의 존재에서 위로를 얻는 것이 흔한 일이었다. 윌리엄 버틀러 예이츠가 유명한 시 〈이니스프리의 호수섬〉에서 이런 위안을 몹시 그리워했다.

> 아홉 이랑 콩밭을 일구고 꿀벌 집을 지어놓고,
>
> 벌이 웅웅 대는 숲속 빈터에서 홀로 살리라.
>
> 그리하여 나는 그곳에서 평화를 얻으리라…

볼 때마다 항상 벌들은 생명 그 자체의 활력으로 윙윙 대며 바삐 움직인다. 우리가 꿀을 즐기고 벌이 담당하는 꽃가루받이 역할을 고맙게 여기기는 하지만 벌에 대해 느끼는 우리의 친밀감은 이보다 훨씬 실질적이다.

레이철 카슨이 쓴 『침묵의 봄』은 아주 강한 은유, 즉 새소리가 들리지 않는 세상이라는 은유를 환경운동에 제공했다. 그러나 다른 한편으로 벌이 날아오지 않는 꽃에 대해서도 경고했으며 이러한 경고가 이미 너무도 진실에 가까워진 풍경들이 보이고 있다. 많은 것이 우리에게 달려 있다. 알아차리고, 주의를 기울이고, 행동을 취해야 한다.

봄철에 처음 나오는 벌은 우리 가족이 여전히 손꼽아 기다리는 사건이며 얼마 전에도 나와 아들은 갓 나온 여왕 뒤영벌이 햇빛 비치는 남향 벽에서 몸을 데우는 모습을 서서 지켜보았다. 세 마리는 노란색과 오렌지색이 섞여 있고 네 번째 여왕벌은 마치 금색 띠를 두른 살아 있는 잉크 방울처럼 짙은 검정이었다.

"벌은 특별해요, 아빠." 노아가 말했다. 나도 그렇게 생각한다고 말했다. 이윽고 아이는 어린이에게서 무심코 내비치는 지혜를 보이며 한 가지 관찰을 추가했다. 필시 아들의 관찰이 이 책의 마지막 문장이 될 것이라는 걸 나는 알았다.

"세상은 우리가 없어도 되지만 벌이 없으면 안 돼요."

감사의 말

책을 쓴다는 것은 혼자만의 고독한 일처럼 들리지만 숙련된 기술을 지닌 많은 사람의 도움과 지원이 있어야만 이루어질 수 있다. 늘 그렇듯 나는 환상적인 에이전트이자 문헌의 미로를 헤쳐나가게 해준 안내자 로러 블레이크 피터슨에게 빚을 지고 있다. 또 T. J. 켈러허를 비롯하여 베이직북스에서 일하는 전문팀 팀원들, 캐리 나폴리타노, 니콜 카푸토, 이자벨 블리커, 샌드라 베리스, 캐시 스트렉퍼스, 이사도라 존슨, 베치 드제수, 트리시 윌킨슨, 그리고 분명 보이지 않는 곳에서 수고했을 많은 사람과 함께 작업하는 커다란 행운을 다시 한 번 누렸다. 내게 이야기를 들려주고 자신들의 작업을 설명해준 모든 과학자와 농부, 과수 재배자, 그 밖의 전문가들에게 감사드린다. 이 책의 설명에서 잘못된 부분이 있으면 모두 나의 잘못이며 오로지 나의 책임이다.

이 프로젝트 내내 여러 가지 면에서 아낌없이 힘이 되어준 다음의 사람들에게도 고마움을 표하며 부주의로 빠뜨린 사람이 있다면 사과의 말도 함께 덧붙인다. 특별한 순서 없이 나열한다. 마이클 엔젤, 로빈 소프, 브라이언 그리핀, 그레첸 레번, 제리 라스무센, 제리 로젠, 리고버토 바가스, 로런스 패커, 샘 드뢰지, 스티브 버크먼, 데이비드 루빅, 코너 긴리, 버치 노든, 베스 노든, 존 톰슨, 숀 브래디, 칼라 도브, 윌리엄 서덜랜드, 소피 루이스, 패트릭 커비, 귄터 게를라흐, 가브리엘 베르나델로, 앤 브루스, 수 탱크, 그레이엄 스톤, 브라이언 브라운, 앨리사 크리텐든, 게이너 해넌, 조지 볼, 마이크 폭슨, 리민지 역사학회, 마틴 그림, 로버트 카조브, 데릭 키츠, 제이미 스트레인지, 다이애나 콕스-포스터, 스콧 호프먼 블랙, 앤 포터, 산후안 프리저베이션 트러스트, 딘 도허티, 롭 로이 맥그리거, 래리 브루어, 우마 파텔, 에릭 리-매더, 매튜 셰퍼드, 매이스 본, 산후안섬 도서관, 하이디 루이스, 아이다호 대학 도서관, 팀 웨거너, 마크 웨거너, 샬라 웨거너, 데이브 굴슨, 필 그린, 크리스 루니, 짐 케인, 캐머런 뉴웰, 키티 볼트, 서세스 소사이어티, 브래들리 보어, 보어 랜치 오가닉스, 조너선 코치, 스티브 알부크, 크리스 쉴즈.

마지막으로 변함없는 응원과 인내를 베풀어준 아내와 아들, 대가족, 그리고 멋진 친구들에게도 감사드린다.

부록

세계의 여러 벌 과

남극 대륙을 제외한 모든 대륙에서 2만 종 이상이 날아다니고 있는 벌은 자연에서 가장 성공한 집단의 하나로 꼽힌다. 이어지는 내용에서는 찰스 미치너의 분류학 저서 『세계의 벌들』에서 인정한 7개 벌 과를 설명하지만 이는 벌의 다양성과 관련해서 그저 어렴풋이 암시를 제공하는 데 지나지 않는다. 희귀한 집단도 있지만 여기 나온 많은 벌은 뒷마당이나 공원, 자연 지대, 농장, 들판, 도로변 등 어디에서나 볼 수 있다.

스테노트리티데과Stenotritidae(일반명은 없다)

작지만 매우 독특한 이 벌 과는 오로지 호주에만 살며 공식적으로 인정받은 2개 속에 대략 20개 종이 있다. 모두 활기 왕성하고 빠른 속도로 날아다니며 색상은 밝은 노랑에서 검정과 금속성 초록까지 다양하다. 이 집단의 생태는 여전히 알려진 바가 별로 없지만 크테노콜레테스Ctenocolletes 속에 속하는 몇몇 종의 놀라운 짝짓기 비행을 어떤 관찰자가 묘사한 바 있다. 이 설명에 따르면 수컷 벌이 암컷 벌에 올라탄 채로 암컷은 계속해서 통상적인 먹이 채집활동을 하면서 꽃가루를 잔뜩 모은다! 스테노트리티드 벌은 호주 고유의 꽃들을 많이 찾는데 특히 유칼립투스와 깃털꽃(베르티코르디아Verticordia 종) 같은 도금양과의 꽃을 찾는다. 이 벌은 단독성을 보이며 땅에 둥지를 짓는데 더러 느슨한 형태의 집합체를 이루기도 한다. 아래 그림의 벌은 유칼립투스 꽃에서 먹이 채집을 하는 크테노콜레테스 스마라라그디누스Ctenocolletes smararagdinus 이다.

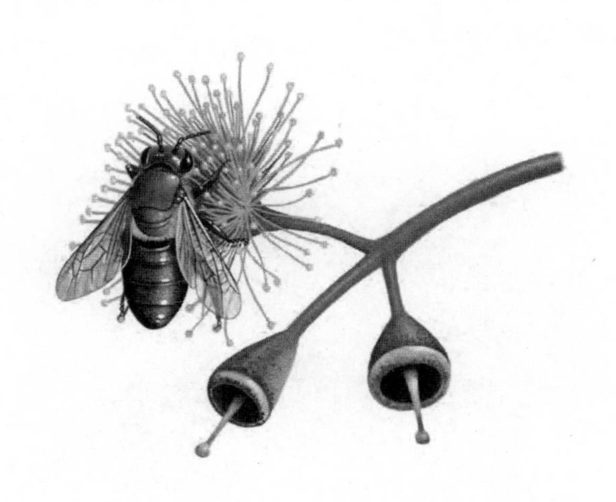

콜레티데 Colletidae (어리꿀벌과 구멍애꽃벌)

널리 분포해 있고 종류도 다양한 이 과에는 2천여 종이 포함되며 호주에서 발견되는 벌의 절반, 그리고 뉴질랜드 토종벌 10마리 중 거의 9마리가 이 과에 속한다. 세계적으로 가장 많고 널리 알려진 것은 어리꿀벌(콜레테스 Colletes)과 구멍애꽃벌(힐라이오스 Hylaeus)이다. 어리꿀벌은 하트 모양의 얼굴에 솜털이 보송보송한 벌이며 특유의 이엽 혀를 사용하여 둥지 방의 벽에 방수 항진균 분비물을 바른다. 이 '회반죽'이 굳으면 투명하고 신축성 있는 내벽을 형성하며 이 내벽이 합성 물질처럼 보여 "폴리에스터벌"이라는 별명도 있다. 구멍애꽃벌은 작고 매끄러운 말벌을 닮았는데 얼굴에 무늬가 있다. 이 벌은 다리와 몸통에 솜털이 필요하지 않은데 그 이유는 꽃가루를 삼켜 위장에 넣은 채로 운반하는 기이한 습성이 있기 때문이다. 둥지로 돌아오면 꽃가루와 꽃꿀이 뒤섞인 혼합물을 각 방에 다시 뱉어내며 이 걸쭉한 물질 위에 하나의 알을 띄워 놓는다. 또 구멍애꽃벌은 특히 장거리 이동을 한다. 멀리 하와이 제도까지 간 유일한 벌로, 이후 단일 조상을 둔 이주종이 진화하여 다른 어느 곳에도 없는 고유한 종이 최소한 63개나 생겼다. 이

들 희귀 고유종 중 일곱 개가 최근 미국 멸종위기종에 오른 최초의 벌이 되었다. 여기 실린 그림의 벌은 유라시아 어리꿀벌인 콜레테스 다비에사누스 Colletes daviesanus 이며 액체가 가득한 둥지 방의 단면이 보인다.

안드레니데Andrenidae (애꽃벌과)

애꽃벌은 동남아시아에는 드물고 호주에도 살지 않지만 이곳을 제외하면 거의 모든 곳에서 볼 수 있으며 종의 수도 3천 가지에 이른다. 애꽃벌은 특히 빈터가 많고 둥지 굴을 파기 좋은 건조한 서식지에 흔하며 몸집이 큰 종의 경우 굴이 거의 3미터 깊이나 된다. 이 과에 속하는 벌 중 몇몇은 집단을 이루어 둥지를 짓고 이따금 같은 굴을 공유하기도 하지만 모두 단독성을 보인다. 가장 종이 다양한 애꽃벌속Andrena (1,300종)의 벌들은 양쪽 뒷다리 전체에 두드러진 꽃가루 솔이 무성하게 덮여 있다. 이 벌들은 페르디타Perdita 속(대략 700종)의 작은 벌들과 마찬가지로 흔히 한 가지 꽃 종 또는 아주 적은 수의 꽃 종만을 찾는다. 페르디타는 매우 온순하며 침을 쏘는 능력을 잃어버린 종이 많다. 몇몇 연구에서는 사막에 사는 애꽃벌의 번식 전략을 이 벌이 먹고 사는 식물의 씨앗에 비유했다. 씨앗이 그렇듯이 휴면기의 벌도 비가 내려 생명 활동에 필요한 꽃이 피기까지 삼 년씩이나 기다리

며 긴 시간을 흙 속에서 견딜 수 있다. 그림의 벌은 꽃가루를 잔뜩 묻혀 둥지 굴로 들어가는 암컷 황갈색애꽃벌(안드레나 풀바 Andrena fulva)이다.

할릭티데 Halictidae (꼬마꽃벌과와 알칼리벌)

꼬마꽃벌과는 진정한 세계적인 벌 과로 4,300종 이상을 포함하며 벌이 발견되는 거의 모든 곳에서 보인다. 더운 기후에서 인간의 땀 냄새를 맡고 몰려오는 종이 많으며 이러한 습성 때문에 "땀벌"(우리나라에서 흔히 사용하는 일반명은 아니며 영어 일반명 "sweat bee"를 그대로 옮긴 명칭이다_옮긴이)이라는 명칭도 생겨났다. 이 벌 과에는 완전한 단독성을 지닌 종이 있는가 하면 공동 둥지를 사용하는 종, 세대가 겹치는 종, 뚜렷한 일벌 계급이 있는 벌 등 다양한 사회성을 보인다. 몸집이 작고 눈에 잘 띄지 않는 꼬마꽃벌이 많기는 하지만 선명한 무지갯빛으로 자신을 알리는 벌도 있다. 신세계의 속이라 할 수 있는 아가포스테몬Agapostemon 속의 벌은 밝은 초록색 보석처럼 생겼으며, 진줏빛의 오팔 색 줄무늬로 유명한 알칼리벌(노미아Nomia)도 이 꼬마꽃

벌과에 속한다. 꼬마꽃벌과 알칼리벌은 알팔파, 토끼풀, 당근, 매리골드, 백일홍 등과 같은 씨앗 작물뿐 아니라 과일과 베리의 중요 꽃가루받이 매개자이다. 꼬마꽃벌과에 속하는 대다수 벌은 땅에 둥지를 짓지만 몇몇 종은 나뭇가지나 썩은 나무에 구멍을 파기도 한다. 나뭇가지에 둥지를 지은 매우 흥미로운 340쪽 그림의 벌은 메갈롭타 게날리스Megalopta genalis라고 불리는 중앙아메리카의 종이며 밤에 날아다니는 특이한 적응방식과 초기 단계의 사회적 행동을 보이는 것으로 알려져 있다(커다란 눈과 홑눈에 주목해보라).

멜리티데 Melittidae (털보애꽃벌과)

몸집이 작은 이 벌과의 벌은 가장 오래된 것으로 알려진 화석 벌에도 등장하며 대다수 분류학자는 이 벌이 오래된 계통의 잔존 생물이라고 여긴다. 대략 200종 가운데 많은 종이 고도로 특화되어 있어서 오직 한 가지 꽃 종이나 아주 적은 수의 꽃 종에서만 꽃가루를 모은다. 두 가지 속(레디비바 Rediviva 와 마크로피스 Macropis)은 자신들이 찾은 꽃에서 작은 기름방울을 채취하는 습성이 있다. 흔치 않은 이 수확물을 이용하여 둥지 방의 내벽을 만들고 유충의 보충 먹이로 사용한다. 아프리카 남부 지방의 한 친척종 집단은 기름 채취 습성으로 인해 아래 그림에 보이는 레디비바 롱기마누스 Rediviva longimanus 처럼 앞다리 길이가 몸집의 두 배까지 진화했다. 이런 어색한 부속물 덕분에 쌍둥이꽃뿔이라는 명칭의 꽃 속 깊이 있는 기름을 캐는 데 도

움이 된다. 이 꽃과 벌은 공진화의 관계로, 꽃에 달린 두 개의 꽃뿔은 벌의 다리를 받아들이기에 꼭 알맞은 크기로 되어 있다. 털보애꽃벌은 대체로 단독성을 지니며 땅이나 썩은 나무에 둥지를 짓는다.

메가킬리데 Megachilidae (가위벌, 뿔가위벌, 알락가위벌)

종 수가 많고(4,000종 이상) 널리 퍼져 있는 이 벌 과의 벌은 배 부위에 꽃가루를 묻혀 다니는 매력적인 특징을 공통으로 지니고 있다. 대다수 집단은 독특한 재료를 써서 둥지를 만든다. 뿔가위벌(오스미아 Osmia)은 진흙이나 점토를 바르고 알락가위벌(안티디움 Anthidium)은 식물 털로 천을 만든다. 그런가 하면 자갈이나 꽃잎을 붙여 둥지를 만드는 집단도 있고 가위벌(메가킬레 Megachile)은 힘센 턱을 이용하여 잘라낸 식물 조각을 모아 둥지를 만든다. 이 벌은 매우 효율적인 꽃가루 매개자이며 몇몇 종은 과수, 알팔파, 아몬드의 꽃가루받이를 위해 상업적으로 구입하기도 한다. 세계에서 가장 큰 벌인 월리스거인벌(메가킬레 플루토 Megachile pluto)이 이 과에 속하며 날개 길이가 63.5밀리미터가 넘는다. 1859년 동식물 연구가 알프레드 러셀 월리스가 한 개의 표본

을 발견했는데 그 후로 이 벌을 본 사람이 별로 없다. 인도네시아에 있는 오직 세 개 섬에서만 이 벌이 알려져 있으며 나무에 사는 흰개미의 둥지에 서식한다. 이 벌 과에 속하는 벌 중 몇몇(월리스벌도 포함)은 공동으로 생활하기도 하지만 대개는 단독성을 보인다. 월리스벌(아래 오른쪽)과 가위벌 두 마리가 그림에 나와 있다.

아피데Apidae(뒤영벌, 어리호박벌, 청줄벌, 꿀벌, 수염줄벌, 난초벌, 호박벌, 안쏘는벌)

5,700종 이상이 확인된 꿀벌과는 모든 벌 과 중 가장 규모가 크며 벌의 생김새와 습성 면에서도 "엄청나게 다양하다"고 분류학자들이 일컫는 과다. 뒤영벌(봄부스Bombus)과 꿀벌(아피스Apis) 등 우리에게 가장 낯익은 집단의 많은 부분을 포함할 뿐 아니라 솜털이 보송보송한 파란어리호박벌(크실로코파 카이룰레아Xylocopa caerulea)과 무지갯빛의 난초벌Euglossa에서부터 기이하게 생긴 더듬이가 몸집보다 더 기다란 종(에우케라Eucera)에 이르기까지 덜 알려진 수십 종도 포함한다. 이 과의 벌은 절벽이나 땅속 굴뿐 아니라 버려진 설치류 굴이나 속이 빈 나무 등 모든 곳에 둥지를 짓는다. 둥지를 진흙으로 짓는 벌(에울레아마Euleama)이나 수지로 짓는 벌(멜리포나Melipona)이 있는 반면 나무에 구멍을 내는 벌(크실로코파Xylocopa)이나 부러진 나무줄기나 가지에서 중과피를 제거하는 벌(케라티나Ceratina)도 있다. 이 과에는 많은 단독성 종뿐 아니라 복잡한 조직의 수가 수만 개에 달할 정도로 고도의 사회성을 지닌 꿀벌과 안쏘는 벌(예를 들면 멜리포나Melipona, 트리고나Trigona)도 포함되어 있다. 이 과에 속하는 종의 30퍼센트 이상이 절취 기생생물이거나 '뻐꾸기벌'이어서 둥지를 짓거나 꽃가루를 채집하지 않는 대신 다른 벌의 둥지에 알을 낳아 번식한다. (매우 성공적인 이런 생활방식은 대다수 벌 과에서 일어나며 스무 번 이상에 걸쳐 독립적으로 진화했다.) 가장 오래된 것으로 알려진 화석벌(크레트리고나Cretrigona)은 현대의 안쏘는 벌(트리고나Trigona)과 아주 많이 닮았으며 전문가들은 꿀벌과의 벌이 일찍 진화하여 자신이 의존하는 꽃식물과 나란히 번성했다고 믿는다. 봄부스속Bombus의 뒤영벌과 멜리소데스속Melissodes의 수염줄벌(여기서 말하는 수염줄벌은 더듬이가 긴 벌류를 총칭하는 명칭이다. 우리나라에서 수염줄벌이라고 일컫는 벌은 에우케라Eucera속에 속한다_옮긴이), 그리고 트리고나속Trigona의 안쏘는벌이 그림이 나와 있다.

Bombus ♀

미주

서론: 벌에 관해 웅성거리는 소리

13쪽: "확연한 공포 반응"
이론에 대한 설명을 알아보려면 셀리그먼 1971년을 참조하고, 실험 사례를 보려면 몹스 외 2010년을 참조. 이 주제에 관한 심층적 탐구가 궁금하면 록우드 2013년 책을 참조.

13쪽: "혐오감과 관련 있는 시냅스"
곤충에 대한 이런 반응은 어릴 때부터 나타나는 것으로 보이며 "원초적" 혐오감이라고 여겨진다. 채프먼과 앤더슨 공저 2012년에 혐오감 연구에 대한 멋진 요약 내용이 나와 있다.

16쪽: "실제 모습을 보지 않으면서도"
귀뚜라미를 집안 애완동물로 키우고 심지어는 귀뚜라미 울음소리 경연대회를 공들여 주최하는 것으로 보아 아마도 중국인이 귀뚜라미에게 가장 커다란 애정을 가진 것으로 보인다. 그러나 대나무 상자에 귀뚜라미를 넣어 잠시 외부에 보여주거나 운반하는 일이 있긴 해도 대다수 애완 귀뚜라미는 조롱박이나 점토 단지(이는 귀뚜라미의 노랫소리를 증폭시키는 데도 유용하다) 속에 갇혀 사람들 눈에 보이지 않은 채로 평생을 보낸다.

18쪽: "8,500년 전 이상으로 거슬러 올라가는"
로페살크 외 2015년 참조.

18쪽: "말, 낙타, 오리, 칠면조를 길들이기 오래전부터"
가축용으로 길들이기 시작한 시기를 정확하게 특정하기는 힘들며 종종 열띤 논쟁의 주제가 된다. 이 문단에서는 양봉 시기를 보수적으로 잡아, 로페살크 외 2015년이 최초의 징후로 언급한 시기에서부터 고대 이집트인의 선진 기술이 나타나는 시기까지 그 중간쯤 되는 6,500년 전을 기준으로 삼아 비교한다. 가축 사육 및 작물 재배 시기에 관한 출처로는 드리스콜 외 2009년과 메이어 외 2012년이 있다.

18쪽: "위성류 열매와 밀"
헤로도토스 1997년, 524쪽.

19쪽: "최소한 9000년 전"
벌꿀 술 또는 벌꿀 술과 유사한 음료를 입증하는 가장 오래된 물질적 증거는 고대 중국에서 발견된 병의 잔존물 분석에서 나왔다(맥거번 외 2004년) 그러나 벌꿀은 이따금 자연 상태에서도 발효하므로 우리 조상이 훨씬 일찍부터 이러한 아이디어를 발견했을 흥미로운 가능성도 제기된다.

19쪽 "식물 뿌리와 나무껍질을 넣어"
벌꿀 술이 아니라도 벌이 특정 마약성 식물의 꽃꿀을 채취해온 경우에는 벌꿀 자체만으로도 취기를 느낄 수 있다. 마야인뿐 아니라 네팔의 구룽족과 파라과이의 이시르족에게서도 환각 유발성 벌꿀에 대한 보고가 나오며 이시르족은 특정 계급의 주술사를 가리켜 "벌꿀을 먹는 사람"이라고 일컬었다(에스코바 2007년, 217쪽)

19쪽: "1000가지 처방 가운데 … 350가지가 넘었다"
시리아의 『의술의 책』에 따르면 의사는 인후염에서부터 딸꾹질, 메스꺼움, 코피, 심장 통증, 약시, 낮은 정자 수치에 이르기까지 모든 증상에 손쉽게 벌꿀을 제안할 수 있었다. 밀랍 역시 만병통치약이어서 치아가 흔들리거나 고환이 아플 때, 그리고 "칼, 창, 화살 등등"으로 입은 상처 치료에도 밀랍이 들어갔다(버지 1913년, CVI).

20쪽: "… 가치에 대해서는 아무리 강조해도 과대평가라고 할 수 없다"
랜섬 2004년, 19쪽.

20쪽: "그 양이 엄청나서 매년 9만 킬로그램이"
이 수치는 기원전 173년에 있었던 한 소규모 접전에 대한 리비우스의 기록에 나온 것이다. 로마 집정관 키케레이우스가 이끄는 군대는 이 전투에서 코르시카인 7천 명을 죽이고 추가로 1700명을 포로로 잡았다. 8년 전에 있던 반란으로 밀랍 공물이 시행되고 있었지만 이 전투로 밀랍 양이 두 배로 늘었을 것이다. 리비우스가 쓴 『리비우스 로마사』에는 코르시카인에 대한 언급이 더 이상 나오지 않는다. 아마도 코르시카인은 벌집에서 밀랍을 채취하느라 바빠서 더 이상 로마인을 귀찮게 하는 일이 없었을 것이다(리비우스 1938년).

21쪽: "표면에 밀랍을 씌운 작은 판"
어원학자들은 "스틸러스"(stylus, 바늘)라는 단어의 어원이 라틴어 어근인 스티sti로 거슬러 올라간다고 보는데 이 어근의 의미는 "찌르다"이며 "쏘다sting"의 기반을 형성하는 것과 같은 어근이다. 로마 필경사들이 "쏘는 것stingers"과 언어학적으로 같은 의미를 지니는 것을 사용하여 밀랍 판에 글씨를 썼다는 멋진 발상이 이런 사실에서 나온다.

22쪽: "멜리사라는 이름의 벌 여사제가"
멜리사는 지금도 여성 이름으로 널리 쓰이며 관련된 이름인 멜리나 역시 그리스어로 "벌꿀"을 뜻하며 여성 이름으로 많이 쓰인다. 히브리어로 벌을 뜻하는 말은 드보라d'vorah이며 우리에게 익숙한 또 다른 이름 드보라Deborah가 여기서 나왔다.

제1장 채식주의자가 된 말벌

33쪽: "좋은 서식지 구역의 혜택을"
많은 단독성 벌이 그렇듯이 나나니 역시 둥지를 한군데 모아 짓게 되면 개별적으로 포식당하거나 기생 생물체에 당할 위험이 낮아짐으로써 "숫자에서 오는 안전"의 혜택을 누릴 수 있다.

36쪽: "전혀 다른 음식"
일반적으로 다 자란 말벌은 자기 몸의 연료를 공급하기 위해서 꽃꿀이나 과육을 먹지만 유충에게 먹일 사냥감이나 썩는 고기도 찾으러 다닌다.

36쪽: "구멍벌의 다른 친척종보다 수가 많다"
오닐 2001년에 나온 자료.

39쪽: "가장 오래된 확실한 벌"
말벌처럼 보이는 흥미로운 특징을 지닌 추정상의 벌에 대해서는 버마 호박을 기반으로 하여 묘사하는데(포이너와 댄포스 공저 2006년) 이후 몇몇 학식 있는 전문가들이 의문을 제기해왔다. 애석하게도 표본은 여전히 개인 소유로 남아 있어서 현재 재검사를 할 수 없는 상태이다. 그러나 버마 호박의 화석들은 1억 년 전 백악기 중기까지 거슬러 올라가며 이 시기는 벌의 진화에서 전혀 증거 자료가 없는 매우 중대한 시기이므로 이 화석들은 커다란 가능성을 담고 있다.

41쪽: "둥지로 가져가 다시 뱉어냈을 것이다"
얼굴에 노란 무늬가 있는 구멍애꽃벌이 한때 초기의 벌로 여겨졌는데, 외모가 말벌처럼 생긴 데다 꽃가루를 삼키는 습성이 있다는 부분적인 이유 때문이었다. 그러나 최근의 연구에서는 구멍애꽃벌이 나중에 진화되었으며 꽃가루를 삼키는 습성을 갖게 된 이후에야 생김새가 말벌처럼 되었다고 시사한다. 초기 벌이 이용한 전략에 관해서는 여전히 많은 부분 논쟁이 이루어지고 있지만, 저명한 벌 연구학자 찰스 미치너(2007년)는 최초의 벌이 어떤 형태든 이용할 만한 털을 지니고 있어서 몸의 바깥쪽인 이 털로 꽃가루를 운반했다고 믿었다.

46쪽: "끈적이는 걸쭉한 액체 속에 갇히면"
호박에 갇힌 벌레를 발견하는 경우에 그 속에는 엄청난 역설이 숨어 있다. 애초 나무에 상처를 입혀서 수지가 흘러나오게 만든 것이 다름 아닌 벌레(특히 딱정벌레)인 경우가 흔하기 때문이다. 수지는 방어기제로 생겨난 것이지만 나무를 공격하는 것들을 막아낼 수도 있고 그렇지 않을 수도 있다. 그러나 영구히 나무를 보호하고 나아가 그냥 지나치는 악의 없는 생명체를 보호하는 점에서 대체로 성공을 거두었다.

46쪽: "곤충으로 전염되는 질병의 피해에 시달렸다"
뱃속에는 아프리카 수면병, 샤가스병, 리슈만편모충증을 일으키는 것과 친척 관계인 곤충 매개 원생동물이 모래파리의 뱃속에 들어 있었다. 포이너 부부 공저, 2008년 참조.

47쪽: "이 수지를 가져다가 둥지를 짓는 데 이용했을 것이다"
대체로 열대 종에 해당하는 수백 가지 꽃이 수지를 생산한다. 이러한 습성이 애초 씨앗이나 꽃잎을 먹는 초식동물을 막기 위한 방어 수단으로 생겨났다는 점은 능히 상상할 수 있다. 지금껏 알려진 모든 경우에 이제 수지는 꽃가루 매개자(대개는 벌)를 위한 보상 역할을 한다. 암브러스터 1984년, 크레핏과 닉슨 공저 1998년, 펜스터 외 2004년 참조.

51쪽: "4,400만 년 동안 땅속에 묻혀 … 여전히 향기로워서"
나중에 노아와 나는 화석 수지가 또 다른 오래된 속성을 간직하고 있다는 걸 알게 되었다. 그것은 바로 인화성이었다. 내 연구실 옆 화단의 벽돌에 대고 그어 보니 작은 덩어리가 마치 분노의 불길처럼 몇 분 동안 타오르며 숨 막히는 시커먼 연기구름을 만들어냈다. 독일 사람들이 호박을 베른슈타인, 즉 "불타는 돌"이라고 일컬은 것이 옳았음이 우리의 실험으로 확인되었다. 이 단어는 호박 생산 지대 출신 사람이나 호박 관련 일에 종사하는 노동자들이 이따금 이름의 성으로 사용하기도 했다.

제2장 살아 있는 비브라토

54쪽: "이름을 모르면 주제를 알지 못한다"
린네는 이 인용문이 중세 학자 세비야의 이시도루스(약 560년-636년)가 쓴 것이라고 보았다. 이시도루스는 유명한 저서 『어원』 제1권에 약간 다른 표현을 써서 이러한 생각을 담았다.

61쪽: "조류학자에게 닭에 관해 묻는 것과 같은 것"
로런스 패커 박사의 "벌을 향한 과도한 애정", 날짜 불명, www.yorku.ca/bugsrus/PCYU/DrLaurencePacker에 있으며 2016년 9월 5일에 접속했다.

62쪽: "전문가들은 이 털의 기능에 대해 의견 일치를 못 보지만"
꿀벌의 눈 주변에 나 있는 털이 기계 수용기, 즉 바람의 방향이나 공기 속도의 변화를 물리적으로 감지하는 구조라고 믿는 이들이 있다. 어느 유명한 연구에서는 포획한 벌의 눈 주변 털을 깎은 결과 이후 바람 부는 상황에서 벌의 길 찾기 능력이 손상된 것을 발견했다(윈스턴 1987년에 인용되어 있다). 그런가 하면 털의 밑부분에서 신경세포가 감지되지 않는다고 설명하면서 벌이 나이 들어 털이 없어져도 뚜렷하게 나쁜 영향은 보이지 않는다고 지적하는 연구들도 있다(예를 들어 필립스 1905년).

62쪽: "아몬드 악취 같은 사이안화칼륨 냄새"
'벌 강좌'를 마치고 집으로 돌아오는 길에 나는 비행기를 이용하는 곤충학자라면 익숙하게 겪었을 법한 긴장된 순간을 경험했다. 공항 보안대를 통과하려고 줄을 서 있는 동안 문득 내 휴대용 가방에 사이안화칼륨이 가득 든 살충병 두 개가 있다는 데 생각이 미쳤다. 내 가방이 엑스레이 기계 속으로 들어가는 것을 지켜보는 동안 나는 헤드라이트 불빛 속에 서 있는 사슴이 된 기분이었다… 그러나 가방은 무사히 통과했다. 유리병을 그대로 지니고 갈 수 있어서 다행이었다. 사이안화칼륨은 구하기 힘들기 때문이다. 그러나 내 가방 속에 코르크 마개로 엉성하게 막아놓은 치명적 독극물의 유리병이 있다는 걸 아는 나로서는 행여 주변 승객들이 가방 속에 지니고 있을지도 모르는 것들을 생각하느라 혼란스럽기도 했다.

63쪽: "8천 개가 넘는 표본을"

케인스(2000년)는 비글호 항해 동안 기록한 다윈의 메모를 샅샅이 찾아내어 포도주 증류주에 보관한 1,529개 표본, 다른 증류주에 보관한 3,344개 표본, 증류주에 보관하지 않은 576개 표본 등 동물 표본의 목록을 작성했다. 이 많은 보배 가운데 포클랜드 제도에서 수집한 #1,934 "시골에서 총으로 쏜 매의 위장에서 나온 쥐 이빨"도 있었다. 포터(2010년)는 다윈의 식물 수집품을 검토하여 케임브리지 대학에 있는 1,476장의 식물표본집에서 2,700개 표본을 발견했는데, 다윈의 식물학 연구 노력은 대부분 이곳에 보관되어 있다. 이 개수에는 다윈의 지질학 표본이나 고생물학 표본이 포함되지 않았는데 이 또한 엄청나게 많다.

63쪽: "앨프리드 러셀 월리스는 훨씬 많은 표본을"

『말레이 제도』라는 제목의 멋진 책 내용에 기록되어 있듯이 월리스의 두둑한 목록에는 포유류, 파충류, 새, 조개, 곤충 등이 포함되어 있다(월리스 1869년, xi). 희한하게도 그의 표본 중에는 딱정벌레가 83,200개를 차지하는데 전체의 3분의 2에 해당한다.

65쪽: "반투명 키틴질의 격자"

이 현상은 몇몇 딱정벌레와 나비 날개 인분에서도 발견되는데 이에 관한 완벽한 설명을 알고 싶으면 베르시에 2007년을 참조.

66쪽: "한 번 눈이 먼 양치기는"

그레이브스 1960년, 66쪽 참조.

67쪽: "세 개의 기본 단위, 즉 머리, 가슴, 배로"

벌과 말벌과 개미는 허리가 특이한 위치에 발달했으며 엄밀히 말하면 배의 시작 부분과 가슴이 붙어 있다. 기능적으로는 이러한 구별이 별 상관없으며 대다수 저자는 다른 곤충과 마찬가지로 벌의 아랫부분을 배(혹은 후체절)라고 일컫는다.

67쪽: "벌의 날개를 떼어내면 자라지 못할 것"
아리스토텔레스 1883년, 64쪽.

69쪽: "눈보라처럼 밀려오는 많은 냄새들"
슈미트 2016년, 12쪽.

70쪽: "벌은 방향을 틀어 따라갈 것이다"
연구자들은 Y자 모양의 단순 미로를 이용한, 기발하고 장난스러운 실험을 통해 이러한 능력을 입증해 보였다. Y자 아랫부분에 벌을 놓아두면 Y자 갈라진 부위의 한쪽 가지에 있는 냄새 미끼를 쉽게 찾아낼 수 있다. 그러나 애써 벌의 더듬이를 교차시킨 뒤 풀을 살짝 발라 고정해놓으면 이전과 똑같은 벌인데도 늘 뒤바뀐 더듬이 신호를 따라 Y자의 빈 가지 쪽으로 향한다(윈스턴 1987년에 인용되어 있다).

70쪽: "1킬로미터 이상 족히 떨어진"
야생에서는 냄새 줄기를 측정하기 힘들다. 먹이를 찾아 나선 벌이 어떻게 꽃을 찾았는가 하는 관점에서 볼 때 야생에서는 시각의 효과와 냄새의 다른 단서들을 구분하기가 불가능하다. 짐 애커먼은 수컷 난초벌을 파나마 가툰호 한가운데 고립된 섬으로 끌어들임으로써 이런 문제점을 영리하게 극복했다. 이 섬에는 자연적으로 생겨난 난초벌이 없으므로 그가 마련해놓은 향기 나는 미끼에 벌이 찾아온다면 필시 이 벌은 모두 주변 숲에서 출발하여 오로지 냄새 하나에만 이끌려 1킬로미터의 드넓은 호수를 건넜을 것이다(데이비드 루빅, 개인적 교신)

70쪽: "기울어진 표면(예를 들어 꽃잎) 위에 내려앉는"
에반젤리스타 외 2010년.

70쪽: "내 생각에는 벌이… 고통으로 기절한 것 같다"
포터 1883년, 1239–1240쪽.

71쪽: "빛의 세기와 편광"
홑눈은 곤충과 거미에서부터 투구게에 이르기까지 모든 종류의 절지동물에서 나타난다. 홑눈의 능력은 제각기 다르며 많은 경우 의문으로 남아 있다. 벌의 경우에는 홑눈이 낮은 조도 환경에서 길을 찾는 데 일정 역할을 한다는 증거들이 점점 늘어나고 있다. 어스름한 저녁이나 밤에 먹이 채집을 나서는 데 적응한 몇몇 종은 모두 매우 커다란 홑눈이 발달했다(웰링턴 1974년과 소머너선 외 2009년 참조).

72쪽: "속도와 거리, 궤도"
아울러 벌은 움직이는 동안에도 이런 능력을 이용할 수 있으며 부근에 정지된 대상과의 거리를 판단하는 데 쓰기도 한다. 방향을 감지하는 예민한 후각과 결합하면 주변 환경에 대한 풍부한 삼차원의 지각을 벌에게 제공한다(스리니버산 1992년 참조).

72쪽: "오렌지색 가운데 노란빛이 더 많은 영역"
아주 드문 예외가 있긴 하지만(예를 들면 일본 꿀벌인 아피스 케라나 야포니카Apis cerana japonica) 벌의 눈에는 빨간색을 구분하는 데 필요한 시각 수용체가 없다. 그럼에도 많은 벌은 배경의 초록색과 빨간색 간에 생기는 빛의 세기의 차이를 감지함으로써 빨간색 꽃을 찾을 수 있다(치트카와 와서 공저 1997년 참조).

73쪽: "모든 꽃식물 가운데 4분의 1"
벌 자주색과 그 밖의 자외 색 꽃 현상에 관한 훌륭한 논의를 보고 싶으면 케번 외 2001년 참조.

75쪽: "보리지 꽃 깊숙이"
많은 사막 꽃은 수분 증발을 줄이기 위해 깊숙한 주머니 속에 꽃꿀을 숨겨둔다. 이 종은 특이한 입틀 덕분에 깊숙하게 생긴 꽃 위에 앉아 계속 주변의 위험을 탐색하면서도 안쪽 깊숙이 있는 꽃꿀까지 혀가 닿아 먹이를 먹을 수 있다(패커 2005년).

75쪽: "독일의 물리학자와 동시대 스위스 공학자"
인쇄된 형태로는 마냥의 주장이 유일한데, 출처가 불분명한 또 다른 이야기에 따르면 루트비히 프란틀이나 야콥 아케레트, 혹은 그들의 제자가 참석한 어느 칵테일 파티에서 유명한 뒤영벌 계산이 나왔다고 한다.

76쪽: "자신이 날 수 있다는 것을 모르는 여성"
허션 1980년에 인용된 대로 옮겼다.

77쪽: "다음 신경 자극이 도달하기 전까지"
하인리히 1979년 참조.

78쪽: "추가로 양력을 만들어낸다"
벌의 공기 역학에 관한 훌륭한 설명을 보고 싶으면 알츠슐러 외 2005년 참조.

78쪽: "에베레스트산 정상"
독창적인 현장 활동을 보여준 한 훌륭한 사례에서 딜런과 더들리(2014년)는 중국 서부의 산악지대에서 지역 뒤영벌(봄부스 임페투오수스 Bombus impetuosus)을 포획한 뒤 기압을 낮추어 높은 고도를 재현할 수 있는 비행기 실험실에 이 벌을 두었다. 벌은 날갯짓의 횟수를 늘리는 방식이 아니라 진폭을 늘리는 방식(한 번의 날갯짓으로 날개를 더 넓게 움직이는 방식)으로 비행을 유지했다.

83쪽: "각피의 작은 구멍"
몸집이 작은 벌은 혈액이 체강의 많은 부분을 자유롭게 흘러 다니면서 영양분과 노폐물을 세포와 직접 교환하므로 호흡계와 순환계가 단순하다. 공기 역시 넓게 확산하므로 복잡한 폐를 지니거나 헤모글로빈을 통해 산소를 운반할 필요가 없다.

83쪽: "대다수 벌이 잘 쏘지 않고"
벌은 대외 홍보 문제를 겪고 있다. 벌에게 쏘였다고 책임을 묻지만 대부분은 실제로 말벌, 특히 땅벌, 쌍살벌, 말벌속의 말벌 등으로 알려진 말벌과의 사회성 종을 만났을 때 침에 쏘인다. 이들 생명체는 당연히 매력적이기는 하지만 종종 성마른 성격이나 노골적인 공격성의 유감스러운 성향을 보인다. 곤충학자들조차 이들 생명체 주위에서는 살금살금 걸으며 예전에 나는 어느 사회성 말벌 전문가가 대중 강의를 시작하는 서두에 "사회성 말벌을 좋아하는 사람은 아무도 없다"고 솔직히 인정하는 것을 들은 적이 있다.

85쪽: "집단방어 전술"
E. O. 윌슨과 그 밖의 진화 사상가들은 진사회성의 생활방식이 발달하려면 둥지의 집단방어가 필수 조건이므로 꿀벌 같은 고도의 사회성 종에게서 가장 매서운 벌 침이 발견되는 것은 전혀 놀라운 일이 아니라고 주장한다. 정말로 놀라운 것은 완전한 사회성 종 가운데 가장 수가 많은

집단이 해를 입히지 못할 정도의 작고 축소된 침을 지니고 있다는 사실이다. 멜리포니네Meliponine, 즉 "안쏘는"벌에 주로 열대종 약 500종이 포함된다. 이들의 진화 이야기에 대해서는 여전히 논쟁의 여지가 있지만 이들은 완전한 사회성이 확립되기 시작한 뒤로 침을 잃어버린 것으로 보이며 그 후로는 대부분 악취나 무리 짓는 행위, 아프게 무는 행위 등을 개발하고 물집을 유발하는 가성의 화학 물질로 이런 행위의 효과를 증폭함으로써 보완해왔다. 가미가제식의 자살 행위로 무는 벌을 두고 심지어는 안쏘는 종의 이타주의를 나타내는 척도로 제시하기도 했다. 그러나 애초 사회성을 획득하는 데 도움이 되었던, 침을 쏘는 능력을 왜 그대로 유지하지 않았는가 하는 점에 대해서는 여전히 모두 짐작만 할 뿐이다(윌 1983년, 카디날과 패커 공저 2007년, 섀클턴 외 2015년 참조)

86쪽: "벌에게서 떨어져 나온 상태로 1분 이상 '살' 수 있게 해주며"
꿀벌의 침은 정말로 악마적이다. 펌프질로 독을 뿜는 것에서 더 나아가 침이 몸에서 떨어져 나온 뒤에도 희생자의 몸속에 작은 침을 적극적으로 더 깊이 밀어 넣고 경고의 페로몬도 분비함으로써 자매 벌들을 불러들여 공격을 계속 이어가도록 한다.

86쪽: "뭐랄까 파괴적 건조함 같은 것… 눈이 부신 독만 뽑아놓은 듯한."
마테를링크 1901년, 24-25쪽.

제3장 따로 또 같이

90쪽: "고독은 분명 … 그러한 고독이 아름다운 것이다."
다양한 표현으로 등장하는 이 인용문은 흔히 19세기 작가이자 극작가인 오노레 드 발자크가 쓴 것으로 거론되지만 이는 착오이다. 이 발자크는 이런 내용의 글을 말한 적도, 쓴 적도 없다. 이 인용문은 17세기에 많은 작품을 남긴 에세이스트이자 서간문 작가, 그리고 아카데미프랑세즈 회원이었던 장루이 게즈 발자크(둘 사이에 아무 관련이 없다)의 펜에서 나왔다. 발자크, 1854년, 280쪽. S. 루이스의 번역, 개인적 교신.

98쪽: "완벽한 변태"
뚜렷한 유충 단계가 나타난 화석은 최소한 2억 8천만 년 전까지 거슬러 올라가지만 곤충 변태의 진화에 관해서는 그리 아는 바가 없다. 곤충의 변태는 특히 유충의 생활 주기가 긴 종의 경우 새끼와 성충 간의 경쟁이 줄어드는 혜택을 가져다줄 수도 있다. 어쨌든 변태는 매우 성공적인 생존 전략이 되었고 벌, 말벌, 개미, 파리, 벼룩, 딱정벌레, 나방, 나비 등을 비롯한 모든 곤충의 80퍼센트 이상이 이 전략을 채택했다.

98쪽: "무력 상태에서 깨어난다"

(과수원뿔가위벌과 가까운 몇몇 친척 종을 포함하여) 어떤 벌들은 각 철에 태어난 새끼의 일정 부분이 또다시 일 년 동안 계속 무력 상태로 지낸다. 이론적으로 볼 때 이러한 지연 전략은 나쁜 날씨, 드문 꽃가루 및 꽃꿀 자원, 혹은 깨어난 벌의 전체 집단을 완전히 없애버릴 수도 있는 재앙적 사건에 대한 대비책으로 진화되었다. 그러나 이 전략에도 위험이 없는 것은 아니다. 한 개체가 둥지에서 오랫동안 휴면 상태로 지낼수록 기생충과 병원체에 노출되는 기간도 길어진다. 또 2년의 휴면기를 가지려는 벌이 입구 가까이 위치한 경우에는 아래쪽에서 나오려는 1년짜리 휴면기의 벌에게 물어뜯겨 죽게 될 것이다(토치오와 테페디노 공저 1982년 참조).

100쪽: "벌목의 진짜 이야기는 기생 생활에 있어요."

여기서 한 단계 더 나아가 흥미로운 내용을 살펴보면 증거는 침을 쏘는 모든 말벌과 개미와 벌의 공통 조상이 포식 기생자라고 시사한다. 이들 집단의 유충은 생활 주기 후반까지 배변을 미루는데 이는 포식 기생자가 사용하는 습성으로 자신들의 숙주가 너무 일찍 병드는 것을 막기 위한 것이다. 이는 공통 조상에게서 물려받아 다 같이 공유하는 특성으로 보이며, 이들 다양한 집단이 진화의 역사를 거쳐오는 동안 몇 차례 포식 기생자의 생활방식을 잃었다가(예를 들면 벌, 개미) 다시 획득했음을 시사한다.

102쪽: "다른 새 둥지"

"cuckold"(바람난 아내를 둔 남자)라는 영어 단어도 뻐꾸기cuckoo 새의 이런 습성에서 온 것이며 사람들은 벌의 행동에 관해 이야기하기 훨씬 전부터 이 비유를 알고 있었다. 영어에서 "cuckold"를 맨 처음 사용한 것은 "뻐꾸기벌"이라는 문구보다 거의 6세기나 앞선다.

103쪽: "낫 모양의 턱"

이 치명적 입틀의 목적은 명백하다. 이 입틀은 뻐꾸기벌 유충의 아주 초기 생활단계에만 나타난다. 숙주 유충을 안전하게 해치우고 나면 뻐꾸기벌 유충은 이 무기를 잃고 여느 정상적인 새끼 벌처럼 발달한다.

105쪽: "벌 빵이 가득 들어있고"

유충 시절에 얻은 먹이의 양은 곧바로 어른 벌의 크기에 반영된다. 과수원뿔가위벌과 같은 단독성 종의 경우 그 결과는 흔히 확연하게 큰 암컷으로 나타나지만 이러한 결과는 비행 기간에 어미가 보여준 숙달된 능력과 환경 조건을 시사하기도 한다. 날씨가 좋지 않고 꽃 자원이 빈약했던 철에는 이듬해 어른 벌의 크기가 작아지는 결과로 나타난다. 꿀벌이나 뒤영벌 같은 사회성 종의 경우 여왕으로 선택받은 유충은 유충 시절에 추가 먹이를 공급받아 커다란 크기뿐 아니라 생식력도 확보한다. (꿀벌은 "로열젤리"라는 특히 풍부한 영양을 지닌 물질까지 생산할 정도이며 이 물질은 오로지 잠재적 여왕의 먹이로만 사용된다.)

106쪽: "마른 쇠똥 속에 집을 짓는다"

케인, 2012년, 262-264쪽.

108쪽: "가까운 거리에 있을 때 … 혼란을 줄 수 있다."

얼룩말 줄무늬를 둘러싼 논의는 다윈과 월리스 사이의 논쟁으로까지 거슬러 올라간다. 비록 시각적 효과의 중요성을 가리키는 다른 증거들이 여전히 있기는 하지만 최근 연구에서 제시하는 바에 따르면 줄무늬는 얼룩말이 시원하게 지낼 수 있게 해주며 아울러 무는 파리를 쫓는 데도 도움이 된다.

109쪽: "아프리카에 살던 큰 영장류였다."

E. O. 윌슨 인터뷰, "인류가 지구를 지배할 수 있게 해준 '유전자 넉아웃'에 관한 E. O. 윌슨의 견해", 빅씽크, 날짜 미상, http://bigthink.com/videos

110쪽: "오직 벌만이 어린 새끼를 공동으로 돌보고 한 집에 모여 살면서 법의 권위에 따르는 삶을 이끌어 간다."

베르길리우스 2006년, 79쪽.

111쪽: "분명 바로 내놓을 수 있는 답은 없다."

미치너 2007년, 15쪽.

113쪽: "형태학적으로 단조롭다"

같은 책, 354쪽.

115쪽: "매우 가까운 관계"

그러나 암컷이 하나 이상의 수컷과 짝짓기를 하여 정자를 보관할 경우 몇몇 종은 확실히 가까운 관계가 될 가능성이 줄어든다.

제4장 특수 관계

125쪽: "언제 꽃잎이 열리고 닫히는지 … 관심을 가져야 한다."

소로 2009년, 169쪽.

129쪽: "꽃가루 말벌"

가장 중요한 꽃가루 말벌 군락은 아프리카 남서지역에 있는데, 게스 부부(2010년)는 몇몇 종이 수천의 무리를 이루어 땅에 둥지를 짓고 국화과와 초롱꽃과, 그 밖에 다른 많은 과의 꽃을 자주 방문한다고 보고한 바 있다. 꽃가루받이의 측면에서 볼 때 이들 꽃가루 말벌은 동일 꽃을 찾는 다양한 벌에 비해 대체로 중요성이 덜하다. 그러나 매년 특정 시기에 특정 꽃의 경우에는 말벌 손님이 벌보다 훨씬 많아서 아마도 가장 효율적인 꽃가루 매개자 역할을 할 수도 있다.

129쪽: "윈스턴 처칠은 1946년 봄에 … 문구를 만들어 사용했는데"

처칠 연설의 전문은 물론 동영상의 일부도 국제처칠협회 홈페이지(www.winstonchurchill.org/resources/speeches/1946-1963-elder-statesman/120-the-sinews-of-peace)에서 볼 수 있다.

130쪽: "공진화적 소용돌이"

톰슨을 비롯한 다른 권위자들이 이제 이 문구를 자주 사용하지만 이 문구의 기원을 거슬러 올라가면 도널드 스트롱, 존 로턴, 리처드 사우스우드 경 공저의 1984년 책 『식물을 찾는 곤충』(스트롱 외. 1984년)에 처음 등장했다.

130쪽: "깃털처럼 가지가 갈라지고 보송보송한 털"

벌과 솜털과 꽃가루 사이의 연관성은 매우 밀접하다. 함께 춤추는 어느 한쪽이 바뀌면 상황이 순식간에 달라지는 경향이 있다. 예를 들어 뻐꾸기벌은 꽃가루를 채집하지 않으므로 많은 털이 있을 이유가 별로 없다. 그러므로 이들 중 많은 수는 몸체에 솜털이 없는 채로 말벌처럼 매끈해 보인다. 그러나 현미경으로 세밀하게 검사해보면 다리나 얼굴, 몸체에 언제나 갈라진 털 몇 개 정도는 보일 것이다.

135쪽: "꽃가루받이 과정의 은밀한 참여자"
주기적으로 꽃꿀을 먹는 말벌이 비록 일정하지는 않아도 많은 종에게 꽃가루 매개자 역할을 하기는 하는데 식물에 대해 헌신적인 상대가 되는 경우는 별로 없다. 잘 알려진 예외로는 무화과 말벌이 있고 이 밖에도 얼굴에 갈고리 모양의 털을 지닌 몇몇 꽃가루 말벌, 그리고 난초에게 속아 유사교미 행위를 하는 다양한 종의 수벌이 있다.

136쪽: "꽃을 자주 찾는 곤충이 … 빠른 속도로 발전했다"
다윈 1879년, 프리드먼 2009년 책에 실린 것을 팩시밀리로 받았다.

136쪽: "꽃식물은 백악기 이전에 진화했고"
속씨식물의 정확한 나이에 관해서는 여전히 열띤 논쟁이 이어지고 있다. 그러나 화석과 유전자 자료를 종합한 결과 속씨식물은 중생대 중기에 생겨났으며 백악기에 다양해지기 전까지 열대 우림 관목으로 근근이 살아갔던 것으로 보인다(도일 2012년 책에서 다시 정리한 내용).

136쪽: "저토록 파랗고 빛나는 황금빛"
시 〈꽃들〉에서 인용. 롱펠로 1893년, 5쪽.

137쪽: "생기발랄하고 화사한 빨간색"
생각하기에 따라서는 빨간색조차 제한적이었을 것이다. 몇몇 전문가는 새가 빨간 꽃을 선호한다기보다는 기회의 측면에서 빨간 꽃을 좋아하는 거라고 주장한다. 새는 다양한 색의 꽃을 찾아가지만 빨간 꽃은 대다수 벌에게 보이지 않으므로(적어도 찾기 힘들므로) 경쟁자가 훨씬 적은 꽃꿀 공급원을 새에게 제공함으로써 새/식물의 종 분화를 촉진한다. 이 체계에서 벌과의 경쟁이 작용하지 않으면 새는 벌이 없는 후안 페르난데스 제도의 식물군에서 그랬듯이 다른 색깔의 꽃을 찾을 가능성이 컸을 것이다. 후안 페르난데스 제도에서 벌새에 의해 꽃가루받이가 이루어지는 14개 종 가운데 빨간색 꽃은 겨우 세 개 종뿐이다.

137쪽: "해 뜰 무렵 향기 가득한"
시 〈찬란하고 고요한 태양을 내게 다오〉에서 인용, 휘트먼(1855년) 1976년, 250쪽.

140쪽: "뒤영벌의 등 표면에 정확하게 들어맞는"
서덜랜드 1990년, 843쪽.

141쪽: "이 꽃을 빨아먹는 나방은 … 갖고 있을 겁니다!"
후커에 보낸 1862년 1월 30일 서신에서 인용. 이 편지는 케임브리지 대학 '다윈 서신 프로젝트'에 보관되어 있다. www.darwinproject.ac.uk. 크리츠키 1991년 책도 참고.

142쪽: "선장의 배에 물이 새고 벌레도 먹어서"
셀커크가 배에 대해 느낀 본능적 직감이 옳았던 것으로 증명되었다. 석 달 후 친케 포츠는 컬럼비아 해안 부근에서 침몰했다. 이 배의 선장과 살아남은 선원은 스페인 식민지 당국에 체포 구금되었다.

142쪽: "작고 둥글며 푸르스름한 흰색"
후안 페르난데스 제도의 식물군에 관해 흥미로운 완벽한 보고서를 내놓은 베르나르델로 외 2001년 책에 따르면 이 지역 토종 꽃의 73퍼센트는 흰색이나 초록색, 혹은 갈색이다. 12퍼센트의 꽃만이 노란색이며 벌에 가장 특화된 색조인 파란색은 겨우 5퍼센트에 불과하다. 마찬가지로 75퍼센트가 넘는 꽃이 둥근 모양 혹은 별 특색 없는 형태이며 벌에 특화된 꽃에서 흔히 보이는 좌우대칭의 잎이나 그 밖의 좌우대칭 형태는 겨우 2퍼센트뿐이다.

143쪽: "벌새의 부리에 더 잘 맞도록"
적어도 한 개 종의 꽃 색깔은 순수 파란색(벌 색깔)에서 아마도 새에게 더 매력적으로 보일 법한 자주색으로 바뀌었다(선 외 1996년 참조).

144쪽: "모든 벌이 갈라진 털을 갖고 … 오래된 것이지요."
브래디의 말은 진화 연구의 핵심 원칙이라고 할 공동 유산의 논리를 바탕으로 한다. 친척 관계에 있는 여러 생명체 집단이 가령 갈라진 털 같은 공통의 특징을 보일 때 이 특징이 개별적으로 여러 차례 반복해서 생긴 것이라기보다는 공통 조상에게서 물려받은 것이라고 간주하는 것이 가장 간단한 설명이다.

145쪽: "뒤영벌에서 벌새로 바뀐다"
이 흥미로운 연구에 관해 더 알아보고 싶으면 셈스크와 브래드 쇼 공저 1999년, 그리고 브래드쇼와 셈스크 공저 2003년을 참조.

145쪽: "벌에서 분홍등줄박각시로 … 바꿀 수 있었다"
홀발라 외 2007년 참조.

146쪽: "농축된 수준은 아니다"
여러 실험 환경에서 벌은 가장 높은 농도의 당이 든 꽃꿀을 일관되게 선택한다(예를 들어 크나아니 외 2006년). 가령 코스타리카에 있는 라셀바 생물 실험소에서 트리고나Trigona속의 안쏘는벌을 관찰하기에 가장 좋은 장소는 카페테리아의 발코니이며, 벌들이 줄줄이 늘어서서 이 지역에서 흔히 쓰는 리자노소스 양념 병 테두리에 묻은 것을 먹는다.

146쪽: "꿀을 만드는 것이다"
꿀에는 당이 80퍼센트 이상 들어 있으며 벌에 의해 꽃가루받이가 이루어지는 일반적인 꽃의 꽃꿀에 비해 꿀이 대략 두 배 더 달다.

148쪽: "짝짓기 의식에서 한몫 하는"
수컷 난초벌이 이 향기를 정확히 어떻게 이용하는지는 여전히 불명확하다. 그러나 아마도 많은 수컷이 모여 암컷에게 구애하는, 렉leks이라고 불리는 정해진 장소에서 이 향기가 도움이 될 것이다. 한 가지 분명한 점은 암벌이 절대 꽃을 찾지 않으므로 향기 하나만으로 암벌을 끌어들이지는 않는다는 사실이다.

149쪽: "프라이스의 관찰이 무엇을 의미하는지 추측하지 못하겠다."
다윈 1877년, 56쪽.

156쪽: "새로운 종을 불러와서"
꿀벌난초에서 이루어지는 이 과정에 관해 많은 흥미로운 연구 중 하나를 보고 싶으면 브라이트코프 외 2015년 참조.

156쪽: "혀 길이와 꽃뿔 깊이"
혀 길이가 점점 길어지는 경향은 벌에게서 보이는 진화 징후 가운데 가장 강력한 것으로 꼽히는데 아마도 점점 깊어지는 꽃뿔 안까지 닿으려는 지속적인 필요에서 비롯되었을 것이다. 꽃의 관점에서 볼 때 꽃뿔이 발달한 꽃일수록 이 꽃이 끌어들일 수 있는 꽃가루 매개자 집단의 범위는 훨씬 좁아지고 더욱 헌신적인 태도를 보일 것이며 그 결과 꽃은 더욱 다양한 종 분화로 나아갈 것이다. 예를 들어 투구꽃(아코니툼Aconitum 종)과 제비고깔(델피니움Delphinium 종) 등 꽃뿔이 있는 계통에는 수십 가지 종이 있는 반면에 가까운 친척 종인 니겔라(니겔라Nigella 종)는 꽃뿔이 없어서 여기에 포함되는 종이 겨우 몇 개밖에 되지 않는다.

158쪽: "그에 상응하는 의존의 위험성"
특화된 꽃가루 매개자와 관계를 맺는 많은 식물은 일정 수준의 자가임성, 즉 제 꽃가루로 열매를 맺는 성질을 지님으로써 불리한 점에 대비한다. 실제로 이러한 절대 안전장치 덕분에 상대적인 진화적 편리함을 확보함으로써 많은 꽃은 새로운 향기나 색깔, 다른 꽃가루받이 특징들을 실험할 수 있는 것으로 보인다.

제5장 꽃이 피는 곳

162쪽: "공급이 수요를 만들어낸다."
이 문구는 프랑스 경제학자 장 바티스트 세이가 1803년에 처음으로 발표한 책 『정치경제학에 관한 논문』에서 제시한 원칙을 일반적으로 요약한 것이다..

165쪽: "미 농무부 벌 실험실"
일반 용어로 벌 실험실이라고 알려져 있지만 이 탁월한 시설에는 훨씬 기다란 공식 명칭이 붙어 있다. 미 농무부 꽃가루 매개 곤충 생물학, 관리, 계통 분류학 연구소라는 명칭이다.

165쪽: "안토포라Anthophora속의"
청줄벌을 가리키는 속명은 "꽃을 나르는 자들"이라는 의미의 그리스어에서 유래한다. 그러나 이 종의 진짜 이야기는 그것을 가리키는 특별한 별칭, 봄보이데스bomboides에 있으며 이는 뒤영벌의 속명 봄부스Bombus을 참조한 명칭이다. 그 결과 드물게 아주 명확한 학명 안토포라 봄보이데스Anthophora bomboides, 즉 뒤영벌을 닮은 청줄벌이라는 학명이 되었다.

166쪽: "흙으로 된 가파른 경사면의 저 아이들"
파브르 1915년, 228쪽.

168쪽: "화사한 봄날이었고… 부지런히 하고 있었다."
니닝거 1920년, 135쪽.

170쪽: "고전적인 진화적 허세"

베이츠 의태라고 알려진 이 전략은 다른 위험한 종, 즉 독성이 있거나 침을 쏘거나 그밖의 위험을 지닌 종의 경계색을 채택하는 무해한 종과 관련이 있다. 따라서 무해한 종은 위험한 종의 정직한 신호를 이용함으로써 잠재적 적이나 포식자가 가까이 오지 못하도록 하는 혜택을 누린다. 이러한 형태의 모방은 19세기 영국의 탐험가이자 동식물 연구가인 헨리 월터 베이츠의 이름을 따서 지은 것으로, 그는 다양한 아마존 나비에 나타나는 이런 의태를 처음으로 설명한 바 있다.

170쪽: "기본적인 방어 수단"

안토포라 봄보이데스Anthophora bomboides는 더 이상 침을 쏘지 않지만 다른 방어 행위를 개발한 증거가 보인다. 내가 이 장을 쓰면서 여러 차례 절벽을 찾았던 시기 중 어느 한 시점에 암벌 한 마리가 곤충망에 걸렸는데 이 암벌을 떼어내는 데 제법 시간이 걸렸다. 그후 얼마 지나지 않아 나는 수많은 다른 개체가 주위를 맴돌면서, 쏜살같이 다가왔다가는 다시 뒤로 물러서는 걸 알아차렸다. 전에 이곳을 찾았을 때는 벌이 나의 존재를 완전히 무시했는데 이제는 십수 마리 정도가 나를 집적거리고 있었다. 심지어는 벌이 바닷가 모래까지 나를 쫓아오기도 했다. 내게 잡혔던 벌이 곤충망에 경고 페로몬을 분비해놓은 것일까? 이 생각을 시험하기 위해 나는 절벽을 따라 걸어서 다른 구역의 군집 쪽에서 곤충망을 펼쳤다. 즉시 벌이 주위를 에워싸며 맴돌았다. 단독성 종인 청줄벌에게는 조직적 방어의 역사는 없지만 떼 지어 군생하며 이따금 둥지의 굴을 같이 쓰기는 한다. 방어는 사회성 진화를 규정하는 정의의 핵심을 이룬다. 그렇다면 이러한 발생 초기의 공격은 사회성 진화로 나아가는 길의 시작점이 될 수 있을까? 내가 이야기를 나누었던 어떤 전문가도 설명을 내놓지는 못했지만 브룩스(1983년)는 안토포라 봄보이데스에서 동일 행동을 주목한 바 있고 소프(1969년)는 또 다른 안토포라 종에서 비슷한 것을 목격한 바 있다. 이는 적합한 대학원생이 주목해주기를 기다리는 아주 멋진 논문 주제이다!

170쪽: "좀처럼 침을 쏘도록 유도할 수 없다."

브룩스 1983년, 1쪽.

170쪽: "특이하게 구부러진 점토 굴뚝"

니닝거 1920년, 135쪽.

172쪽: "꽃꿀로 가득한"
청줄벌은 꿀 수확물과 함께 물도 운반함으로써 흙을 축축하게 만들어 굴과 방과 작은 탑의 형태를 빚는 데 물을 이용한다. 한창 둥지를 지을 때 암벌은 신선한 물 수원지까지 매일 80차례씩이나 왕복 여행을 한다 (브룩스 1983년).

174쪽: "어디에서든"
접이식 곤충망을 얼른 집어넣어 보이지 않게 감출 수도 있다. 이는 채집을 환영하지 않을 곳에서 편리하게 쓸 수 있는 특성이다. 곤충학자는 이런 곤충망을 "국립공원용 특별 상품"이라고 일컫는다고 한다.

182쪽: "당신이 그것을 지으면 그들이 올 것이다"
흔히 말하는 이 문구는 1989년의 영화 〈꿈의 구장〉에 나오는 대사를 살짝 잘못 인용한 것이다. 이 영화에 등장하는 아이오와주 농부는 "당신이 그것을 지으면 그가 올 것이다"라고 속삭이는 목소리를 들은 뒤 자신의 옥수수밭에 야구장을 짓는다.

184쪽: "벌의 발조차 닿지 않고 수정도 이루어지지 않는다"
알팔파 꽃에서 꽃꿀을 훔쳐먹는 꿀벌의 습성을 이용하여 훨씬 높은 수준의 도둑질 무대가 마련된다. 우리가 계곡을 둘러보는 동안 마크는 상업용 양봉가가 알팔파밭으로 둘러싸인 부지를 임대한 뒤 사업을 시작한 장소를 보여주었다. 바글거리는 벌통 수십 개가 작은 공간을 가득 메우고 있었고 틀림없이 꿀이 풍부하게 들었을 것이다. 그러나 이들 벌은 꽃을 방문해도 대부분 꽃가루받이를 하지 않으므로 이런 행위는 결국 도적질이 된다. 보답으로 아무것도 제공하지 않으면서 꽃에서 꽃꿀을 빼내는 것이고 그 결과 농부의 열매 결실률과 수확량과 수익이 줄어들기 때문이다. "내가 꿀벌을 좋아하지 않는 게 아니에요," 마크가 약간 퉁명스럽게 설명했다. "양봉가들을 좋아하지 않는 거지요."

제6장 벌꿀길잡이새와 초기 인류

191쪽: "벌꿀길잡이새와 초기 인류"
현대 어법에서 "호미닌"(이 책에서는 "호미닌"이라는 용어 대신 "초기 인류"로 옮겼다_옮긴이)은 영장류의 특정 하위집단을 일컫는데 여기에는 우리 인간인 호모속이 포함되고 아울러 오스트랄로피테쿠스와 아르디피테쿠스를 비롯한, 호모속의 멸종한 친척이 포함된다. 호미닌이라는 용어는 종종 "호미니드"와 혼동되곤 하는데 "호미니드"는 과 수준의 범주로 모든 유인원, 다시 말해 호미닌 외에도 침팬지, 고릴라, 오랑우탄을 포함한다(이 모든 유인원을 사람과라고 한다). 다른 유인원을 별개 과로 분류하는 예전 방식의 영장류 분류체계에서는 이 단어들을 혼용해서 사용했다. 그러나 인간 고생물학 분야의 다른 거의 모든 것이 그렇듯이 이들 정의와 관련해서는 여전히 논쟁이 이루어지고 있다. 현재 몇몇 전문가는 우리와 가장 가까운 살아 있는 친척종 침팬지를 호미닌으로 한데 묶는 것을 선호하기도 한다.

192쪽: "벌이 없으면 꿀도 없다."
이 말은 에라스무스가 기록해놓은, "네케 멜, 네케 아페스Neque Mel, neque Apes"라는 라틴어 격언을 옮겨놓은 것이다. 블랜드 1814년, 137쪽.

194쪽: "지역 토종에 미치는 영향"
케인과 테페디노(2016년)의 주장에 따르면 꿀벌이 북미 토종에 미치는 가장 심각한 영향은 농업 지역이나 개발 지역에 나타나는 것이 아니라 야생 서식지, 특히 벌들이 여러 작물의 꽃가루받이를 마치고 난 뒤 몇 달 동안 상업용 꿀벌 벌통을 자주 "풀어놓는" 미국 서부지역에서 나타난다.

197쪽: "채집자들은 늘 잊지 않고… 두 번째 배신을 감행하지 않을 수 없다."
스파먼 1777년, 44쪽.

206쪽: "전적으로 사람에게만"
이 새와 인간의 강한 연관성을 보여주는 증거는 이 새가 없는 상황에서 더 많이 찾을 수 있다. 거의 아무도 꿀을 찾으러 나서지 않는 가까운 도시, 소도시, 농업 정착지 같은 곳에서는 이 새가 길잡이 습성을 잃기 시작했다. 이제 몇몇 환경보호 활동가는 벌꿀길잡이새뿐 아니라 이 새를 규정하는 행위를 보존하기 위한 시도의 일환으로 아프리카 국립공원에 전통적인 벌꿀 채집을 다시 도입하자고 주장한다.

207쪽: "에너지를 포도당 형태로"
굶주린 상황에서 포도당이 없거나 제한될 때 뇌는 짧은 기간 동안 지방산 분해를 통해 얻은 케톤을 이용하여 활동할 수 있다.

208쪽: "오스트랄로피테쿠스 속의 표본"

현재 몇몇 권위자는 호두까기 인간을 별개의 속, 즉 "건장한 오스트랄로피테신"인 파란트로푸스속으로 분류한다. 또 애초 리키 부부가 제안했던 명칭인 진잔트로푸스라고 더러 일컬어지기도 한다. 명칭 문제를 제외하면 대체로 전문가들은 오스트랄로피테쿠스가 인간의 직계 조상이라기보다는 호모속이 진화하던 무렵 아프리카 동부에 살던, 가까운 친척 관계의 몇몇 호미닌 중 하나라는 데 동의한다.

209쪽: "신석기가 시작될 무렵"

베르나르디 외(2012년)와 로페살크 외(2015년)에서는 신석기 시대의 꿀 이용과 관련한 훌륭한 증거를 제시했다.

210쪽: "서로의 침이 섞이는 선사시대의 키스"

키스라는 발상이 모든 헤드라인을 장악하기는 했지만 이 연구는 네안데르탈인의 음식에 대해 탁월한 통찰을 보여주었다. 특히 지역에 따라 털북숭이 코뿔소에서부터 야생 양, 버섯, 잣, 이끼에 이르는 지역 산물을 이용한 결과 각기 음식이 어떻게 달랐는지 훌륭한 통찰이 담겨 있다. 그러나 저자들은 화학적 특징보다는 DNA의 흔적을 분석했기 때문에 꿀의 증거는 찾지 못했다(웨이리치 외. 2017년)

210쪽: "서로 협력하고 함께 나누는 행위"

고기, 과일, 덩이줄기, 그밖에 채집한 음식물과 마찬가지로 꿀 역시 하드자족 사이에서 널리 함께 나누어 먹었다. 그러나 꿀은 특히 좋아하는 품목이었기 때문에 사람들에게 돌아갈 몫이 충분하지 않을 때 앨리사가 자주 목격한 바에 따르면 벌꿀 사냥꾼들이 셔츠 속에 벌집을 숨겨 자기 아내와 아이들에게 주었다.

210쪽: "하드자족만큼이나 자주"

하드자족의 벌꿀 관습은 예외적인 것이 아니었다. 벌꿀을 생산하는 벌이 사는 거의 모든 자연환경에서 벌꿀은 수렵채집자가 뜻밖에 얻는 중요한 식량 자원이다. 가령 콩고 이투리 우림에 사는 음부티족도 벌집에서 얻는 산물을 선호 식량으로 삼았다. 이들은 최소한 열 개 종의 벌 둥지를 습격했고 매년 꽃이 많이 피고 벌이 풍부한, 최대 두 달까지 이어지는 "벌꿀 철"에는 칼로리의 80퍼센트를 벌꿀과 꽃가루와 유충으로 충당했다(이치카와 1981년 참조).

211쪽: "영양학적으로 다른 종을 능가할"
크리텐든 2011년, 266쪽.

215쪽: "출랑출랑 춤출 준비를 해야지 … 벌꿀을 만들어줘서"
브린 1883년, 145쪽.

215쪽: "어제 아침 한 소년이 … 그것은 뒤영벌이다."
스테이블턴 1908년, 22쪽.

제7장 덤블도어 기르기

218쪽: "완전히 시적이거나 … 유도하는 것과 같다."
소로 1843년, 452쪽.

221쪽: "사전에 물을 촉촉하게 적신 나무 막대기의 둥근 끝"
슬레이든 1912년, 125쪽. 나는 이 시도를 직접 해보았으며 나무 숟가락 끝이 아주 효율적이었다. 그리고 추가 보너스 한 가지가 있는데, 당신이 이를 시도하는 동안 주방에는 녹은 밀랍의 풍부한 냄새가 가득할 것이다.

226쪽: "여왕벌이 없는 죽어가는 둥지"
톨스토이(1867년) 1994년, 998쪽.

226쪽: "나는 예전에… 이 작은 일벌 무리를 지켜보았네."
도일 1917년, 302쪽.

226쪽: "벌을 기르는 것과 관련된 문헌 목록"
수십 가지 양봉 관련 책 가운데 뛰어난 것으로는 수 허벨의 회고록 『벌에 관한 책』(1988년), 윌리엄 롱굿의 『여왕은 반드시 죽어야 한다』, 그리고 리처드 존스와 샤론 스위니런치가 쓴 실용서 『양봉가의 성서』(2010년)가 있다.

227쪽: "이와 다른 종의 벌에 대한 언급"
플라스는 다른 벌에 대해서도 명확하게 알고 있었다. 어떤 시에서 그녀가 묘사한 한 장면에는 땅에 둥지 짓는 벌이 파놓은, 연필심처럼 가는 구멍을 가만히 응시하는 모습이 나오는데 이런 모습은 오로지 개인적인 경험에서만 우러나올 수 있다. 언젠가 곤충학적 소질을 가진 영문학 전공자가 등장하여 플라스의 벌 관련 비유를 잘못 이해한 문학적 해석을 모두 바로잡아 훌륭한 논문을 쓰게 될 것이다. 가령 그녀가 혼자 있는 벌을 언급할 때 이는 어쩌다 혼자 있게 된 꿀벌 이야기를 하는 게 절대 아니다!

227쪽: "주먹 안에서 아무 해도 끼치지 않은 채"
플라스 1979년, 311쪽.

228쪽: "장화에는 잔가지만 가득했다"
비록 이 굴뚝새는 우리 벌을 이겼지만 더러는 처지가 바뀌기도 한다. 몇몇 연구에서는 여왕 뒤영벌이 새를 둥지 상자에서 내쫓은 일을 언급한 적 있는데 몇 가지 사례에서는 심지어 새가 알을 낳기 시작한 뒤에 이런 일이 벌어졌다. 한국의 박새 두 종을 대상으로 한 재현 실험에서는 윙윙거리는 소리만 들려도 알을 품고 있던 많은 암컷 새가 둥지에서 도망가는 것으로 나타났다(자블론스키 외 2013년).

235쪽: "한 부분이라도 … 친절함을."
콜리지 1853년, 53쪽.

236쪽: "솜털뿔뒤영벌이라고 알려진 어떤 종"
이 벌의 학명은 봄부스 싯켄시스Bombus sitkensis와 봄부스 믹스투스Bombus mixtus이다. 대충 살펴보는 관찰자는 전 세계 250종 뒤영벌의 차이를 알지 못하기 때문에 최근까지도 일반명이 없는 뒤영벌이 많았다. 북미 서부지역 뒤영벌에 대한 현장 안내 주요 저자인 조너선 코흐는 책을 출간할 때가 되어서야 이름을 지었다고 한다. 그가 내게 보낸 이메일에서 알려준 바에 따르면 봄부스 믹스투스는 수컷 더듬이 안쪽 표면에 오렌지색 솜털 다발이 뚜렷하게 보여서 "솜털뿔뒤영벌"이라는 이름을 얻게 되었다. 그 이름이 "그냥 귀여워서" 그렇게 지었다고도 했다.

239쪽: "붉은토끼풀 같은 종에게 뒤영벌이 필수 꽃가루 매개체라는 점"
『종의 기원』에서 다윈은 붉은토끼풀의 유일한 꽃가루 매개자가 뒤영벌이라고 선언했지만 나중에 가서 꿀벌도 (다양한 단독성 벌이 그러듯이) 이 꽃을 찾는다는 걸 알게 되었다. 자신의 실수에 몹시 당황한 그는 한 친구에게 보내는 편지에서 "나 자신이 밉고, 토끼풀이 밉고, 벌이 밉네"(존 러벅에게 보낸 1862년 9월 3일 편지)라고 썼다.

239쪽: "그러므로 한 지역에 고양잇과 … 꽤 신빙성이 있다!"
다윈 1859년, 77쪽.

제8장 세 입 먹을 때마다 한 번씩

247쪽: "순 쇠고기 패티 두 장, 특별한 소스 … 참깨 뿌린 빵!"
빅맥의 성분은 지구촌 곳곳에서 조금씩 달라진다. 가령 남아프리카에서는 토마토를 넣고 소를 숭배하는 인도에서는 쇠고기 대신 닭고기나 양고기로 대체한다.

249쪽: "남는 것들을 사육장에서 기르는 소에게 … 알려져 있다"
특히 곡물 가격이 높을 때는 사탕을 비롯하여 다른 뜻밖의 것을 소에게 먹이는 일이 흔하다(스미스 2012년 참조).

249~250쪽: "카놀라는 들갓을 일컫는 상품명이며"
기름을 생산하는 이 들갓의 영어 일반명은 "레이프"('rape'는 강간을 뜻하는 단어이기도 하다_옮긴이)이다. 이 명칭을 사용하는 데 따른 분명한 마케팅 한계를 극복하기 위해 매니토바 대학의 작물 연구가들은 캐나다 오일, 지방산(Canadian oil, low acid)의 각 앞글자를 따서 카놀라라는 이름을 붙였다.

250쪽: "양상추 꽃을 찾으며"
양상추 꽃가루받이를 연구한, 놀랄 정도로 드문 연구 가운데 존스(1927년)는 벌이 동일 식물의 꽃 안에서, 그리고 꽃과 꽃 사이에서 꽃가루를 옮기는 데 도움을 주어 수정률을 높이고 꽃 한 송이당 옮겨지는 꽃가루의 수를 늘려준다는 것을 발견했다. 가장 먼 것으로 조사된 바로는 40미터나 떨어진 거리에서도 아마도 벌에 의한 것으로 추정되는 다른꽃가루받이가 이따금 이루어졌다고 단드레아 외(2008년)가 유전학 도구를 이용하여 확인했다.

257쪽: "대추야자 나무는 바람에 의존하여 꽃가루받이를 한다."
바람에 의해 이루어지는 대추야자의 꽃가루받이가 엄청나게 비효율적이어서 몇몇 전문가는 대추야자가 예전에 적어도 부분적으로는 곤충에 의존했을 거라는 의견을 제시하기도 했다. 대추야자가 어느 야생 야자에서 유래했는지는 여전히 알려지지 않았지만 이 과에서는 벌, 딱정벌레, 파리에 의한 꽃가루받이가 바람에 의한 꽃가루받이보다 훨씬 일반적이다. 게다가 암꽃의 조직은 여전히 꽃꿀을 생산할 수 있는 것처럼 보이며 몇몇 수나무는 향기로운 꽃을 피운다. 브라이언 브라운이 내게 들려준 바에 따르면 수꽃에 너무나도 엄청난 양의 꽃가루가 덮여 있어 그 위에 앉은 벌이 마치 "그로기 상태"에 있는 것 같았다고 한다. 핸더슨 1986년, 바포드 외 2011년 참조.

257쪽: "사람 손으로 대추야자의 꽃가루받이를 해야만"
기이한 일이지만 18세기가 한참 지나도록 꽃가루받이에 관한 학문적 이해 영역에서는 이 은밀한 실용 지식을 전혀 알아차리지 못했다. 찰스 다윈과 그의 동시대 인물들이 1860년대에 들어 이 문제를 검토하기 전까지 꽃가루받이에 관한 세부 사항, 특히 곤충의 역할에 대한 사항은 불확실한 채로 남아 있었다.

258쪽: "고대 세계의 주된 과일"
고대 세계의 대추야자 공급업자는 이 윙윙거리는 곤충을 실직자로 만들려는 듯이 사람에 의해 꽃가루받이가 이루어진 과일을 이용하여, 일반적으로 벌의 일이라고 알려진 또 다른 역할, 즉 벌꿀 생산의 역할을 빼앗아버렸다. 고대 세계에서는 "대추야자 벌꿀"(대추야자로 만든 과일 시럽_옮긴이)을 진짜 꿀인 양 속이거나 벌이 드문 지역에 값싼 꿀 대체품으로 팔았다. 현재 아랍어로 루브 혹은 히브리어로 실란이라고 일컬어지는 대추야자 벌꿀이 중동과 북아프리카 전역에서 여전히 요리 감미료로 흔하게 쓰인다.

258쪽: "대추야자 수나무에 … 열매 위에서 흔든다."
테오프라스토스 1916년, 155쪽.

263쪽: "꽃가루받이를 주로 사람 손에 의존하는"
바닐라콩을 생산하는 난초는 통상적으로 열대 지방의 특정 벌에 의존하지만 이쑤시개를 이용하여 손쉽게 손으로 꽃가루받이를 할 수 있다. 19세기 초 사람들이 이 방법을 알아내자 바닐라콩 생산은 멕시코(난초 및 그와 연관성이 있는 벌의 원산지)에서 열대 지방 전역으로 퍼져 나갔고 그 결과 멕시코의 재배업자들은 수익성 좋은 바닐라 독점 사업을 빼앗겼다.

제9장 빈 둥지

270쪽: "중요한 것은 끊임없이 물음을 던지는 것이다."
밀러 1955년, 64쪽.

273쪽: "봄부스 칼리포르니쿠스 … 정확히 알아보았고"
유전학 증거에서는 봄부스 칼리포르니쿠스가 보다 널리 분포하는 노란뒤영벌 봄부스 페르비두스B. fervidus의 지역적 색깔 변형체일지도 모른다고 시사한다.

276쪽: "〈노인과 벌〉이라는 제목의 한 CNN 프로"
이는 로빈 소프가 프랭클린뒤영벌을 찾아다니는 이야기를 담은 훌륭한 짧은 특집 방송이다. www.cnn.com/videos/world/2016/12/08/vanishing-sixth-mass-extinction-domesticated-bees-sutter-mg-orig.cnn/video/playlists/vanishing-mass-extinction-playlist에 자료가 보관되어 있다.

278쪽: "황제가 좋아하는 멜론"
티베리우스가 오이(쿠쿠미스 사티부스Cucumis sativus)를 즐겨 먹었다는 기록도 자주 나오지만 중세 이전에 유럽에 오이가 있었다는 증거는 없다. 그가 먹을 만한 친척 과일이면서 매일 즐겼을 가능성이 더 큰 것은 쿠쿠미스 멜로Cucumis melo이며 이것은 캔털루프, 허니듀 멜론, 카사바 멜론 등 여러 가지 달콤한 머스크멜론의 조상이다(파리와 재닉 공저 2008년).

278쪽: "황제에게 멜론이 제공되지 않은"
파리와 재닉 2008년에 인용되어 있으며 H. 라캄의 번역문을 바탕으로 했다.

283쪽: "흰엉덩이뒤영벌"
흰엉덩이뒤영벌(봄부스 모데라투스B. moderatus)는 알래스카와 북부 캐나다에 살며 이곳에도 노제마 병원체가 있지만 웨스턴뒤영벌 개체군 역시 안정적인 상태인 것으로 보인다. 제이미 스트레인지와 다른 연구자들은 이것이 다른 계통의 노제마인지, 아니면 기후나 다른 환경 조건 때문에 노제마의 영향력에 변화가 생긴 것인지 간절히 알고 싶어 한다.

288쪽: "130제곱킬로미터, … 심지어는 520제곱킬로미터"

꿀벌이 얼마나 멀리 날 수 있는지에 대한 가장 올바른 대답은 "꿀벌이 필요한 만큼"이다. 먹이를 구하러 다니는 범위의 폭은 매우 다르며 꽃을 구할 가능성 여부에 직접 달려 있다. 일반적으로 꿀벌의 비행 거리는 3.2킬로미터 정도이지만 꽃이 별로 없는 자연 환경(또는 일 년 중 특정 시기)에서는 일벌이 꽃꿀과 꽃가루를 찾으러 통상 훨씬 멀리까지 날아간다. 1933년의 한 독창적 연구에서는 벌이 전동싸리밭에서부터 인근 관목지대에 떨어져 있는 벌집까지 무려 13.6킬로미터를 날아갔다고 기록했다(에커트 1933년). 이런 조건에서 군집은 번성할 수 없지만 실험에서는 필요성이 있을 때 일벌이 얼마나 멀리까지 돌아다닐 수 있는지 보여주었다. 현대의 한 연구는 요크셔 황무지에서 먹이를 구하는 벌들의 8자 춤을 해독함으로써 이 실험의 발견을 확인해주었는데, 이 황무지에서 개별 일벌은 꽃이 피는 헤더 구역까지 무려 14.4킬로미터를 이동했다(비크먼과 랫닉스 2000년).

288쪽: "열띤 토론을 촉발했지만"

처음에는 벌집군집붕괴현상에 대한 학문적 불확실성과 의견 불일치로 시작되었던 토론이 이내 대중적 영역에까지 들어와, 살충제와 유전자변형농산물의 잠재적 역할을 둘러싸고 험악한 소리가 오간다. 가지각색의 결과와 해석이 나오고 있어서 어느 쪽이든 적어도 자기 입장을 뒷받침하는 몇 가지 증거는 찾을 수 있으며 이 때문에 논쟁의 분위기는 더욱 고조되고 계속 길어진다. 실제로 벌집군집붕괴현상 논쟁 자체는 이제 학문적 관심의 주제가 되었다. 사회과학자들은 이처럼 경쟁적인 관심과 고조된 감정, 그리고 중요한 정책적 함축이 복합적으로 얽혀 있는 이 문제를 하나의 사례 연구로 삼아 학문에 대한 대중적 인식을 살피고자 한다(예를 들어 왓슨과 스탤린스 공저 2016년 참조).

295쪽: "어떠한 방어용 화학 물질도"

알칼로이드를 비롯한 여타 방어용 독성분이 꽃꿀에 들어 있는 경우는 흔치 않지만 꽤 광범위해서 최소한 12개 식물과에서 나타난다. 이 현상에 관해서는 아직 연구된 바가 별로 없지만 특화된 꽃가루 매개자 관계를 구축하는 데 이 현상이 유용할 수 있다. 예를 들어 나도여로애꽃벌(안드레나 아스트라갈리Andrena astragali, 이 이름은 정식 명칭이 아니며, 나도여로속 식물에 특화된 애꽃벌이라는 영어 일반명을 한글로 옮긴 것이다_옮긴이)은 이 이름을 따온 식물, 즉 나도여로의 꽃꿀과 꽃가루에 들어 있는 강력한 알칼로이드에 대해 해독 능력이 있는 것으로 보인다.

알려진 다른 꽃가루 매개자 중에는 이런 능력을 지닌 것이 없다. 일전에 나는 뻐꾸기벌이 나도여로의 꽃꿀을 한 모금 마신 것을 발견한 적이 있다. 이 벌이 너무 몽롱하게 취해 있어서 내 손가락에 얹은 뒤 30분가량 돌아다니다가 마침내 다른(독성이 없는) 식물 위에 내려놓았는데도 여전히 정신을 차리지 못했다. 유독성 꽃가루에 관해 좀 더 정보를 얻고 싶으면 베이커와 베이커 공저 1975년과 아들러 2000년 참조.

299쪽: "혼합된 여러 화학 물질"

벌이 아주 해로운 화학 결합 중 적어도 몇몇은 알아보기도 한다는 징후 몇 가지가 있다. 최근 연구자들은 "파묻힌 꽃가루"가 증가하는 것에 주목한다. 이는 꽃가루가 가득 들어 있는 세포로, 벌집에 들어온 외부 물체를 따로 분리하기 하기 위해 벌이 프로폴리스를 덮어씌워 내버려둔 세포이다. 파묻힌 꽃가루는 종종 희한한 색깔을 띠며 검사해보면 특정 살진균제와 여타 살충제의 수치가 높게 나타난다. 반엥겔스도프 외 2009년 참조.

제10장 햇볕이 내리쬐는 어느 하루

308쪽: "꽃이 만발한 이 야생의 자연 속에… 웅얼거리면서 떨린다."

뮤어 1882년 b, 390쪽.

310쪽: "진공청소기로 빨아들여야 하거든요"

나중에 나는 아몬드 수확기 제조사의 기술자와 이야기를 나누었다. 그가 명확하게 알려준 바에 따르면 대다수 모델은 견과류를 퍼 올리는 동작이 진공 흡입기에 함께 작동한다고 한다. 어쨌든 과수원 바닥을 맨땅으로 깨끗하게 유지하는 것이 이 수확기를 효율적으로 사용하는 데 필수적인 조건이라고 확인해주었다.

312쪽: "멸종된 캘리포니아 나비"

서세스블루(글라우콥쉬케 크세르케스Glaucopsyche xerces)는 오로지 샌프란시스코 부근 해안 모래 언덕에서만 서식했으며 토종 루피너스와 연꽃을 먹고 살았다. 1940년대에 서식지 손실의 결과로 사라졌으며 북미 나비 가운데 인간 활동으로 멸종된 최초의 나비로 여겨진다.

317쪽: "이로운 환경이 조성된다"

그날 나중에 우리는 꽃이 만개한 드넓은 해바라기밭을 지나갔는데 밭 여기저기에 일정한 간격으로 꿀벌 벌통이 놓여 있었다. 자세히 살펴보려고 속도를 늦추니 벌통마다 커다란 설탕 시럽 통이 위에 놓여 있었다. 풍성한 농장 한복판에, 그것도 한여름인데도 벌이 살려면 보충 먹이가 필요했던 것이다. 에릭은 어릴 때 노스다코타에 수많은 벌집마다 꿀벌이 그득했던 시절을 회상하면서 충격을 받았고 조금 화를 내며 말했다. "다리가 세 개뿐인 굶주린 젖소를 보는 것 같네요." 우리는 계속 차를 몰고 갔다.

319쪽: "끊임없이 잔잔하게 이어지는 … 발에 밟힐 것이다."
뮤어 1882년a, 222쪽.

320쪽: "휴식과 수면의 시기"
같은 책, 224쪽.

결론: 벌이 웅웅 대는 숲속 빈터

325쪽: "… 여름이 황금빛 벌을 넘치도록 쏟아낼 때 …"
예이츠 1997년, 15쪽

328쪽 "… 그리하여 나는 그곳에서 평화를 얻으리라 …"
같은 책, 35쪽

부록: 세계의 여러 벌 과

335쪽: "수컷 벌이 암컷 벌에 올라탄 채로"
휴스턴 1984년 참조.

338쪽: "삼 년씩이나 기다리며"
댄포스 1999년 참조.

346쪽: "엄청나게 다양하다"
댄포스 외 2013년 참조.

- **배** : 벌이나 다른 곤충의 몸통 아랫부분을 가리키는 일반 명칭
- **더듬이** : 벌의 머리 위에 달린 긴 감각기관으로, 이를 미세 조정하여 냄새와 맛에서부터 공기 흐름, 온도, 습도에 이르는 모든 것을 탐지한다.
- **절지동물** : 곤충, 갑각류, 거미, 그밖에 외골격으로 둘러싸인 무척추동물을 포함한 커다란 분류학 집단.
- **좌우대칭** : 말 그대로 '양면' 대칭이며, 하나의 특정 축을 기준으로 각각 절반씩 두 개로 나뉜 부분이 거울상처럼 서로 똑같은 형태를 말한다. 벌에 의해 꽃가루받이가 이루어지는 많은 꽃이 이런 형태를 띤다.
- **뒤영벌** : 대략 250종에 이르는 봄부스[Bombus] 속의 벌이며, 크고 솜털이 보송보송한 몸통에 밝은 오렌지색이나 노란색 줄무늬가 있는 것으로 유명한 사회성 벌이다. 영어 구어체에서는 '험블비' 혹은 '덤블도어'로도 알려져 있다.
- **진동 꽃가루받이** : 떨리는 날개로 고주파 소리를 만들어냄으로써 특히 열개 방식 꽃밥을 지닌 꽃에서 꽃가루가 털려 나오도록 도움을 주는 과정. 열개 방식 꽃밥도 참조.
- **캘로우** : 고치에서 갓 나온 어른 뒤영벌.
- **방** : 단독성 벌의 둥지 안에 유충 한 마리당 필요한 만큼의 충분한 꽃가루와 꽃꿀이 마련되어 있는 단일 공간을 말한다. 또 이 용어는 꿀벌이나 안쏘는벌 등과 같이 고도의 사회성을 지닌 종의 벌집 안에 각각 구

분된 칸을 일컫기도 한다.

- **키틴질** : 긴 사슬의 다당류로 이루어진, 섬유질의 억센 천연 물질로, 절지동물의 외골격을 형성하는 주요 성분이다.
- **뻐꾸기벌** : 다른 벌의 둥지에 알을 낳은 많은 수의 기생벌을 말한다. 혹은 고도의 사회성을 지닌 종의 경우에 여왕벌을 죽이고 이 여왕벌의 일벌을 자신의 일벌로 삼는 벌을 말한다.
- **각피** : 벌의 외골격에서 가장 바깥쪽에 있는 단단한 보호층.
- **청줄벌** : 안토포라 Anthophora 속의 커다란 벌 집단으로, 털이 많고 튼튼하며 더러 땅이나 노출된 강둑, 절벽 등에 촘촘한 집합체를 이루어 둥지를 짓는다.
- **덤블도어** : 뒤영벌을 일컫는 고어.
- **고유종** : 지리적으로 떨어진 별개의 장소에서 자생하며 오로지 그 지역을 통해서만 알려진 종.
- **과당** : 과일이나 벌꿀에서 발견되는 당의 한 형태.
- **속** : 단일 공동 조상 아래 서로 가까운 여러 친척종을 한데 묶은 분류학 집단.
- **포도당** : 세포 활동에 연료를 공급하는 당의 한 형태이다. 뇌 기능에 특별히 중요한 역할을 하며 특히 벌꿀에 많이 들어 있다.
- **겨울잠 장소** : 여왕 뒤영벌이 겨울을 나는 장소를 일컫는다. 평면이나 비탈진 땅에 얕게 파놓은 굴을 주로 이용하며 흔히 이끼나 낙엽 밑에 있다.
- **초기 인류** : 우리 호모속, 그리고 오스트랄로피테쿠스와 아르디피테쿠스를 포함하는 멸종 친척종이 속한 특정 영장류 하위집단.
- **무척추동물** : 말 그대로 '척추가 없는 동물'을 일컬으며, 벌레와 달팽이에서부터 해파리까지 척추가 없는 다세포생물뿐 아니라 절지동물에도 적

용되는 일반 명칭이다.

- **절취기생**: 음식이나 다른 자원의 도용과 관련되는 기생의 한 형태로, 벌에게서 보이는 기생형태 중 가장 흔한 형태이다.
- **가위벌**: 메가킬레Megachile 속의 벌을 일컬으며, 잎에서 잘라낸 초록색 조각과 동그란 원반으로 둥지의 방을 만든다.
- **지방질** : 지용성 비타민뿐 아니라 각종 지방과 왁스를 포함하는 연관 분자 집단.
- **턱**: 벌이 물건을 집거나 물거나 부수거나 자를 때 이용하는 한 쌍의 입틀.
- **뿔가위벌**: 가위벌과에 속한 벌의 몇몇 속을 통칭하는 용어이다. 진흙으로 둥지 방을 지으며 더러는 자갈이나 모래, 식물 재료를 섞어서 둥지를 짓기도 한다.
- **변태**: 뚜렷한 유충 단계에서 성충 형태로 몸이 완전히 바뀌는 것을 말하며, 곤충에서 흔히 보이는 발달 이행과정이지만 그렇다고 보편적인 과정은 아니다.
- **후체절** : 일반적으로 벌의 배를 지칭하는 전문 용어.
- **미포자충류** : 미세한 진균 또는 진균과 유사한 생명체를 말하며 포자로 번식한다. 벌의 경우 흔히 나타나는 병원체 노제마가 미포자충류이다.
- **애꽃벌** : 땅에 둥지를 짓는 안드레나Andrena 속의 단독성 벌을 일컬으며, 보다 일반적으로는 땅에 둥지 굴을 파는 모든 벌을 말한다.
- **돌연변이**: 생명체의 유전 암호에 나타나는 임의적 변화를 일컬으며, 자연에 변화 가능성을 가져다주는 주요 원천의 한 가지.
- **상리공생**: 상호 혜택을 주는 두 종 간의 관계
- **신석기 시대**: 대체로 농경, 동물 사육, 간석기의 등장으로 규정되는 인류 역사의 한 시기.

- **네오니코티노이드** : 곤충의 신경계를 공격하는 니코틴과 화학적 연관성이 있는 살충제의 한 종류를 일컬으며 많은 논란의 대상이 되고 있다. 벌의 경우 많은 양을 섭취하면 죽음에 이르며 적은 양을 섭취하더라도 여러 가지 아치사 효과를 일으킨다.
- **홑눈** : 빛을 감지하는 기관으로, 벌의 머리에 세 개의 반투명 돔 모양으로 나타나며 방향과 길을 찾는 데 도움을 준다.
- **난초벌** : 단독성을 보이거나 원시적 형태의 사회성을 지닌 열대 종의 벌 집단을 일컬으며 꿀벌과 뒤영벌의 친척종으로 여러 난초의 정교한 꽃가루받이에 관여하는 것으로 유명하다.
- **산란관** : 알을 낳는 기관으로, 여러 곤충의 몸 끝부분에 있다. 벌 또는 친척 관계에 있는 말벌의 경우 이 기관이 침을 쏘는 기관으로 바뀌었다.
- **포식 기생자** : 다른 생물체의 몸 안에서 유충이 발달하여 숙주를 먹고 끝내 죽이고 마는 기생생물을 일컫는다. 대다수 벌이 여러 기생말벌 종에게 공격을 당한다.
- **페로몬** : 냄새 감각으로 정보를 전달하는 화합물이며 벌의 의사소통에 꼭 필요한 물질이다.
- **꽃가루받이 증후군** : 대체로 특정 집단의 꽃가루 매개자를 끌어들이는 꽃들의 특징 묶음.
- **열개 방식 꽃밥** : 한쪽 끝에 있는 작은 구멍으로만 접근할 수 있는 중앙의 방에 꽃가루를 모아놓은 꽃밥의 한 형태. 이러한 꽃밥은 가지과와 진달래과에 흔히 나타난다.
- **프로폴리스** : 꿀벌이나 몇몇 안쏘는벌이 벌집을 짓는 데 사용하기 위해 식물 싹에서 채집하는 수지 물질을 말한다. “봉교”라고 일컬어지기도 한다.

- **원생동물** : 전통적으로 아메바, 편모충류, 섬모충류를 포함하는 단세포 생물 집단을 통틀어 일컫는 용어이다.
- **방사** : 진화에서 하나의 공통 조상을 둔 새로운 형태들이 갑자기 급속하게 증가하는 것을 말한다.
- **생식적 격리** : 물리적 혹은 환경적 장벽으로 인해 관련 개체군 간의 번식이 가로막히는 상황을 일컬으며, 흔히 별개 품종이나 종으로 진화하는 과정에서 중요한 단계를 이룬다.
- **꽃가루솔** : 꽃가루를 효율적으로 운반하기 위해 벌의 배나 다리에 깃털 모양의 털이 집중적으로 나 있는 부분.
- **초음파 처리** : 진동 꽃가루받이 참조.
- **종 분화** : 새로운 종이 형성되는 것을 말한다.
- **수술** : 꽃의 '남성' 기관이라고 할 수 있으며 '꽃밥'이라고 불리는, 꽃가루가 가득한 방이 꼭대기에 달려 있다.
- **자당** : 과당과 포도당이 결합한 당의 한 형태이다. 흔히 사탕수수나 사탕무를 정제하여 일반 설탕을 만든다.
- **계면활성제** : 액체의 표면 장력을 줄이는 화합물이다. 계면활성제는 흔히 세정제에 많이 사용되며 액체형 살충제의 효과를 높이는 데에도 이를 첨가한다.
- **분류학** : 진화적 관계를 이해하는 데 전념하는 학문 분야이며 주로 종을 분류하고 이름 짓는 작업을 전문적으로 한다.
- **테르펜** : 식물이 생산하는 휘발성 화합물을 총칭하는 용어로, 흔히 식물을 먹지 못하게 하기 위한 방어용으로 이용된다.
- **가슴** : 벌이나 여타 곤충에서 가운데 부분에 해당하는 몸통으로, 다리와 날개를 움직이기 위한 커다란 근육이 있다.

- **좌우상칭** : 금어초나 난초 등 좌우대칭의 꽃을 일컫는 식물학 용어이다.
좌우상칭의 꽃은 보통 벌에 의해 꽃가루받이가 이루어진다.

참고문헌

Adler, L. S. 2000. The ecological significance of toxic nectar. *Oikos* 91: 409–420.

Alford, D. V. 1969. A study of the hibernation of bumblebees (Hymenoptera: Bombidae) in Southern England. *Journal of Animal Ecology* 38: 149–170.

Allen, T., S. Cameron, R. McGinley, and B. Heinrich. 1978. The role of workers and new queens in the ergonomics of a bumblebee colony (Hymenoptera: Apoidea). *Journal of the Kansas Entomological Society* 51: 329–342.

Altshuler, D. L., W. B. Dickson, J. T. Vance, S. R. Roberts, et al. 2005. Short-amplitude high-frequency wing strokes determine the aerodynamics of honeybee flight. *Proceedings of the National Academy of Sciences* 102: 18213–18218.

Ames, O. 1937. Pollination of orchids through pseudocopulation. Botanical Museum Leaflets 5: 1–29.

Aristotle. 1883. *History of Animals* . Translated by R. Cresswell. London: George Bell and Sons.

Armbruster, W. S. 1984. The role of resin in angiosperm pollination: Ecological and chemical considerations. *American Journal of Botany* 71: 1149–1160.

Baker, H. G., and I. Baker. 1975. Studies of nectar constitution and pollinator plant coevolution. pp. 100–140 in L. E. Gilbert and P. H. Raven, eds., *Coevolution of Animals and Plants* . Austin: University of Texas Press.

Balzac, J.-L. G. de. 1854. *Oeuvres* , vol. 2. Paris: Jacques Lecoffre.

Barfod, A., M. Hagen, and F. Borchsenius. 2011. Twenty-five years of progress in understanding pollination mechanisms in palms (Arecaceae). *Annals of Botany* 108: 1503–1516.

Beekman, M., and F. L. W. Ratnieks. 2000. Long-range foraging by the honey-bee, Apis mellifera L. *Functional Ecology* 14: 490–496.

Bernardello, G., G. J. Anderson, T. F. Stuess y, and D. J. Crawford. 2001. A survey of floral traits, breeding systems, floral visitors, and pollination systems of the angiosperms of the Juan Fernández Islands (Chile). *Botanical Review* 67: 255–308.

Bernardini F., C. Tuniz, A. Coppa, L. Mancini, et al. 2012. Beeswax as dental filling on a Neolithic human tooth. *PLoS ONE* 7: e44904. https://doi.org/10.1371/journal.pone.0044904.

Bernhardt, P., R. Edens-Meier, D. Jocsun, J. Zweck, et al. 2016. Comparative floral ecology of bicolor and concolormorphs of Viola pedata(Violaceae) following controlled burns. *Journal of Pollination Ecology* 19: 57–70.

Berthier, S. 2007. *Iridescences: The Physical Color of Insects* . New York: Springer.

Bland, R. 1814. *Proverbs, Chiefly Taken from the Adagia by Erasmus* . London: T. Egerton, Military Library, Whitehall.

Boyden, T. 1982. The pollination biology of Calypso bulbosa var. americana (Orchidaceae): Initial deception of bumblebee visitors. *Oecologica* 55: 178–184.

Bradshaw, H. D., Jr., and D. W. Schemske. 2003. Allele substitution at a flower colour locus produces a pollinator shift in monkeyflowers. *Nature* 426: 176–178.

Brady, S. G., S. Sipes, A. Pearson, and B. N. Danforth. 2006. Recent and simultaneous origins of eusociality in halictid bees. *Proceedings of the Royal Society* B 273: 1643–1649.

Breitkopf, H., R. E. Onstein, D. Cafasso, P. M. Schülter, et al. 2015. Multiple shifts to different pollinators fuelled rapid diversification in sexually deceptive *Ophrys* orchids. *New Phytologist* 207: 377–389.

Brine, M. D. 1883. *Jingles and Joys for Wee Girls and Boys* . New York: Cassel and Company.

Brooks, R. W. 1983. *Systematics and Bionomics of Anthophora—The Bomboides Group and Species Groups of the New World (Hymenoptera—Apoidea, Anthophoridae)* . University of California Publications in Entomology, vol. 98, 86 pp.

Buchmann, S. L., and G. P. Nabhan. 1997. *The Forgotten Pollinators* . Washington, DC: Island Press.

Budge, E. A. W., trans. 1913. *Syrian Anatomy, Pathology, and Therapeutics; or, "The Book of Medicines,"* vol. 1. London: Oxford University Press.

Burkle, L. A., J. C. Marlin, and T. M. Knight. 2013. Plant-pollinator interactions over 120 years: Loss of species, co-occurrence, and function. *Science* 339: 1611–1615.

Cameron, S. A. 1989. Temporal patterns of division of labor among workers in the primitively eusocial bumble bee *Bombus griseocollis* (Hymenoptera: Apidae). *Ethology* 80: 137–151.

Cameron, S. A., H. C. Lim, J. D. Lozier, M. A. Duennes, et al. 2016. Test of the invasive pathogen hypothesis of bumble bee decline in North America. *Proceedings of the*

National Academy of Sciences 113: 4386–4391.

Cameron, S. A., J. D. Lozier, J. P. Strange, J. B. Koch, et al. 2011. Patterns of widespread decline in North American bumble bees. *Proceedings of the National Academy of Sciences* 108: 662–667.

Cane, J. H. 2008. A native ground-nesting bee (*Nomia melanderi*) sustainably managed to pollinate alfalfa across an intensively agricultural landscape. *Apidologie* 39: 315–323.

———. 2012. Dung pat nesting by the solitary bee, *Osmia (Acanthosmioides) integra* (Megachilidae: Apiformes). *Journal of the Kansas Entomological Society* 85: 262–264.

Cane, J. H., and V. J. Tepedino. 2016. Gauging the effect of honey bee pollen collection on native bee communities. *Conservation Letters* 10. https://doi.org/10.1111/conl.12263.

Cappellari, S. C., H. Schaefer, and C. C. Davis. 2013. Evolution: Pollen or pollinators—Which came first? *Current Biology* 23: R316–R318.

Cardinal, S., and B. N. Danforth. 2011. The antiquity and evolutionary history of social behavior in bees. *PLoS ONE* 6: e21086. https://doi.org/10.1371/journal.pone.0021086.

———. 2013. Bees diversified in the age of eudicots. *Proceedings of the Royal Society B* 280: 1–9.

Cardinal, S., and L. Packer. 2007. Phylogenetic analysis of the corbiculate Apinae based on morphology of the sting apparatus (Hymenoptera: Apidae). *Cladistics* 23: 99–118.

Carreck, N., T. Beasley, and R. Keynes. 2009. Charles Darwin, cats, mice, bumble bees, and clover. *Bee Craft* 91, no. 2: 4–6.

Chapman, H. A., and A. K. Anderson. 2012. Understanding disgust. *Annals of the New York Academy of Sciences* 1251: 62–76.

Chechetka, S. A., Y. Yu, M. Tange, and E. Miyako. 2017. Materially engineered artificial pollinators. *Chem* 2: 234–239.

Chittka, L., A. Schmida, N. Troje, and R. Menzel. 1994. Ultraviolet as a component of flower reflections, and the color perception of Hymenoptera. *Vision Research* 34: 1489–1508.

Chittka, L., and N. M. Wasser. 1997. Why red flowers are not invisible to bees. *Israel Journal of Plant Sciences* 45: 169–183.

Clarke, D., H. Whitney, G. Sutton, and D. Robert. 2013. Detection and learning of floral electric fields by bumblebees. *Science* 340: 66–69.

Cnaani, J., J. D. Thomson, and D. R. Papaj. 2006. Flower choice and learning in foraging bumblebees: Effects of variation in nectar volume and concentration. *Ethology* 112: 278–285.

Code, B. H., and S. L. Haney. 2006. Franklin's bumble bee inventory in the southern Cascades of Oregon. Medford, OR: Bureau of Land Management, 8 pp.

Coleridge, S. 1853. *Pretty Lessons in Verse for Good Children, with Some Lessons in Latin in Easy Rhyme*. London: John W. Parker and Son.

Correll, D. S. 1953. Vanilla: Its botany, history, cultivation and economic import. *Economic Botany* 7: 291–358.

Crane, E. 1999. *The World History of Beekeeping and Honey Hunting*. New York: Routledge.

Crepet, W. L., and K. C. Nixon. 1998. Fossil Clusiaceae from the late Cretaceous (Turonian) of New Jersey and implications regarding the history of bee pollination. *American Journal of Botany* 85: 1122–1133.

Crittenden, A. N. 2011. The importance of honey consumption in human evolution. *Food and Foodways* 19: 257–273.

———. 2016. Ethnobotany in evolutionary perspective: Wild plants in diet composition and daily use among Hadza hunter-gatherers. pp. 319–340 in K. Hardy and L. Kubiak-Martens, eds., *Wild Harvest: Plants in the Hominin and Pre-Agrarian Human Worlds*. Oxford: Oxbow Books.

Crittenden, A. N., N. L. Conklin-Britain, D. A. Zes, M. J. Schoeninger, et al. 2013. Juvenile foraging among the Hadza: Implications for human life history. *Evolution and Human Behavior* 34: 299–304.

Crittenden, A. N., and S. L. Schnorr. 2017. Current views on hunter-gatherer nutrition and the evolution of the human diet. *Yearbook of Physical Anthropology* 162(S63): 84–109.

Crittenden, A. N., and D. A. Zess. 2015. Food sharing among Hadza hunter-gatherer children. *PLoS ONE* 10: e0131996.

Cutler, G. C., C. D. Scott-Dupree, M. Sultan, A. D. McFarlane, et al. 2014. A large-scale field study examining effects of exposure to clothianidin seed-treated canola on honey bee colony health, development, and overwintering success. *PeerJ* 2: e652. https://doi.org/10.7717/peerj.652.

D'Andrea, L., F. Felber, and R. Guadagnulo. 2008. Hybridization rates between lettuce (*Lactuca sativa*) and its wild relative (*L. serriola*) under field conditions. *Environmental Biosafety Research* 7: 61–71.

Danforth, B. N. 1999. Emergence, dynamics, and bet hedging in a desert mining bee, *Perdita portalis. Proceedings of the Royal Society B* 266: 1985–1994.

———. 2002. Evolution of sociality in a primitively eusocial lineage of bees. *Proceedings of the National Academy of Sciences* 99: 286–290.

Danforth, B. N., S. Cardinal, C. Praz, E. A. B. Almeida, et al. 2013. The impact of molecular data on our understanding of bee phylogeny and evolution. *Annual Review of Entomology* 58: 57–78.

Danforth, B. N., and G. O. Poinar, Jr. 2011. Morphology, classification, and antiquity of *Melittosphex burmensis* (Apoidea: Melittosphecidae) and implications for early bee evolution. *Journal of Paleontology* 85: 882–891.

Danforth, B. N., S. Sipes, J. Fang, and S. G. Brady. 2006. The history of early bee diversification based on five genes plus morphology. *Proceedings of the National Academy of Sciences* 103: 15118–15123.

Darwin, C. 1859. *On the Origin of Species by Means of Natural Selection* . (Reprint of 1859 first edition.) Mineola, NY: Dover.

———. 1877. *The Various Contrivances by Which Orchids Are Fertilised by Insects* , 2nd ed. New York: D. Appleton and Company.

Dean, W. R. J., W. R. Siegfried, and I. A. W. MacDonald. 1990. The fallacy, fact, and fate of guiding Behavior in the Greater Honeyguide. *Conservation Biology* 4: 99–101.

Dicks, L. V., B. Viana, R. Bommarco, B. Brosi, et al. 2016. Ten policies for pollinators. *Science* 354: 975–976.

Di llon, M. E., and R. Dudley. 2014. Surpassing Mt. Everest: Extreme flight performance of alpine bumble-bees. *Biology Letters* 10. https://doi.org/10.1098/rsbl.2013.0922.

Di Prisco, G., D. Annoscia, M. Margiotta, R. Ferrara, et al. 2016. A mutualistic symbiosis between a parasitic mite and a pathogenic virus undermines honey bee immunity and health. *Proceedings of the National Academy of Sciences* 113: 3203–3208.

Doyle, A. C. 1917. *His Last Bow: A Reminiscence of Sherlock Holmes* . New York: Review of Reviews Company.

Doyle, J. A. 2012. Molecular and fossil evidence on the origin of angiosperms. *Annual Review of Earth and Planetary Sciences* 40: 301–326.

Driscoll, C. A., D. W. Macdonald, and S. J. O'Brian. 2009. From wild animals to domestic pets, an evolutionary view of domestication. *Proceedings of the National Academy of Sciences* 106: 9971–9978.

Eckert, J. E. 1933. The flight range of the honeybee. *Journal of Agricultural Research* 47: 257–286.

Eilers E. J., C. Kremen, S. Smith Greenleaf, A. K. Garber, et al. 2011. Contribution of pollinator-mediated crops to nutrients in the human food supply. *PLoS ONE* 6: e21363. https://doi.org/10.1371/journal.pone.0021363.

Engel, M. S. 2000. A new interpretation of the oldest fossil bee (Hymenoptera: Apidae). *American Museum Novitiates* , no. 3296, 11 pp.

———. 2001. A monograph of the Baltic amber bees and evolution of the apoidea (Hymenoptera). *Bulletin of the American Museum of Natural History* 259, 192 pp.

Escobar, T. 2007. *Curse of the Nemur: In Search of the Art, Myth, and Ritual of the Ishir* . Pittsburgh: University of Pittsburgh Press.

Evangelista, C., P. Kraft, M. Dacke, J. Reinhard, et al. 2010. The moment before touchdown: Landing manoeuvres of the honeybee *Apis mellifera. Journal of Experimental Biology* 213: 262–270.

Evans, E., R. Thorp, S. Jepsen, and S. H. Black. 2008. *Status Review of Three Formerly Common Species of Bumble Bee in the Subgenus Bombus* . Portland, OR: Xerces Society for Invertebrate Conservation, 63 pp.

Evans, H. E., and K. M. O'Neill. 2007. *The Sand Wasps: Natural History and Behavior* . Cambridge, MA: Harvard University Press.

Fabre, J. E. 1915. *Bramble-Bees and Others* . New York: Dodd, Mead.

———. 1916. *The Mason-Bees* . New York: Dodd, Mead.

Fenster, C. B., W. X. Armbruster, P. Wilson, M. R. Dudash, et al. 2004. Pollination syndromes and floral specialization. *Annual Review of Ecology, Evolution, and Systematics* 35: 375–403.

Filella, I., J. Bosch, J. Llusià, R. Seco, et al. 2011. The role of frass and cocoon volatiles in host location by *Monodontomerus aeneus* , a parasitoid of Megachilid solitary bees. *Environmental Entomology* 40: 126–131.

Fine, J. D., D. L. Cox-Foster, and C. A. Mullein. 2017. An inert pesticide adjuvant synergizes viral pathogenicity and mortality in honey bee larvae. *Scientific Reports* 7. https://doi.org/10.1038/srep40499.

Friedman, W. E. 2009. The meaning of Darwin's "Abominable Mystery." *American Journal of Botany* 96: 5–21.

Friis, E. M., P. R. Crane, and K. R. Pedersen. 2011. *Early Flowers and Angiosperm Evolution* . Cambridge: Cambridge University Press.

Garibaldi, L. A., I. Steffan-Dewenter, R. Winfree, M. A. Aizen, et al. 2013. wild pollinators enhance fruit set of crops regardless of honey bee abundance. *Science* 339: 1608–1611.

Gegear, R. J., and J. G. Burns. 2007. The birds, the bees, and the virtual flowers: Can pollinator Behavior drive ecological speciation in flowering plants? *American Naturalist* 170. https://doi.org/10.1086/521230.

Genersch, E., C. Yue, I. Fries, and J. R. de Miranda. 2006. Detection of Deformed wing virus, a honey bee viral pathogen, in bumble bees (*Bombus terrestris* and *Bombus pascuorum*) with wing deformities. *Journal of Invertebrate Pathology* 91: 61–63.

Gess, S. K. 1996. *The Pollen Wasps: Ecology and Natural History of the Masarinae* . Cambridge, MA: Harvard University Press.

Gess, S. K., and F. W. Gess. 2010. *Pollen Wasps and Flowers in Southern Africa* . Pretoria: South African National Biodiversity Institute.

Ghazoul, J. 2005. Buzziness as usual? Questioning the global pollination crisis. *TRENDS in Ecology and Evolution* 20: 367–373.

Glaum, P., M. C. Simayo, C. Vaidya, G. Fitch, et al. 2017. Big city Bombus: Using natural history and land-use history to find significant environmental drivers in bumble-bee declines in urban development. *Royal Society Open Science* 4: 170156.

Goor, A. 1967. The history of the date through the ages in the Holy Land. *Economic Botany* 21: 320–340.

Goubara, M., and T. Takasaki. 2003. Flower visitors of lettuce under field and enclosure conditions. *Applied Entomology and Zoology* 38: 571–581.

Goulson, D. 2010. Impacts of non-native bumblebees in Western Europe and North America. *Applied Entomology and Zoology* 45: 7–12.

Goulson, D., E. Nicholls, C. Botías, and E. L. Rotheray. 2015. Bee declines driven by combined stress from parasites, pesticides, and lack of flowers. *Science* 347. https://doi.org/10.1126/science.1255957.

Goulson, D., and J. C. Stout. 2001. Homing ability of the bumblebee *Bombus terrestris* (Hymenoptera: Apidae). *Apidologie* 32: 105–111.

Graves, R. 1960. *The Greek Myths* . London: Penguin.

Greceo, M. K., P. M. Welz, M Siegrist, S. J. Ferguson, et al. 2011. Description of an ancient social bee trapped in amber using diagnostic radioentomology. *Insectes Sociaux* 58: 487–494.

Griffin, B. 1997a. *Humblebee Bumblebee* . Bellingham, WA: Knox Cellars Publishing.

———. 1997b. *The Orchard Mason Bee* . Bellingham, WA: Knox Cellars Publishing.

Grimaldi, D. 1996. *Amber: Window to the Past.* New York: Harry N. Abrams.

———. 1999. The co-radiations of pollinating insects and angiosperms in the Cretaceous. *Annals of the Missouri Botanical Garden* 86: 373–406.

Grimaldi, D., and M. Engel. 2005. *Evolution of the Insects* . New York: Cambridge University Press.

Hallmann, C. A., R. P. B. Foppen, C. A. M. van Turnhout, H. de Kroon, et al. 2014.

Declines in insectivorous birds are associated with high neonicotinoid concentrations. *Nature* 511: 341–343.

Hanson, T., and J. S. Ascher. 2018. An unusually large nesting aggregation of the digger bee *Anthophora bomboides* Kirby, 1838 (Hymenoptera: Apidae) in the San Juan Islands, Washington State. *Pan-Pacific Entomologist* 94: 4-16.

Hedtke, S. M., S. Patiny, and B. N. Danorth. 2013. The bee tree of life: A supermatrix approach to apoidphylogeny and biogeography. *BMC Evolutionary Biology* 13: 138.

Heinrich, B. 1979. *Bumblebee Economics*. Cambridge, MA: Harvard University Press.

Henderson, A. 1986. A review of pollination studies in the Palmae. *Botanical Review* 52: 221–259.

Herodotus. 1997. *The Histories*. Translated by G. Rawlinson. New York: Knopf.

Hershorn, C. 1980. Cosmetics queen Mary Kay delivers a megabuck message to her sales staff: 'Women can do anything.' *People*, http://people.com/archive/cosmetics-queen-mary-kay-delivers-a-megabuck-message-to-her-sales-staff-women-can-do-anything-vol-13-no-17.

Hoballah, M. E., T. Gübitz, J. Stuurman, L. Broger, et al. 2007. Single gene-mediated shift in pollinator attraction in Petunia. *Plant Cell* 19: 779–790.

Hogue, C. L. 1987. Cultural entomology. *Annual Review of Entomology* 32: 181–199.

Houston, T. F. 1984. Biological observations of bees in the genus *Ctenocolletes* (Hymenoptera: Stenotritidae). *Records of the Western Australian Museum* 11: 153–172.

How, M. J., and J. M. Zanker. 2014. Motion camouflage induced by zebra stripes. *Zoology* 117: 163–170.

Ichikawa, M. 1981. Ecological and sociological importance of honey to the Mbutinet hunters, Eastern Zaire. *African Study Monographs* 1: 55–68.

Iwasa, T., N. Motoyama, J. T. Ambrose, and R. M. Roe. 2004. Mechanism for the differential toxicity of neonicotinoid insecticides in the honey bee, *Apis mellifera*. *Crop Protection* 23: 371–378.

Jablonski, P. G., H. J. Cho, S. R. Song, C. K. Kang, et al. 2013. Warning signals confer advantage to prey in competition with predators: Bumblebees steal nests from insectivorous birds. *Behavioral Ecology and SocioBiology* 67: 1259–1267.

Jacob, F. 1977. Evolution and tinkering. *Science* 196: 1161–1166.

Jones, H. A. 1927. Pollination and life history studies of lettuce (*Lactuca sativa L.*). *Hilgardia* 2: 425–479.

Jones, K. N., and J. S. Reithel. 2001. Pollinator-mediated selection on a flower color polymorphism in experimental populations of *Antirrhinum* (Scrophulariaceae). *American Journal of Botany* 88: 447–454.

Kajobe, R., and D. W. Roubik. 2006. Honey-making bee colony abundance and predation by apes and humans in a Uganda forest reserve. *Biotropica* 38: 210–218.

Kerr, J. T., A. Pindar, P. Galpern, L Packer, et al. 2015. Climate change impacts on bumblebees converge across continents. *Science* 349: 177–180.

Kevan, P. G., L. Chittka, and A. G. Dyer. 2001. Limits to the salience of ultraviolet: Lessons from colour vision in bees and birds. *Journal of Experimental Biology* 204: 2571–2580.

Keynes, R., ed. 2010. *Charles Darwin's Zoology Notes and Specimen Lists from H.M.S. Beagle* . Cambridge: Cambridge University Press.

Kirchner, W. H., and J. Röschard. 1999. Hissing in bumblebees: An interspecific defence signal. *Insectes Sociaux* 46: 239–243.

Klein, A., C. Brittain, S. D. Hendrix, R. Thorp, et al. 2012. wild pollination services to California almond rely on semi-natural habitat. *Journal of Applied Ecology* 49: 723–732.

Klein, A., B. E. Vaissière, J. H. Cane, I. Steffan-Dewenter, et al. 2007. Importance of pollinators in changing landscapes for world crops. *Proceedings of the Royal Society B* 274: 303–313.

Koch, J. B., and J. P. Strange. 2012. The status of *Bombus occidentalis* and *B. moderatus* in Alaska with special focus on *Nosema bombi* incidence. *Northwest Science* 86: 212–220.

Kritsky, G. 1991. Darwin's Madagascan hawk moth prediction. *American Entomologist* 37: 205–210.

Krombein, K., and B. Norden. 1997a. Bizarre nesting Behavior of *Krombeinictus nordenae* Leclercq (Hymenoptera: Sphecidae, Crabroninae). *Journal of South Asian Natural History* 2: 145–154.

———. 1997b. Nesting Behavior of *Krombeinictus nordenae* Leclercq, a sphecid wasp with vegetarian larvae (Hymenoptera: Sphecidae, Crabroninae). *Proceedings of the Entomological Society of Washington* 99: 42–49.

Krombein, K. V., B. B. Norden, M. M. Rickson, and F. R. Rickson. 1999. Biodiversity of the Domatia occupants (ants, wasps, bees and others) of the Sri Lankan Myrmecophyte *Humboldtia lauifolia* (Fabaceae). *Smithsonian Contributions to Zoology* 603: 1–34.

Larison B., R. J. Harrigan, H. A. Thomassen, D. I. Rubenstein, et al. 2015. How the zebra got its stripes: A problem with too many solutions. *Royal Society Open Science* 2:

140452.

Larue-Kontić, A. C., and R. R. Junker. 2016. Inhibition of biochemical terpene pathways in *Achillea millefolim* flowers differently affects the Behavior of bumblebees (*Bombus terrestris*) and flies (*Lucilia sericata*). *Journal of Pollination Ecology* 18: 31–35.

Lee, D. 2007. *Nature's Palette: The Science of Plant Color* . Chicago: University of Chicago Press.

Lewis-Williams, J. D. 2002. *A Cosmos in Stone: Interpreting Religion and Society Through Rock Art* . Walnut Creek, CA: AltaMira Press.

Linnaeus, C. 1737. *Critica Botanica* . Leiden: Conradum Wishoff.

Litman, J. R., B. N. Danforth, C. D. Eardley, and C. J. Praz. 2011. Why do leafcutter bees cut leaves? New insights into the early evolution of bees. *Proceedings of the Royal Society B* 278: 3593–3600.

Livy. 1938. *The History of Rome* , Books 40–42. Translated by E. T. Sage and A. C. Schlesinger. Cambridge, MA: Harvard University Press. Archived online at Perseus Digital Library, Tufts University, www.perseus.tufts.edu/hopper.

Lockwood, J. 2013. *The Infested Mind: Why Humans Fear, Loathe, and Love Insects* . New York: Oxford University Press.

Longfellow, H. W. 1893. *The Complete Poetical Works of Henry Wadsworth Longfellow* . Boston: Houghton Mifflin.

Lucano, M. J., G. Cernicchiaro, E. Wajnberg, and D. M. S. Esquivel. 2005. Stingless bee antennae: A magnetic sensory organ? *BioMetals* 19: 295–300.

Lunau, K. 2004. Adaptive radiation and coevolution—Pollination Biology case studies. *Organisms, Diversity & Evolution* 4: 207–224.

Maeterlinck, M. 1901. *The Life of Bees* . Translated by A. Sutro. Cornwall, NY: Cornwall Press.

Marlowe, F. W., J. C. Berbesque, B. Wood, A. Crittenden, et al. 2014. Honey, Hadza, hunter-gatherers, and human evolution. *Journal of Human Evolution* 71: 119–128.

McGovern, P., J. Zhang, J. Tang, Z. Zhang, et al. 2004. Fermented beverages of pre- and proto-historic China. *Proceedings of the National Academy of Sciences* 101: 17593–17598.

McGregor, S. E. 1976. *Insect Pollination of Cultivated Crop Plants* . USDA Agriculture Handbook no. 496. Updated version available at US Department of Agriculture, Agricultural Research Service, http://gears.tucson.ars.ag.gov/book.

Messer, A. C. 1984. *Chalicodoma pluto* : The world's largest bee rediscovered living communally in termite nests (Hymenoptera: Megachilidae). *Journal of the Kansas*

Entomological Society 57: 165–168.

Meyer, R. S., A. E. DuVal, and H. R. Jensen. 2012. Patterns and processes in crop domestication: An historical review and quantitative analysis of 203 global food crops. *New Phytologist* 196: 29–48.

Michener, C. D. 2007. *The Bees of the World*. Baltimore: Johns Hopkins University Press.

Michener, C. D., and D. A. Grimaldi. 1988. The oldest fossil bee: Apoid history, evolutionary stasis, and antiquity of social behavior. *Proceedings of the National Academy of Sciences* 85: 6424–6426.

Miller, W. 1955. Old man's advice to youth: Never lose your curiosity. *Life*, May 2, 62–64.

Mobbs, D., R. Yu, J. B. Rowe, H. Eich, et al. 2010. Neural activity associated with monitoring the oscillating threat value of a tarantula. *Proceedings of the National Academy of Sciences* 107: 20582–20586.

Moritz, R. F. A., and R. M. Crewe. 1988. Air ventilation in nests of two African stingless bees *Trigona denoiti* and *Trigona gribodoi*. *Experientia* 44: 1024–1027.

Muir, J. 1882a. The bee-pastures of California, Part I. *Century Magazine* 24: 222–229.

———. 1882b. The bee-pastures of California, Part II. *Century Magazine* 24: 388–395.

Mullin, C. A., M. Frazier, J. L. Frazier, S. Ashcraft, et al. 2010. High levels of miticides and agrochemicals in North American apiaries: Implications for honey bee health. *PLoS ONE* 5: e9754. https://doi.org/10.1371/journal.pone.0009754.

Nichols, W. J. 2014. *Blue Mind*. New York: Little, Brown.

Nininger, H. H. 1920. Notes on the life-history of *Anthophora stanfordiana*. *Psyche* 27: 135–137.

O'Neill, K. M. 2001. *Solitary Wasps: Behavior and Natural History*. Ithaca, NY: Cornell University Press.

Ott, J. 1998. The Delphic bee: Bees and toxic honeys as pointers to psychoactive and other medicinal plants. *Economic Botany* 52: 260–266.

Packer, L. 2005. A new species of *Geodiscelis* (Hymenoptera: Colletidae: Xeromelissinae) from the Atacama Desert of Chile. *Journal of Hymenoptera Research* 14: 84–91.

Paris, H. S., and J. Janick. 2008. What the Roman emperor Tiberius grew in his greenhouses. Pp. 33–41 in M. Pitrat, ed., *Cucurbitaceae 2008: Proceedings of the IXth EUCARPIA Meeting on Genetics and Breeding of Cucurbitaceae*. Avignon, France: INRA.

Partap, U., and T. Ya. 2012. The human pollinators of fruit crops in Maoxian County, Sichuan, China. *Mountain Research and Development* 32: 176–186.

Peckham, G. W., and E. G. Peckham. 1905. *Wasps: Social and Solitary*. Boston: Houghton Mifflin.

Phillips, E. F. 1905. Structure and development of the compound eye of the honeybee. *Proceedings of the Academy of Natural Sciences of Philadelphia* 56: 123–157.

Plath, O. E. 1934. *Bumblebees and Their Ways*. New York: Macmillan.

Plath, S. 1979. *Johnny Panic and the Bible of Dreams*. New York: Harper and Row.

Poinar, G. O., Jr., K. L. Chambers, and J. Wunderlich. 2013. Micropetasos, a new genus of angiosperms from mid-Cretaceous Burmese amber. *Journal of the Botanical Research Institute of Texas* 7: 745–750.

Poinar, G. O., Jr., and B. N. Danforth. 2006. A fossil bee from early Cretaceous Burmese amber. *Science* 314: 614.

Poinar, G. O., Jr., and R. Poinar. 2008. *What Bugged the Dinosaurs: Insects, Disease and Death in the Cretaceous*. Princeton, NJ: Princeton University Press.

Porter, C. J. A. 1883. Experiments with the antennae of insects. *American Naturalist* 17: 1238–1245.

Porter, D. M. 2010. Darwin: The botanist on the Beagle. *Proceedings of the California Academy of Sciences* 61: 117–156.

Potts, S. G., J. C. Biesmeijer, C. Kremen, P. Neumann, et al. 2010. Global pollinator declines: Trends, impacts and drivers. *Trends in Ecology & Evolution* 25: 345–353.

Potts, S. G., V. L. Imperatriz-Fonseca, and H. T. Ngo, eds. 2016. *The Assessment Report of the Intergovernmental Science-Policy Platform on Biodiversity and Ecosystem Services on Pollinators, Pollination and Food Production*. Bonn, Germany: Secretariat of the Intergovernmental Science-Policy Platform on Biodiversity and Ecosystem Services.

Proctor, M., P. Yeo, and A. Lack. 1996. *The Natural History of Pollination*. Portland, OR: Timber Press.

Pyke, G. H. 2016. Floral nectar: Pollination attraction or manipulation? *Trends in Ecology and Evolution* 31: 339–341.

Ransome, H. M. 2004. *The Sacred Bee in Ancient Times and Folklore*. (Reprint of 1937 edition.) Mineola, NY: Dover.

Reinhardt, J. F. 1952. Some responses of honey bees to alfalfa flowers. *American Naturalist* 86: 257–275.

Roffet-Salque, M., M. Regert, R. P. Evershed, A. K. Outram, et al. 2015. Widespread exploitation of the honeybee by early Neolithic farmers. *Nature* 527: 226–231.

Ross, A., C. Mellish, P. York, and B. Crighton. 2010. Burmese amber. Pp. 208–235 in D.

Penny, ed., *Biodiversity of fossils in Amber from the Major World Deposits*. Manchester, UK: Siri Scientific Press.

Roubik, D. W., ed. 1995. *Pollination of Cultivated Plants in the Tropics*. Rome: Food and Agriculture Organization of the United Nations.

Roulston, T., and K. Goodell. 2011. The role of resources and risks in regulating wild bee populations. *Annual Review of Entomology* 56: 293–312.

Rundlöf, M., G. K. S. Andersson, R. Bommarco, I. Fries, et al. 2015. Seed coating with a neonicotinoid insecticide negatively affects wild bees. *Nature* 521: 77–80.

Saunders, E. 1896. *The Hymenoptera Aculeata of the British Islands*. London: L. Reeve.

Savage, C. 2008. *Bees: Natures Little Wonders.* Vancouver, BC: Greystone Books.

Schemske, D. W., and H. D. Bradshaw, Jr. 1999. Pollinator preference and the evolution of floral traits in monkeyflowers (Mimulus). *Proceedings of the National Academy of Sciences* 96: 11910–11915.

Schmidt. J. O. 2014. Evolutionary responses of solitary and social Hymenoptera to predation by primates and overwhelmingly powerful vertebrate predators. *Journal of Human Evolution* 71: 12–19.

———. 2016. *The Sting of the wild*. Baltimore: Johns Hopkins University Press.

Schwarz, H. F. 1945. The wax of stingless bees (Meliponidæ) and the uses to which it has been put. *Journal of the New York Entomological Society* 53: 137–144.

Schwarz, M. P., M. H. Richards, and B. N. Danforth. 2007. Changing paradigms in insect social evolution: Insights from halictine and allodapine bees. *Annual Review of Entomology* 52: 127–150.

Seligman, M. E. P. 1971. Phobias and preparedness. *Behavior Therapy* 2: 307–320.

Shackleton, K., H. A. Toufai lia, N. J. Balfour, F. S. Nasicimento, et al. 2015. Appetite for self-destruction: Suicidal biting as a nest defense strategy in *Trigona* stingless bees. *Behavioral Ecology and SocioBiology* 69: 273–281.

Slaa, E. J., L. Alejandro, S. Chaves, K. Sampaio Malagodi-Braga, et al. 2006. Stingless bees in applied pollination: Practice and perspectives. *Apidologie* 37: 293–315.

Sladen, F. W. L. 1912. *The Humble-Bee: Its Life-History and How to Domesticate It*. London: Macmillan.

Smith, A. 2012. Cash-strapped farmers feed candy to cows. CNN Money, http://money.cnn.com/2012/10/10/news/economy/farmers-cows-candy-feed/index.html.

Somanathan, H., A. Kelber, R. M. Borges, R. Wallén, et al. 2009. Visual ecology of Indian carpenter bees II: Adaptations of eyes and ocelli to nocturnal and diurnal lifestyles.

Journal of Comparative Physiology A 195: 571–583.

Sparrman, A. 1777. An account of a journey into Africa from the Cape of Good-Hope, and a description of a new species of cuckow. In a letter to Dr. John Reinhold Forster, FRS *Philosophical Transactions of the Royal Society of London* 67: 38–47.

Srinivasan, M. V. 1992. Distance perception in insects. *Current Directions in Psychological Science* 1: 22–26.

Stableton, J. K. 1908. Observation beehive. *School and Home Education* 28: 21–23.

Stokstad, E. 2007. The case of the empty hives. *Science* 316: 970–972.

Stone, G. N. 1993. Endothermy in the solitary bee Anthophora plumipes: Independent measures of thermoregulatory ability, costs of warm-up and the role of body size. *Journal of Experimental Biology* 174: 299–320.

Strong, D. R., J. H. Lawton, and R. Southwood. 1984. *Insects on Plants: Community Patterns and Mechanisms*. Cambridge, MA: Harvard University Press.

Sun, B. Y., T. F. Stuess, A. M. Humana, M. Riveros, et al. 1996. Evolution of *Rhaphithamnus venustus* (Verbenaceae), a gynodioecious hummingbird-pollinated endemic of the Juan Fernandez Islands, Chile. *Pacific Science* 50: 55–65.

Sutherland, W. J. 1990. Biological flora of the British Isles: *Iris pseudacorus L. Journal of Ecology* 78: 833–848.

Theophrastus. 1916. *Enquiry into Plants, and Minor Works on Odours and Weather Signs*. Translated by A. Hort. London: William Heinemann.

Thoreau, H. D. 1843. Paradise (to be) regained. *United States Magazine and Democratic Review* 13: 451–463.

———. 2009. *The Journal*, 1837–1861. Edited by D. Searls. New York: New York Review Books.

Thorp, R. W. 1969. Ecology and Behavior of *Anthophora edwardsii. American Midland Naturalist* 82: 321–337.

Tolstoy, L. (1867) 1994. *War and Peace*. New York: Modern Library.

Torchio, P. F. 1984. The nesting Biology of *Hylaeus bisinuatus* Forster and development of its immature forms (Hymenoptera: Colletidae). *Journal of the Kansas Entomological Society* 57: 276–297.

Torchi o, P. F., and V. J. Tepedino. 1982. Parsivoltinism in three species of Osmia bees. *Psyche* 89: 221–238.

VanEngelsdorp, D., D. Cox-Foster, M. Frazier, N. Ostiguy, et al. 2006. "Fall-Dwindle Disease": Investigations into the causes of sudden and alarming colony losses experienced by beekeepers in the fall of 2006. Mid-Atlantic Apiculture Research and Extension Consortium (MAAREC)–Colony Collapse Disorder Working Group, 22 pp.

VanEngelsdorp, D., J. D. Evans, L. Donovall, C. Mullin, et al. 2009. "Entombed Pollen": A new condition in honey bee colonies associated with increased risk of colony mortality. *Journal of Invertebrate Pathology* 101: 147–149.

Virgi l. 2006. *The Georgics* . Translated by P. Fallon. Oxford: Oxford University Press.

Wallace, Alfred Russel. 1869. *The Malay Archipelago* . New York: Harper and Brothers.

Watson, K., and J. A. Stallins. 2016. Honey bees and Colony Collapse Disorder: A pluralistic reframing. *Geography Compass* 10: 222–236.

Wcislo, W. T., L Arneson, K. Roesch, V. Gonzolez, et al. 2004. The evolution of nocturnal behaviour in sweat bees, *Megalopta genalis* and *M. ecuadoria* (Hymenoptera: Halictidae): An escape from competitors and enemies? *Biological Journal of the Linnean Society* 83: 377–387.

Wcislo, W. T., and B. N. Danforth. 1997. Secondarily solitary: The evolutionary loss of social Behavior. *Trends in Ecology and Evolution* 12: 468–474.

Wellington, W. G. 1974. Bumblebee ocelli and navigation at dusk. *Science* 183: 550–551.

Weyrich, L. S., S. Duchene, J. Soubrier, L. Arriola, et al. 2017. Neanderthal behaviour, diet, and disease inferred from ancient DNA in dental calculus. *Nature* 544: 357–361.

Whitfield, C. W., S. K. Behura, S. H. Berlocher, A. G. Clark, et al. 2007. Thrice out of Africa: Ancient and recent expansions of the honey bee, *Apis mellifera. Science* 314: 642–645.

Whitman, W. (1855) 1976. *Leaves of Grass* . Secaucus, NJ: Longriver Press.

Whitney, H. M., L. Chittka, T. J. A. Bruce, and B. J. Glover. 2009. Conical epidermal cells allow bees to grip flowers and increase foraging efficiency. *Current Biology* 19: 948–953.

Wille, A. 1983. Biology of the stingless bees. *Annual Review of Entomology* 28: 41–64.

Wilson, E. O. 2012. *The Social Conquest of Earth* . New York: Liveright.

Winston, M. L. 1987. *The Biology of the Honey Bee* . Cambridge, MA: Harvard University Press.

Wood, B. M., H. Pontzer, D. A. Raichlen, and F. W. Marlowe. 2014. Mutualism and manipulation in Hadza-honeyguide interactions. *Evolution and Human Behavior* 35: 540–546.

Wrangham, R. W. 2011. Honey and fire in human evolution. Pp. 149–167 in J. Sept and D. Pilbeam, eds. *Casting the Net Wide: Papers in Honor of Glynn Isaac and His Approach to*

Human Origins Research . Oxford: Oxbow Books.

Yeats. W. B. 1997. *The Collected Works of W. B. Yeats* . Vol. 1, *The Poems* , 2nd ed. Edited by J. Finneman. New York: Scribner.

찾아보기

벌의 사생활

2021년 3월 13일 1판 1쇄 발행
2021년 4월 24일 1판 2쇄 발행

지은이 소어 핸슨
옮긴이 하윤숙
펴낸이 박래선
펴낸곳 에이도스출판사
출판신고 제406-251002011000004호
주소 경기도 파주시 회동길 363-8, 308호
전화 031-955-9355
팩스 031-955-9356
이메일 eidospub.co@gmail.com
페이스북 facebook.com/eidospublishing
인스타그램 instagram.com/eidos_book
블로그 https://eidospub.blog.me/
표지 디자인 공중정원
본문 디자인 김경주

ISBN 979-11-85415-42-0

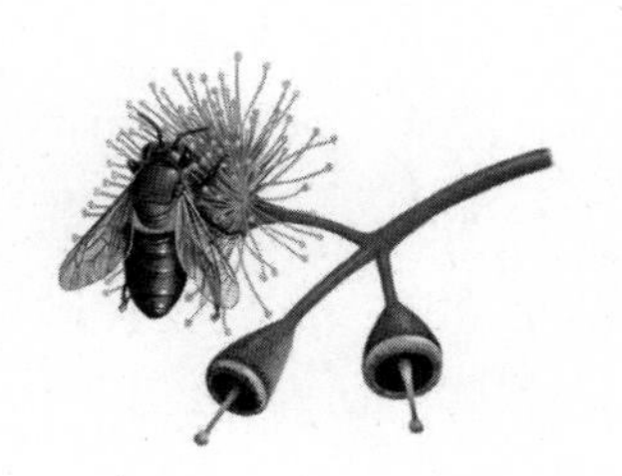